COLLAGE CITY
by
Colin Rowe & Fred Koetter

Published 2009 in Japan
by Kajima Institute Publishing Co., Ltd.
Japanese edition published
by arrangement
through The sakai Agency.

コラージュ・シティ　目次

コラージュ・シティ

SD選書化にあたって

"Mathematics of the Ideal Villa and Other Essays"（邦題『マニエリスムと近代建築』、伊東豊雄＋松永安光訳、彰国社、一九八一年）に続くコーリン・ロウの著作である『コラージュ・シティ』は一九九二年に鹿島出版会から出版されたが、この度、SD選書の一冊となることになった。訳者は一九九六年から法政大学建築学科で授業を受け持ってきたが、『コラージュ・シティ』は常に授業のサブテキストとして使用してきたので、その際に気のついた箇所などを中心に、この機会に原著を再読しながら、訳文に手を入れた。

コーリン・ロウは一九九〇年よりコーネル大学名誉教授となり、一九九四年には"The Architecture of Good Intentions"を、一九九五年には三巻本の"As I was Saying"（邦題『コーリン・ロウは語る』松永安光監訳、鹿島出版会、二〇〇一年）を出版したが、一九九九年十一月七日にヴァージニア州アーリントンで死去した。死後、二〇〇二年には"Italian Architecture of the 16th Century"（『イタリア十六世紀の建築』稲川直樹訳、六耀社、二〇〇六年）が共著者のL・ザトコウスキによって刊行されている。

もうひとりの著者である、フレッド・コッターは、一九九三年より九八年までイェール大学の美術・建築学部の学部長を務めた。現在は同大学などで教えながら精力的に設計活動を続けている。

二〇〇九年二月　　訳者識

日本語版への序

『コラージュ・シティ』のテキストが書かれてからすでに一九年の月日が流れ、『コラージュ・シティ』が完全な形で出版されてから早くも一四年の歳月が過ぎた。

一九年前、われわれは、近代建築による恐怖が現実のものとなった例として、セントルイスのプルーイット＝アイゴー地区に端を発しパリ郊外のあまたの住宅団地（ボビニーなど）に至る諸例をあえて名ざしで指摘することを決意した。

しかし、今日、われわれははるかに知悉している。ここではロンドン都心部《シティ》（あるいは一平方マイルほどの歴史的な金融の中心地）に着目してみることとしたい。

そこにこれほどひどいものがこれほど短期間に建設されたことはまさに奇跡的な事件である。資本主義の究極の蕩尽を体現しているのはロンドンのシティにこれを極める。それと比べるなら、マンハッタンなどは端正な劇場ということになるし、テキサス州ダラスのような土地ならば「ほとんどオーケー」ということになるのは確実である。

ロンドンのシティに現在繰り広げられているこのような都市殺戮行為こそ、疑いもなく、本書『コラージュ・シティ』の議論が依然として妥当なものであることを立証するものである。

コーリン・ロウ　フレッド・コッター

一九九二年一月一五日
ロンドンにて

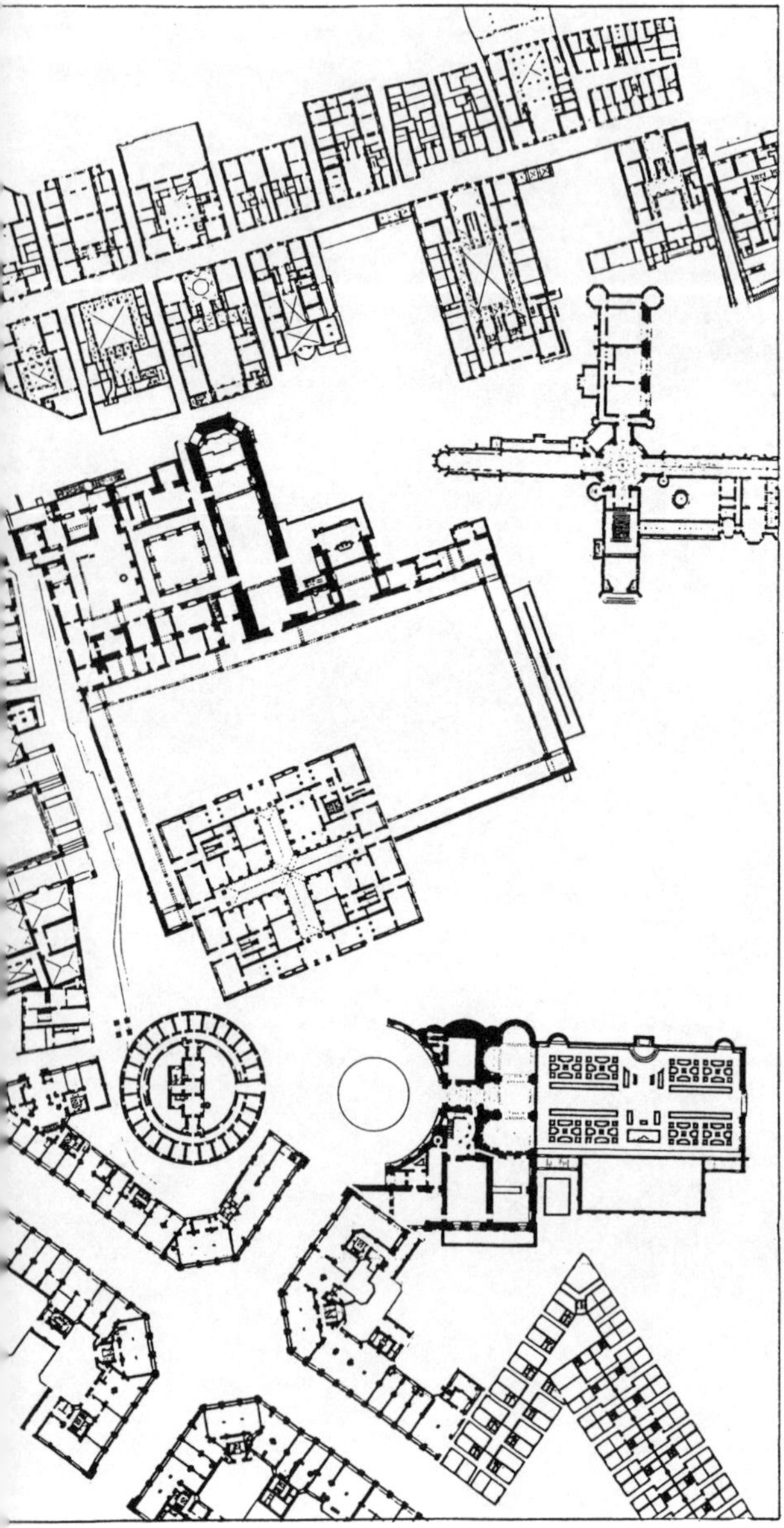

前頁：帝政期ローマ、ローマ文明博物館の模型より
デヴィッド・グリフィン＋ハンス・コルホフ、混成都市

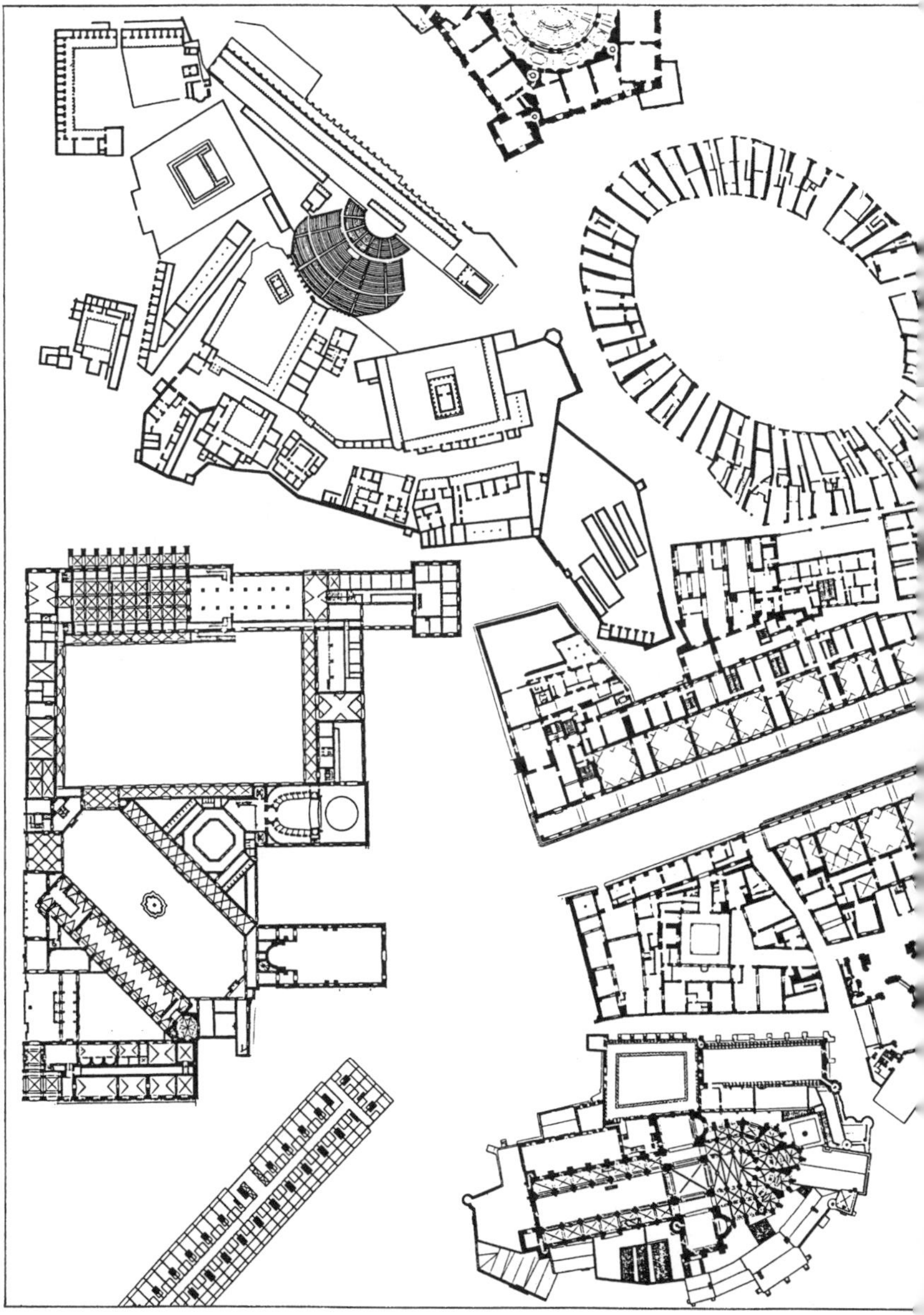

序論

人間は、自己の精神によって生み出されたものに対して、すべからく架空のものだとかさして重要なものでないと見なすという偏見をもっている。われわれは、人間の本性とは無関係な事物や法則にとり囲まれていると空想するときにだけ満足を見いだす。

ジョージ・サンタヤナ*

* George Santayna（一八六三―一九五二）スペイン生まれのアメリカの詩人／哲学者。

しかし、いったい人間の本性とは何か？ なぜ慣習は本性ではないのか？ 私は、慣習が人間の第二の本性となっているように、この人間の本性がそれ自体、単に人間の最初の慣習にすぎないのではないかと大いに懸念する。

ブレーズ・パスカル

この二つの言説［ひとつは抑圧に関する注釈であり、もうひとつはすべての権威の永遠なる源泉への疑問なのだが］からは、社会に関する理論さらに建築の理論でさえ構築することができそうである。この大それた試みを思いとどまらせようという謙虚さからの声を耳にしないではないが、この試みに固執することを余儀なくさせるプラグマティックな理由もまたあるわけである。

近代建築による都市（近代都市と呼んでもよいが）はいまだに建設されていない。近代建築の提唱者たちの多大な善意や誠意にもかかわらず、それはプロジェクトどまりか流産してしまうかだった。そして、この状況が好転すると想定させるだけの説得力のある根拠は、いよいよ失われているように見える。近代建築の一般概念の下にある一連の態度や情念は、しだいに建築とは分かちがたい関連分野であるプランニング（都市計画）の分野へと何らかの形で流れ込んでいったが、結局のところ、全く矛盾混乱しあい、ほとんどソフィスティケイトされることがなかったから、なんら有意義な成果をもたらしえないだろうと思われるようになっている。

近代建築は頑固で妥協を知らない企てであるという見解がある。そこにはすべての詳細にわたって問題解決を行おうという義務感、すなわち科学への義務感があり、それが近代建築にとっての問題、近代建築に特有の問題となっている。つまり、われわれは偏見やためらいなしに事実の吟味を始めることはできるが、それを承認すると同時に、このような動かしがたい、経験的な事実に解決をゆだねることを認めてしまう。しかし、それがアカデミックな分野ではもはや神格化したテーゼであるとして、その他に、同じくらい注目されるべきテーゼがある。それは近代建築は博愛、リベラリズム、《最大多数の希望》と《最大多数の幸福》のための手段であるという定義である。

別の言い方をするなら、全くの初めから、われわれは両立するかどうかのはっきりしていない二つの価値基準が同時に公言されているのを目のあたりにしていることになる。一方には、［科学という衣をまとっているが］結局のところは単純なマネジメント（処理技術）を判断基準《クライテリア》とすることへの忠誠心が表出されており、もう一方では、しばらく前に反文化《カウンター・カルチャー》として話題になった理想［生活、大衆《ピープル》、コミュニティ、そういったすべてのもの］への専念がある。この奇妙な二元論がたいした驚きをあたえないのは、わかりきったことについて深く考えるのは止めておこう、という判断のせいにちがいない。しかし、おそらく最大の矛盾が科学に

ル・コルビュジエ、現代都市、一九二二年

対する低級な理解と詩的なものを不承不承にしか認めえない態度の間にあらわれているとすれば、この矛盾が明らかにされたあとでは、近代建築がその偉大な一時期において、疑いもなく偉大なアイデアだったことが明らかになる。それはまさしく近代建築が、現在でも大いに公に喧伝している、二つの神話を可能なかぎり混合し、また誇示したことによる。すなわち、科学［とその客観性］への幻想と自由［とその人間性］への幻想。この組合せが一九世紀後半の思潮の中で最も人の関心を集め感動をさそうものだったとすると、それが二〇世紀において建物の形をとって明確に具体化したことが興奮をよび起こさないはずはなかった。したがって、それが想像力をかきたてればかきたてるほど、科学的で進歩的で歴史的に適切な建築という概念は、幻想をさらに強化するための焦点としてしか役に立つものでなくなった。新しい建築は合理的な決定を可能にする。新しい建築は歴史的に予定されていたものだ。新しい建築は歴史の克服を表現する。新しい建築は時代精神の反映である。新しい建築は社会を治療する。新しい建築は若く、新陳代謝によって歳月による老朽化からは免れている。しかし［とりわけ］新しい建築はごまかし、偽装、虚栄、詐欺、強制への訣別を意味している。

　以上のようなものは無意識のうちに暗示となって近代建築に刺激をあたえ、また逆に近代建築によって鼓舞された。今日ふり返ってみるならそれは途方もない教義《ドクトリン》であるし、信じ難いお告げ《メッセージ》なのだが、われわれは今からちょうど五〇年前の時代について語っているのだから、民主主義と外交に関してウッドロウ・ウィルソン[*1]の抱いていた希望を想い起こしてみることも許されるだろう。このアメリカ大統領の《開かれた契約》についてほんの少し触れてみよう。というのは、国際政治に関するウッドロウ・ウィルソンの希望から輝く都市まではほんの二、三歩の距離だからである。クリスタル・シティ[*2]と完全に包み隠しのない（ポーカー・フェイスなしの）交渉への夢は、共に同じように、戦争の罪を浄めるための悪の全面的な排除を示してい

＊1　Woodrow Wilson（一八五六―一九二四）アメリカ合衆国第二八代大統領。

＊2　結晶体都市＝近代建築の都市。鉄とガラスの建築群。図版には、ル・コルビュジエの〈ヴォアザン計画〉が示されているが、ミースによる〈ガラスの摩天楼計画案〉（一九二一）などもいかにもこの比喩が似つかわしい。

る。

プリンストン大学の元学長の抱いた夢、このリベラルな長老教会派信者《プレスビテリアン》の信念のもたらした痛ましい副産物は、この世界にとってはあまりに善良すぎ、それゆえ有効性に欠けていたために、不吉な真空状態と混乱をまき起こした。それはまさに違反することによってのみ名誉をあたえられるような性格のものだったから、レアルポリティーク（現実主義政治）の推進者たちからは、ウィルソンや彼が代表していたものは単に無視されるか、せいぜい、考えようによってはそれより程度の悪い儀礼的な敬意を示されただけであった。クリスタル・シティの構想はそれより永い寿命を全うしてはいるものの、今日その運命が明るい兆しを見せているとは言いがたい。というのは、この都市ではすべての権威は解体し、すべての因習は更迭されることになっていたからだ。さらに、この都市では、常に完璧な秩序をともないながら、絶え間なく変化が続くことになっている。公共領域は余計なものとなって消滅し、私的な領域は辞退する理由を失い、建物のファサードによって守られながらありのままの姿をあらわす。ところが現在では、その理念の要点は保ってはいるものの、それはほんの小さな規模の都市に矮小化してしまい、まるで無理に生み落とされた新世界がいかに栄養失調であるかの象徴のごとき有様の、味も素っ気もない陳腐な公共集合住宅《パブリック・ハウジング》と化してしまった。

このようにして、ひとつの重要な座標系は解体してしまった。ちょうど第一次大戦を戦争終結のための戦争と規定したのと同じように、近代建築による都市は、心理学的な構成概念としてもフィジカルなモデルとしても、悲劇的なくらいばかばかしいものに収束してしまった。しかし、一般的な印象がそのようなものであり、一九三〇年前後の何年間かにその主だった図式を確立した都市モデルが、いまではそこら中で攻撃の的にはなってはいるものの、いきあたりばったりの感情論や自意識過剰から来る批判がこれまでに何らかのそれに代わりうるような、

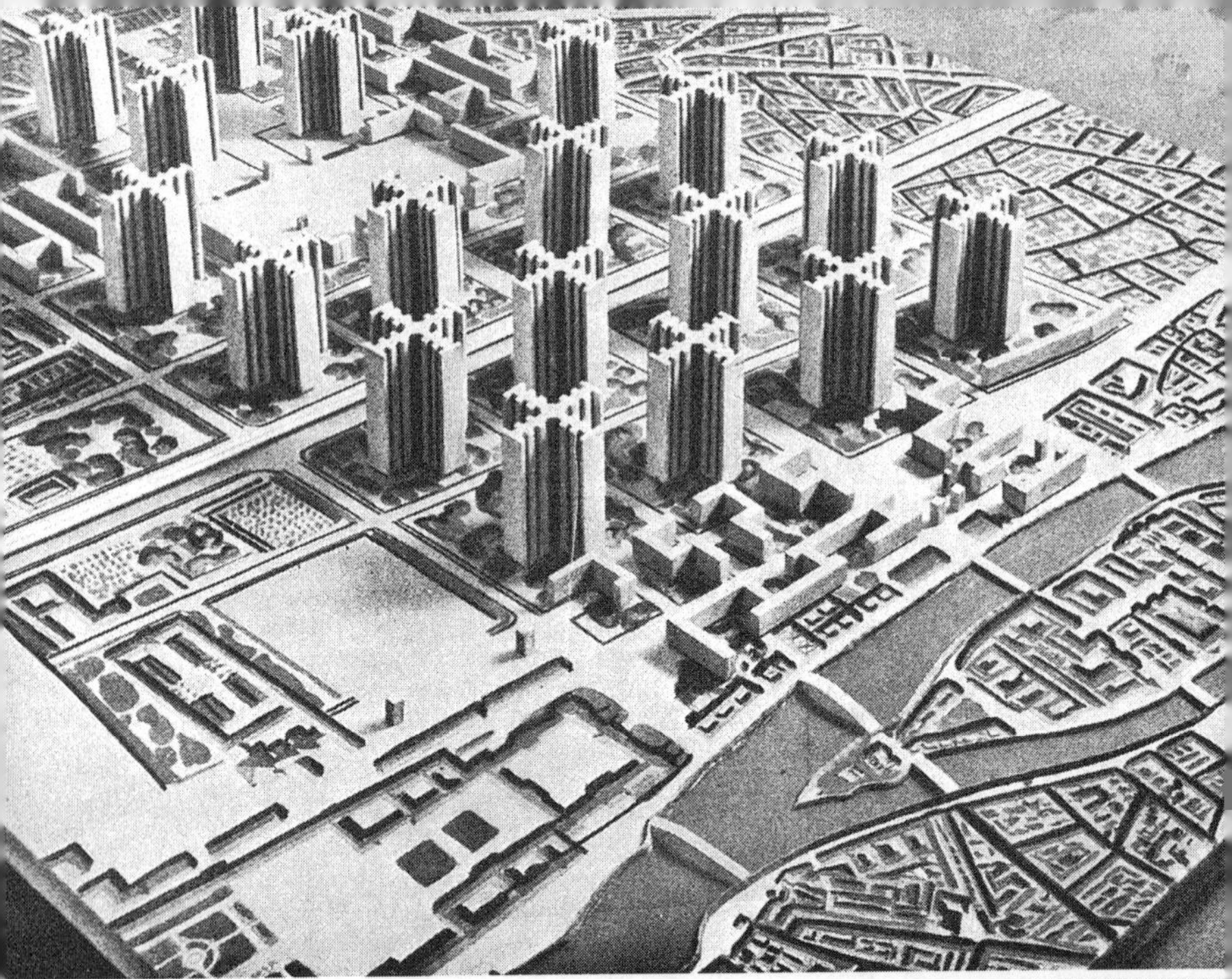

意味のある、包括的な代替物を提出できたかどうかは明らかではない。実際には、どちらかというとその逆が起こったように思われる。ルードヴィヒ・ヒルベルザイマーやル・コルビュジエの提案した都市、CIAMによって広く知られるようになった都市、以前に都市を救う都市と呼ばれた都市は、日毎にますますその不適切さが露呈しているにしても、まさしくその功利主義のせいでこの都市は劣悪だが猛烈な成長を保証されているからだ。そんな次第から、ここには、突然変異の壮大な見世物、想像を絶する悪夢、そしてダニエル・バーナム*のいう「高貴な図式は一度登録されれば消滅することはない」というテーゼの全く愚にもつかない解釈が示されていることは納得していただけるだろう。

その結果として、現在の状況はもつれてほどきようのない糸のようなものになっている。というのは、建築家の二つの絶望的な《義務》《科学》と《大衆》がますます不可避なものになってきているからだし、また二〇年代にはうまく機能していたこの二つの間の共生関係が揺らぎはじめたために、これらの相異なる傾向は融通性を失い、過熱して、もう一方と共生することのもつ意義を否定するに至ったからである。その結果、科学性を旗印とした近代建築は単に幼稚な理想主義でしかなかったことを露呈した。この状況を改善するには、これから先、テクノロジーや行動科学やコンピュータにもっと頼ることにしたらよいのではないか。また他方では、近代建築は、人道的であることを公言していたにもかかわらず、とうてい受け入れがたいまでに不毛な科学的厳密性のとりこになってしまった。それではこれからは、知性派ぶることをやめて、ものをありのままに複製すること、すなわち自称哲学者たちの独断で再構築されたものではなくて大衆の好みにあった[実用的で、リアルで、誰もが慣れ親しんでいる]世界を観察することに専念しようではないか。

これら二つの未来に関するプログラム[《科学》至上主義または《多数派》による専制支配]

* Daniel Burnham(一八四六—一九一二) アメリカの建築家。

前頁上:ル・コルビュジエ、ヴォアザン計画、一九二五年
前頁下:ニューヨーク(マンハッタン島南部の集合住宅群(スタイプサント・タウン)

のどちらがより強力な不快感をもたらすかは判断しかねる。が、別々であろうが二つまとめてであろうが、それがイニシアチブの消滅をもたらすことは、さして強調するまでもないだろう。また、科学に町をつくらせよう、あるいは大衆に町をつくらせようという二者択一《オールタナティブ》が、どちらも全くの気違い沙汰であることは言うまでもないことだ。もちろん、ある点までは、科学で町をつくれるだろうし科学で町をつくるべきだし、同様に、ある点までは、多数決でも町をつくれるしつくるべきなのだ。だがここでは、建築家の無能に関する数限りのない主張に関して、それが正しい指摘であることがますます明らかになっており、またそれは自意識行動のもたらす害悪への絶えることのない糾弾でもあるのだが、それは罪の意識にかられて責任転嫁をもくろむ心理的な策略であることを、少なくとも理解しておく必要がある。

　しかし、建築家の社会に対する罪悪感とそれから逃れるために建築家が用いた手段が、建築家という職業の混乱を招いたのに他ならないとするとき、より重要なことはわれわれがここでもう一度サンタヤナの《人間の精神は自らに対して偏見をもっている》という言葉を想い起こし、この深く根をはった偏見を見据えながら、人間の制作物がそれそのもの以外になりうるように見せかける理屈と、それが偏見に由来するものと知って、対決することである。もちろん、そういった見せかけをうながす願望があれば、それを実現するためのメカニズムがないはずがない。なぜなら、《自然／本性》というものは、所詮、常に存在するからであり、良心の呵責からのがれるために自然／本性の概念はたえず発明［あるいは発見の方が適切かもしれない］されるものだからだ。

　以上で最初の議論はほぼ完了する。一般的にいって、二〇世紀の建築家はパスカルの疑問の中のアイロニーについて全く考慮しようとはしなかった。本性と慣習が深く結びついているとする考えは、いうまでもなく、建築家のとっていた自然／本性とは純粋なものであり、慣習は

次頁上右：パリ、ボビニー地区
次頁上左：パリ、デファンス地区
次頁下：セントルイス、プルーイット＝アイゴー集合住宅の解体、一九七一年

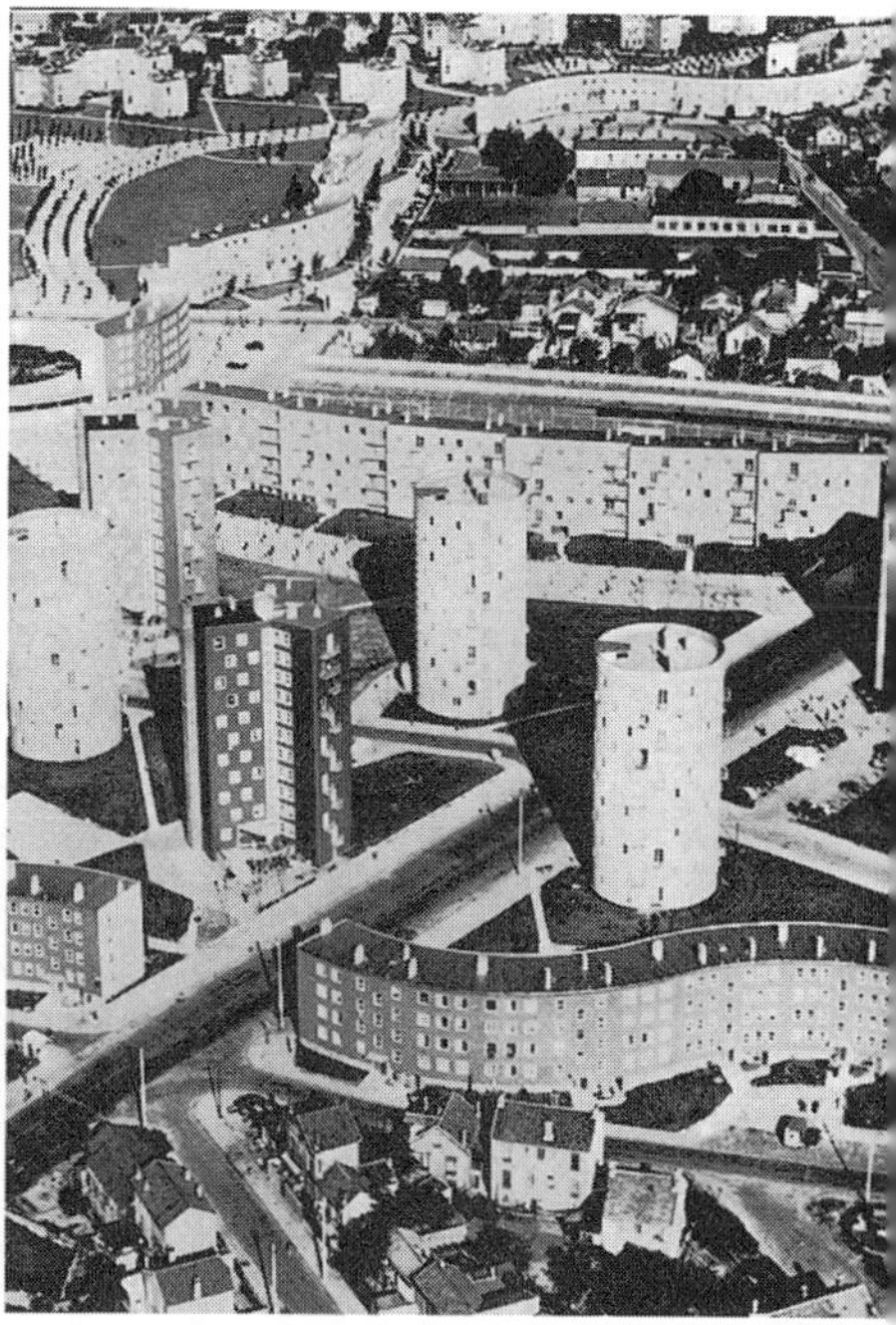

腐敗している。したがって慣習を超越するという義務を避けてはならないという立場と完全に相反するものだった。

これは当時としては重要なひとつの概念だったし、また、新しいものだけが純正だという信念にはいまでも説得力を感じる人も多いかもしれない。しかし、新しいものの純正さが何であるにせよ、制作物の目新しさと並行して理念の目新しさが目に止まらなくてはならないはずである。ところが、二〇世紀の建築家の間で使われている理念は、一八世紀以来の科学の正当性（ベーコンとニュートン？）への信仰と同じく一八世紀に端を発する集団意志への信仰（ルソーとバーク？）がいまだに続いている。そして、この双方がヘーゲル、ダーウィン、マルクスの思想で彩られたる点検修理なしに存続してきた。そこには、一八世紀以来の科学の正当性（ベーコンとニュートン？）への信仰と同じく一八世紀に端を発する集団意志への信仰（ルソーとバーク？）がいまだに続いている。そして、この双方がヘーゲル、ダーウィン、マルクスの思想で彩られる説得力あるニュアンスを与えられたのが現在の状況に他ならないのだが、それはほぼ一〇〇年前と同じような状況なのである。それはきわめて大まかな言い方をするなら、建築家を人間霊応盤またはプランセットと見なす考え方、すなわち、運命からのメッセージをロジカルなものとして受信し発信する高感度なアンテナであるとする考え方といえる。

「そのことがらの性質の許す限りにおいて厳密さを、それぞれの領域に応じて求めることが教育あるものにはふさわしい[原注1]」。それに反論することは難しい。しかし、建築とアーバニズムに、本来とうてい持ちえないほどの厳密性をあたえようとするあまり、一八世紀の《自然／本性》は参照されすぎた。そしてその間に（建築家が超《科学》や《無意識》による自己調節といったヴィジョンにうつつをぬかし、有効性の欠落した未曾有のいかさまに没頭している間に）、ダーウィン説［自然淘汰と適者生存］の復活と並行して世界中の大都市のレイプが繰り広げられた。

もしレイプが避けられないのならあきらめて楽しめ、という昔からあるアドバイスは誘惑的でもある。しかし、この未来派の中心的な教義［不可抗力へのセレブレーション］が道徳的に受け入れられないなら、われわれは再考をしいられる。それがこの文章で言いたいことのすべてである。建設的な脱・幻想への提案、すなわち秩序と無秩序、単純と複雑、恒久的な参照物と偶然の出来事の共存、プライベートとパブリックの共存、革新と伝統の共存、回顧的と予言的なジェスチュアの共存――へのアピール。われわれにしてみれば近代都市がいくつかの長所をもちあわせていることは明らかなのだから、《近代的な》修辞の必要を斟酌した上で、問題は、これらの長所をどのようにして状況に反応するものにしていくかなのである。

第一章　ユートピア、その衰退と解体？

あなたたちには楽園が開かれており、生命の木が植えられ、来るべき時が備えられて、豊かな富が用意されており、都が建てられ、安らぎが保証されており、恵みが全きものとなり、完全な知恵が与えられる。

悪の根はあなたたちに近づかないように封じられ、病は消え去り、死は姿を隠し、地獄は遠ざかり、腐敗は忘れ去られる。

悲しみは過ぎ去って最後に不滅の宝が示される。

エズラ記第二書八章五二―五四節*

* 旧約続編（外典）には、ギリシア語およびラテン語のエズラ記が含まれているが、この文章はそのうちラテン語のものに示されている。訳出は、日本聖書協会の新共同訳に従った。

神話が思考の対象ではなく生活そのものである場合には、具体的な現実の知覚と神話的な幻想の世界との間には亀裂が存在しない。

エルンスト・カッシーラー

近代建築をゴスペル（福音）［全く字義どおりに読むなら、良い知らせの神託］として解釈するのは確かに首肯できよう。またそれが、近代建築のもたらしたインパクトの源でもある。すべての煙幕が消え去ったときに、そのインパクトが近代建築の技術的な革新にも形態の語彙にもほとんど関係がなかったことがわかるだろう。実際、技術革新や形態語彙の価値は常にどのように見えるかではなくて何を意味しているかにあった。その外観は、アリバイのために変

ブルーノ・タウト、「アルプス建築」（一九一九年）の挿画より

装をほどこされているようなもので、そもそも教訓的な挿絵とでも呼ぶべきものであり、それ自体としてではなく、より良い世界の索引として理解されるべきものだった。その世界とは、合理的なモティヴェイションがあまねく普及し、政治上の秩序を保つための可視的な制度は不用になり、忘れられて、ガラクタ置き場に投げ込まれているところである。近代建築が以前に持っていた英雄的で高揚した調子はここに由来する。近代建築が個人または社会にブルジョワ的な陶酔のための居心地の良い場所をあたえることを目的としたことは、たえてなかった。その反対に、使徒的な貧困、フランチェスコ会的な極限生活〈Existenz minimum〉を美徳として表現することがずっと重要な理想であるとされた。《というのは、ラクダが針の穴をくぐり抜ける方が金持ちが神の王国に入るより易しいからだ》。この好戦的でいわばサムライ的な断定を念頭においてこそ、質実剛健をよしとする二〇世紀の建築家の態度ははっきりと説明されるにちがいない。彼は、啓蒙された正しい社会を築きあげ祝福することに努めていた。したがって近代建築のひとつの定義として、それは建設にあたって未来が明らかにするはずのより完璧な秩序を現在もたらそうとする態度である、ということができるだろう。

彼（建築家）は意志の力で城壁を築くだろう。彼は、大気の求心力を支配し、彼を皮膚のように包み込むエーテルのマントを引きのばし、突きやぶり、いくつもの自らが超越した残骸《ぬけがら》を残して、脱皮を繰り返しながら、より高くより純粋な状態へと昇っていくだろう……何千ものむきだしの魂、何千ものもっと劣る、弱小な魂は、地上における神の王国の扉が彼らの前に開け放たれるのをただ待ちうけている。[原注1]

ドイツ表現主義の精神のエトスとでもいうべきこのヘルマン・フィンスターリン*の言葉からは、エクスタシーを通じてのモティヴェイション（動機づけ）と至福千年説《キリアズム》的な理想主義への衝動が感じとれる。これを読んで拒否反応を起こす場合もあるだろうが、それがはたして妥当かどうかも疑ってみなければならない。というのは、この文章はあらゆる点できわめて放縦であり極端な形ではあるが、よそでもっとまわりくどく言われていたことをヒステリックに濃縮したものともいえるからだ。文章の形式をほんの少し変えてみたまえ。そうすれば、ハンネス・マイヤーやヴァルター・グロピウスの雰囲気が味わえることになる。さらにもう少し変えれば、ル・コルビュジエやルイス・マンフォードの雰囲気が浮かび上がってくる。近代建築の即物性という表皮をはいでみたまえ、その理想とする客観性についてほんのちょっとの間でよいから疑ってみたまえ。そうすれば、皮相な合理主義の下に噴火性の高い心理的な溶岩が、ほぼ間違いなく見いだされるだろう。この溶岩が結局のところ、近代都市の基層をなしているのである。

現在では、近代建築の構成要素のうちこのエクスタシー的な部分に関しては、全く不十分な注意がはらわれているにすぎない。なぜと尋ねるまでもないだろう。だいたいの点では、合理主義による弁明が額面どおりに受け取られているが、建築家とその擁護者たちが《事実》というものに一段の関心をはらっていたにしても、近代建築運動を科学的に説明することは、建築家の明白かつ完全な妥当性自体が立証を必要とされる論点であるかぎりは明らかに不可能でしかない。フランク・ロイド・ライトの《この点において、私は建築家が現代アメリカ社会の救済者であると、いままでのすべての文明の救済者であったように現在も救済者であると知つた》[原注2]にしても、ル・コルビュジエの《病弊にあえぐ現代社会が、建築と都市計画だけがその疾病への的確な処方箋を書いてくれるという事実に当を得て気づいたときには、偉大な機械の

* Hermann Finsterlin（一八八七―一九七三）ドイツの幻視の建築家。

Amaurotū vrbs.
Fons Anydri.
Ostium anydri
Hythlodaeus.

作動を始める日が訪れるだろう》[原注3]にしても、いまにしてみればひどくグロテスクであるにもかかわらず、このような言説は、いまだに広く用いられている注釈の手段のどれよりも、はるかに説得力をもっている。なぜなら、それらの言説は建築家の心理状況をつまびらかにし、救世主としての情熱の程を、世界を終末に導きまた新しくよみがえらそうという切望を、はっきりと示すからである。その情熱は知的な歪みをあたえるレンズとして作用したにちがいない。このレンズは形態的なものであれ技術的なものであれ、視覚化されたどんな材料でも拡大縮小することで有用なものにすることができたのである。

われわれは、最大級の重要性をもった、ある心理的な状況について述べている。それは、不可能が現実を揺り動かし、ミレニウムの王国への期待が他のすべての妥当な可能性を否定し去るような、根本的かつ爆発的な状況のひとつである。中世後期のキリアズムについて書いている文章の中で、カール・マンハイム*はまさにこのような特性を、「精神的な高揚と身体的な興奮」[原注4]のラディカルな融合として力説しているが、ここでわれわれは建築家の空想力が高められた一時期に着目し、その理由を考察し、そのあとでその後の退化について述べてみたい。

そのためには、そしてとりわけわれわれは都市を論じているのであるからして、二つの

前頁：トマス・モア、「ユートピア」の扉絵、一五一六年

* Karl Mannheim（一八九三―一九四七）ドイツの社会学者。文化社会学、ことに知識社会学の代表者のひとり。

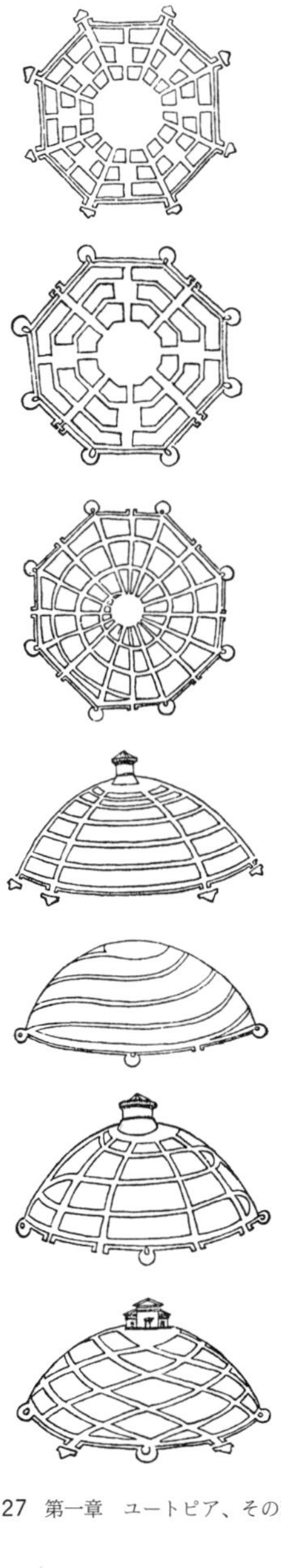

フランチェスコ・ディ・ジョルジョ・マルティーニ、理想都市のスタディ

所説《ストーリー》が考えられる。ひとつは、《古典的なユートピアであり、普遍的合理性による倫理と正義の観念から触発された批判ユートピア、スパルタ式で禁欲的な、フランス革命以前にすでに消滅していたユートピア》[原注5]であり、そしてもうひとつは啓蒙主義時代の後に出現した活動主義のユートピアについてである。

　一五〇〇年頃の古典的ユートピアに関しては、さしたる説明を要しないだろう。それは結局のところ、ヘブライの、黙示録の、そしてプラトンのコスモロジーの複合物としての精神上の都市であって、その構成要素を見いだすのは決して困難なことではない。このユートピアを成立させた原因は、表面上どのように異なってみえようとも、根本的には、キリスト教の伝道によって暖められたプラトンかまたはプラトンによって冷《さ》まされたキリスト教に帰結する。どのような条件がつけ加えられようとも、それは「黙示録」プラス「国家篇」であり「ティマイオス」プラス架空の聖都、新イェルサレムである。

　五〇〇年前ということを頭においたとしても、これがとりたてて独創的な融合であったとは言いがたい。したがって古典的なユートピアが、起爆性をもつ構成要素や危機感をともなった、すべてのものを変革しようとする新しい秩序の感覚［これが二〇世紀初頭にはユートピアの神話に属すると受けとられていたのだが］を示したことがなかったからといって驚くにはあたらない。それとは反対に、詳しく調べると、古典的ユートピアは多くの場合、思索の対象として姿をあらわすだろう。それは静かで、おそらくいくらかのアイロニーをともなった形で存在しているだろう。それは、分離された参照物として、何かをもたらす力として機能するだろう。それはポリティカルな道具として直接に適用可能な形ではなく、試行錯誤のあとに各自が考案するものとして機能するだろう。

　善良な社会のイコンとして、イデアが現世に投げかける影として、古典的ユートピアはごく少数の聴衆に向かって語りかけたものである。その建築における必然的結果としての理想都市も、［普遍的かつ究極的な善の象徴として］同じように限られた顧客を対象とした教育の道具として理解されるべきだ。マキアヴェッリもいっているように、ルネサンスの理想都市は、本来、君主へ情報を供給するための手段だったのであるし、またこの延長として、国家を維持し上品に表現するための代理手段でもあった。それが社会批判であったことには疑いの余地がないが、それが提示したものは未来の理想というよりは仮説としての理想だったにすぎない。そのイコンは崇拝されなければならなかったし、［ある程度までは］実用に供しなくてはならなかった。ただし、未来への処方箋としてではなく単なるイメージでしかなかった。カスティリオーネによる宮廷人のイメージと同じように、理想都市はそれだけを目的として観察したり楽しんだりすることを許容した。

ひとつの参照物として（決してそれ以上ではなかったが）、ユートピアも理想都市も共に、フィラレーテとカスティリオーネ、モアとマキアヴェッリ、作法と道徳といった組合せ［には時代遅れの感がなきにしもあらずだが］として成果を収めた。その組合せはひとつの慣用《しきたり》を生み、この慣用は、社会秩序の改善に重大な用は果たさないながらも、今日でも依然として賞賛される都市形態に貢献した。非常に簡潔にいうなら、それはセルリオの悲劇の舞台場面の装置を喜劇の場合に代用するように作用する組合せ、すなわち、偶発的で中世的な出来事からなる世界を、威厳のある厳粛な態度からなる、より高度に統合された状況に変換するために、現実を巧妙に導入する慣用なのである。

ここでは、古典的な法則とその副産物である悲劇への偏愛の善悪を論じることが問題ではない。しかし、それが一時的な状況しか表象しえなかったことは明らかで、つまるところ、古典的ユートピアのもつ形而上学的なよそよそしさは支持されるところに至らなかった。究極的な善を各自が瞥見したところで、それは大衆の嗜好を助長したにすぎなかった。したがって、君主と彼を代表していたものの株価が下落するにつれて、円形都市という奇妙な考案やそれに内在していた概念には広範囲の修正がほどこされることになった。なぜならその時点では、大衆がしだいに勢力を得てきたために、社会の理念だけでなく社会の経験的条件もまた重要な意味をもつようになってきたからである。興味の方向は改められることになった。そして、倫理《モラリティ》が実在のものにならなければならないという要求に応じて、その抽象的な概念が柔軟化したように、ユートピアも思索的なプラトニックなモデルから、はるかにエネルギッシュなユートピア

上：セバスティアーノ・セルリオ、喜劇の場面
下：セバスティアーノ・セルリオ、悲劇の場面

を指向するようになった。それは、少数支配者にとっての不可欠な参照物として解釈されるだけでなく、社会全体の文字どおりの救助と変革の媒体とも読み取れるメッセージとなった。

このようなヴィジョン、啓蒙主義時代の後に出現した活動主義《アクティビスト》のユートピアの基盤は、おそらくニュートンに典型的な合理主義の刺激を受けたときに初めて確とした燃料を支給された。物質世界の属性や作用がついに疑わしい推論によらずとも説明できることになり、観察と実験によって証明可能だとするならば、次に、計測できるものがしだいに現実と同一視されるようになるにつれて、理想都市のイメージから形而上学的なまた迷信的な曇りが払拭されたと考えられるようになった。この冒険的な企《くわだ》ての規模はそのようなものであった。それは決して小さくないもくろみだった。だが、もしニュートンという人間が物質界の合理的構築を決定的に論証しえたのならば、どうして精神の内的な活動や、さらに社会の作用が同じように論証できないのだろうか。理性と実験哲学へのフル編成のオーケストレーションによるアピールを通じて、また容認されてはいるが明らかに専横な権威を拒否することによって、社会と人間の条件をつくりなおし、物理学の法則と同じくらい誤りのない法則に従うようにすることは確実に可能なはずだ。そうすれば「遠からずして」もはや理想都市が単なる精神上の都市である必要はなくなる。

合理的な社会の可能性へのひたむきな信仰が短命のものであったにせよ、それが個々の疑問をぬか喜びさせただけだったにせよ、調和のとれた完全に公正な社会秩序をつくろうという強力な関心はそれ以上のものをもたらした。そして、その関心が「依然としてやや機械的にではあるが」一九世紀の方へ向かったときに、それはまさに字義どおりのユートピア幻想となって精神的な実体と動力《ダイナミック》を得ることができた。社会のさまざまな作用がいまだかつて確とした体制の礎の上にのみおかれていることをかんがみるならば、科学革命とでも呼ぶべきものの具現者たちが自然だけを取りだして深く考察したのと全く同じように、社会改革の推進者たちが《自然な》社会を考察することは全く必要なことだったといえる。そして、《合理的な》社会の範例《パラダイム》としての《自然な》社会は、当然、《自然》人の考察へと人を導く。

実際、社会の分析が成功するためには、人間の基本モデルが適切に分離されて識別されることが不可欠だった。人間からは、文化による汚染、社会による頽廃が取り除かれなくてはならない。彼は、原点におかれた、《荒野の試み》以前の、《アダムとイヴの堕落》以前の原始の状況で想像されなくてはならない。そして、そのような背景、理性と純潔への消しがたい衝動から、一八世紀における最も重要な制作物である高貴な野人《ノーブル・サヴェッジ》*という神話がもたらされた。

さまざまに形を変えながら、高貴な野人の神話は長期間にわたって、歴史を彩った。すなわち、汚れなき自然人は、まず最初には田園の理想郷《アルカディア》の麗しき住人であった。とはいうものの、もしそのように彼が古代において著名な存在だったとしても、ルネサンス時代に文化の表面に再びあらわれた後は、自然人はしだいに便利な道徳的な付属品になっていくばかりだった。しかし、物の体系が機械化していったにもかかわらず、自然人（実在のものと考えられていた抽象体）は、啓蒙時代の注文に完全すぎるほどにかなっていた。その理由としては、彼が科学がどうしても必要としていた普遍的に妥当な人間の見本として示されることができたことだけでなく、さらに重要な点としては、普通人の概念を合理的に高めていく組立て作業のための大切な部分品として、高貴な野人をほんのわずか調整、修整することでちょうど間に合ったからである。普通人は、十分な考察に値する対象ではあったが、看過されやすい、単調で、個性のない《アノニマス》、さらに全く英雄的なところのない性格の持ち主でもあった。彼はみじめな正真正銘の窮状におかれていた。彼の待遇改善を問題にするためには、血統と（皮膚の）色が必須のものだった。この両方を十分以上に併せもつという点に高貴な野人の役割があった。

* noble savage　モンテーニュに始まり特にルソーからロマン主義の時代の初期にかけてヨーロッパの文学で称えられた文明に汚されぬ素朴な原始人の理想的典型。

次頁上：F・O・C・ダーレイによる自然人。「インディアンの生活の情景」（一八四四年）より

次頁下：ル・コルビュジエによる自然人。「ル・コルビュジエ作品集一九一〇―一九二九」より

A swarthy infant now, whose future sinewy arm
And fierce untutored eloquence shall one day lead
A savage nation forth, to conquer or to die.

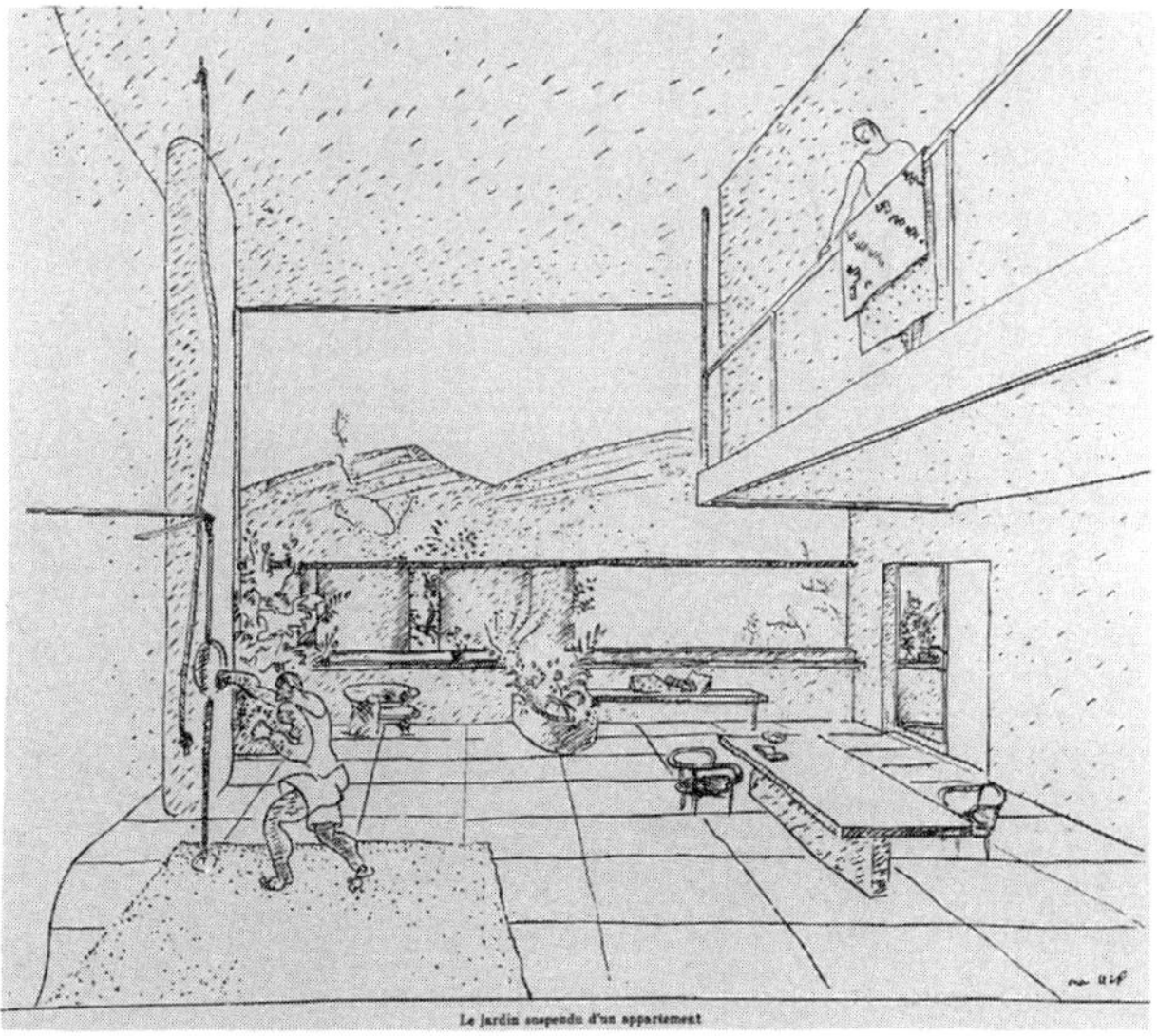

Le jardin suspendu d'un appartement

文明社会に単なる文学的慣用句以上のものとしてひとたび認められるや、高貴な野人にははなばなしい経歴があたえられたのは当然の帰結だった。彼はひとつの抽象体だったといってよいだろう。ただし、一人で何役も演じる活動的な人間でなかったなら、彼には存在意義がなかった。そして確かに彼は比類ないほどの役割を演じた——すなわち、古典的な羊飼い、アメリカ・インディアン、キャプテン・クックに発見された人物、一九七二年の過激派《サンキュロット》、七月革命の参加者、〈楽しい英国〉国民（または他のすべてのゴシック社会の住民）、マルクス主義者のプロレタリアート、ミケーネ文明のギリシャ人、現代アメリカ人、老農夫ならだれでも、解放されたヒッピー、科学者、技術者、そしてとどのつまりはコンピューター。文化批判、社会批判のための保守派にとっても急進派にとっても好都合な仮定として、この二〇〇年間というもの高貴な野人は幅広く変化に富んだ役割をあたえられてきた。そして、そのひとつひとつの役について、それが続くかぎり、彼の仕事ぶりが他人を納得させないことはなかった。

　ところで、高貴な野人を清浄無垢《イノセンス》を体現するものと考えると、啓蒙時代こそがユートピアとアルカディアの神話を一体化することを通じて、混血という決定的であり実りの多かった行為をもたらしたのは明らかである。なぜなら、この二つの神話は、矛盾する面と共通する面とを同時に併せもつからである。ひとつは歴史の終末に、もうひとつは歴史の始源に関連する。すなわち、ユートピアとは、規制［あるいはあえていうなら、強制］によってもたらされる勝利を祝うものであり、それに対してアルカディアは、文明がもたらされる以前の自由を祝福するものである。フロイトの言語でいうならユートピアは全くの超自我であり、アルカディアはまさにイドである。しかしそのような相違にもかかわらず、この二つの神話は互いのもつ宿命的な魅力を知ってしまった。したがって、もしこの二つが連合したあとではどんなものも全く同じはずがないといえるならば、このようなまさに一八世紀的な結び《リエゾン》つきに、その当時進行しつつあったユートピアの道徳律の変化について何らかの説明を求めることができるだろう。

時の始源に関する神話の主人公として、高貴な野人が実在する人物、または歴史上に存在した人物として感じられるようになるにつれて、その複製化が想像されるようになった。それによって、架空の状況ではなく実現性のある状況として善良な社会《ユートピア》を設定することがますます妥当なものとされるようになったが、それはまたとりもなおさず、ユートピアからプラトニックな蓄積をとり除き、政治的な情熱をそれに代える作業をさらに推し進めることであった。

啓蒙主義による批評はユートピアの内容にははっきりした修正を加えたが、その形態には目立った影響を及ぼさなかった。したがって高貴な野人の活動がどんなものであったにせよ、初期の活動主義者のユートピアでは古典的な形や秩序感への傾斜が依然として最も目立った特徴である。ユートピアは、以前に同意され、認知された因習《かたち》のままで存続していた。したがって、例えば一八七〇年頃のアンドレの理想都市（フーリエ主義の影響？）[原注6]も、ルドゥーの一七七六年のショーにおける産業開拓地の計画も、どちらも一四〇〇年代《クワットロチェント》ルネサンス期の原型から劇的に逸脱したものではない。しかしその一方ではやはり［すでにショーにおいてでさえ］ひとつの違反をみることができる。すなわち、その全体構成からはうかがうべくもないが、ショーの製塩工場は生産施設のための提案であること。その円形の構成は古典的ユートピアのもつ神話的な権威をたたえる『賛辞』として解釈されるだろうが、それは体制破壊を内に秘めた『賛辞』であることも確かなのだ。簡潔にいうなら、そこでは監督官が君主の座を奪っている。したがって、都市に影響力を及ぼすのがいままでは〈立法者〉ではなくて〈監督官〉であるとするなら、ここに国家の政体に対する新しい理念の兆しが明らかに示されているといえるだろう。

しかし、これだけがショーがユートピアの伝統的なイメージに対する批判として読みとれる

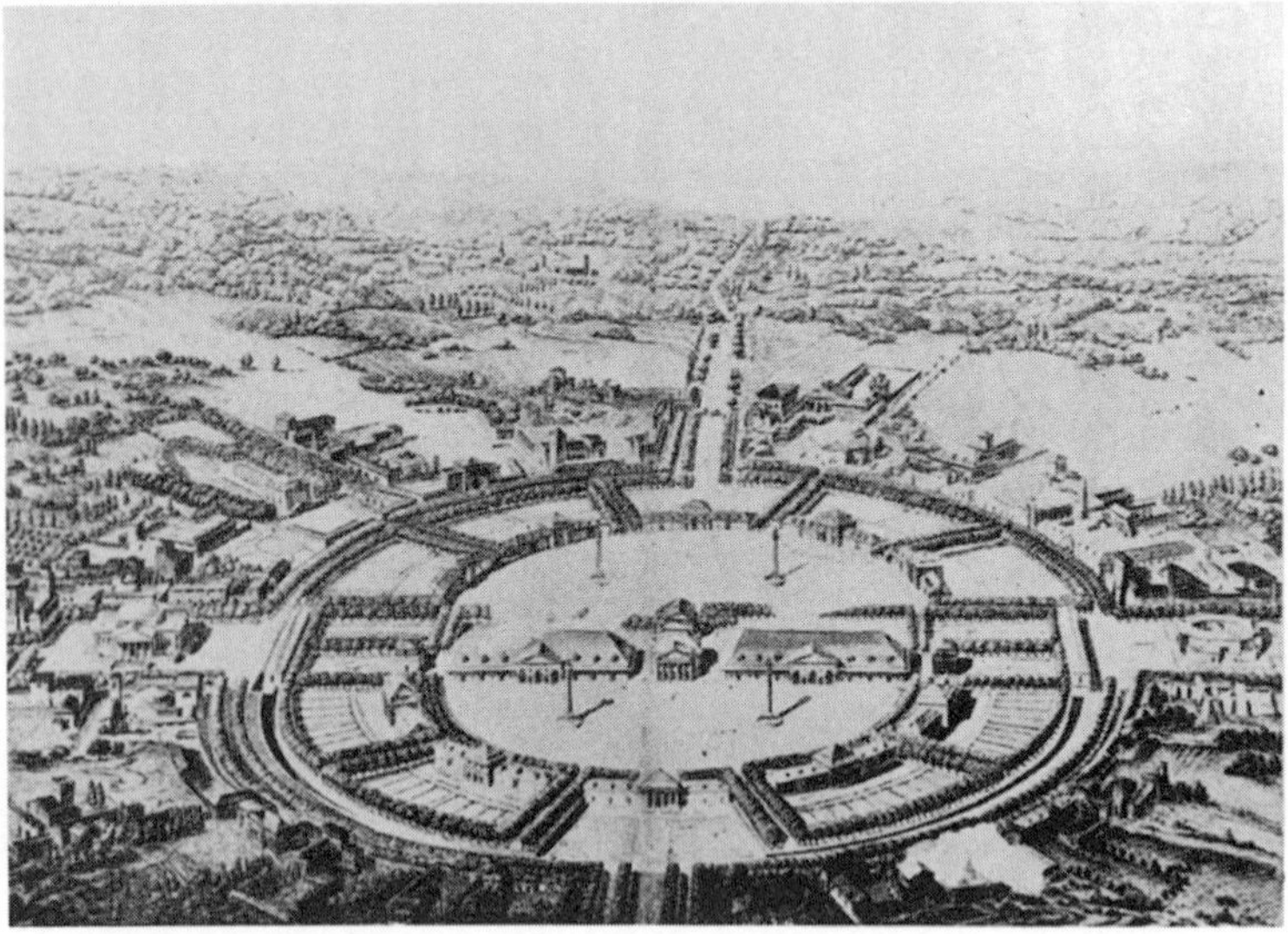

唯一の点ではないのは言うまでもないことで、もし［ルソーのもたらした］高貴な野人が自然主義的な周囲の環境にひそんでいることをよしとするなら、円形の配置が古代のプラトンの権威というよりは当時のニュートンの名声を喚起することをそのねらいとしていたことにもほぼ確信をもっていい。ちょうどこのころニュートンの記念碑《モニュメント》が流行の兆しを見せはじめていたからである。したがって、ルドゥーのショーの製塩工場からサン＝シモンの一八〇三年のニュートン大評議会の提案に話を進めていくのは、単に時流をたどっていくことに他ならない。

アンリ・ド・サン＝シモン（一七六〇–一八二五）は、政治の分野におけるニュートンたらんとしていたといってよいだろう。彼の提案は普遍的な統治組織を目ざすものだった。現行の権力はその特異性によってしりぞけられ、それにかわって、ニュートンの主義［そして理性］を世に広めるとされ、科学者、数学者、人文学者、芸術家による世界政府が設立されることになっていた。そしてここかしこに、この教義を崇拝するための寺院が建立される。この提案は『ジュネーヴの一住人から同時代人への手紙』[原注7]として出版されたが、いささか気がふれているのではないかと思いたくなるほど極端なまでに学究的である。しかし、その途方もなさはともかくとして、不条理なまでに理性を賛美することによってそれは重要な出来事への方向づけをおこなった。つまり、サン＝シモン主義者の信条である、「黄金の時代はわれわれの後ろにではなく前にある。そしてそれは社会秩序の完成によって実現される」[原注8]からも古典的ユートピアに共通する倫理的な態度がしりぞけられたことが明らかだからである。われわれはここでいま時代の転換期にあるといってもよい。活動主義のユートピア、「未来の青写真」としてのユートピアがついにはっきりと姿をあらわしたのである。科学が未曾有の発達をみせた世界では、社会を論理的に編成することが急務とされる。それゆえに、ひとつの典型として社会の〈実践的な〉目的が規定されなくてはならない。それは科学の勝利を背景として、憶測を完全に排除

前頁上：アンドレ、理想の共同体のための計画案（一九世紀中頃）
前頁下：クロード＝ニコラ・ルドゥー、ショーの製塩工場計画案、一七七六年

エティエンヌ＝ルイ・ブレー、ニュートン記念碑計画案、一七八四年頃

した基盤の上に《人間の科学》を確立する方向に導かれなくてはならない。何が必要なのかははっきりしているのだから、科学が道徳律の基礎となるように確立すること、政治を物理学の一分野へと転向すること、そして最終的には、専制政府を合理的な行政機関による統治と置き換えるという要求が試みられなくてはならない。

以上がその後二〇年あまりにわたって展開されたサン゠シモン主義者の思想［《事物に基づく行政機関によって人間に依存する政府を置き換えよう》という善意の試み］の片鱗である。権威主義的ではあるが、サン゠シモンの思想には明確に満足させるというニュアンスが備わっている。芸術もその例外ではない。合理的な社会では生産は拡大繁栄する。この繁栄の普及とともに、芸術は新体制を支持し強化することに専念することになるだろう、というのが彼の予想であった。進歩的な芸術と進歩的な社会との連帯（すなわち全知識の協同作業）は、サン゠シモンの教義の中心となる直観的真理のひとつだったように思われる。したがって、いうまでもなくそれは彼の弟子たちにも反映された。

芸術は社会の表現であり、その最も高邁な部分においては社会の最も進んだ傾向のマニフェストとなる。芸術は先頭走者であり啓示者である。それゆえに芸術が社会の起爆剤という任務を正しく全うしているか、芸術家が真のアヴァン・ギャルドであるかを知るためには、人間性がどこへ向かおうとしているか、人類の運命が何であるかを知らなくてはならない。[原注9]

この種の陳述がサン゠シモンの影響なくしてはありえないとするならば、その約二〇年前の等しく「近代的な」言説を紹介してもよいだろう。同様の確信にかられて詩人レオン・アレヴィは信念を告白する。「数学者が幾何学の問題を解き、化学者が物質を分析するのと同じくらい確実に、芸術家が（大衆を）喜ばし、感動させる」時は間近い。そしてその時になって初めて、と彼は続ける、「社会の道徳的側面はしっかりと確立されるだろう」[原注10]。

このような発言は二〇世紀初期を特徴づけるユートピアの炎にわれわれを限りなく近づけるように見えるが、われわれはフランス実証主義が影響力という点では、どちらかというと不毛なものであったことをよく考える必要がある。というのは、サン＝シモンについて何といわれているにせよ、それにつづいたオーギュスト・コントによる展開について、またシャルル・フーリエやその他の人々の同様な貢献について何といわれているにせよ、彼ら自身によって、また彼ら自身が体現したものは一種の歴史上の袋小路のようなものだったことは認めざるをえないからである。一九世紀を通じて彼らは啓蒙主義の伝統の上にひとつの異見を操作していたことになる。そして当然のことだが、よかれあしかれ、この伝統はうすく摩耗しはじめていた。

世の中では拡大を続ける市場が銀行家や産業資本家の熱狂をかきたてるばかりで、一八世紀の知的なだけの楽観主義は役に立たないものに思われはじめており、その一方では、少なくともイギリとドイツでは、社会がフランス合理主義、（ルソーを別として）が主張していたような機械的な構築物には九九パーセントなりえないことは以前から当然視されていた。イギリス、ドイツの両国では、ルソーの高貴な野人は合理主義者の議論の手段としての抽象体というふうには考えられていなかった。それはむしろ、隔世遺伝する人種的な記憶のようなものとして、フランス式の型のつくり方《パタン・メーキング》がいかに不適当であるか、という注釈のかけがえのない実例とされてきた。というのは、このどちらの国においても、ロマン主義や疾風怒涛時代の影響下にあっては、抽象的概念としての人類という観念よりも、歴史的特性をともなった社会や国家という観念の方が人口に膾炙しはじめていたからである。そして社会の概念をフランス流の機械論ではなくて、もっと有機的に成長するものと仮定するところに、この両者に共通する態度

（または議論の偏向）をみることができる。この議論に最終的に貢献したのは、いうまでもないことだが、ドイツ人で、それはヘーゲルの歴史的弁証法の概念として結実することになる。とはいうものの、その論争《ポレミック》のイギリスにおけるはなばなしい重要性を見過ごすことはできまい。そしてここで参照するのはエドモンド・バーク＊であり、彼の著した『フランス革命に関する考察[原注11]』である。

　ところでバークに対する評価は常に曖昧なものだった。美学理論家——政治哲学者。彼はそのどちらなのか？　またさらに、バークには近代保守思想の創立者として悪評を買っているが、どのようにして彼の思想が断片的にではあれイギリス社会主義の伝統の中に根をはることができたのかを識ることもそう困難なことではない。例えばウィリアム・モリスの『ユートピア便り[原注12]』にみられるような、古典的な図式を完全に欠落しているユートピアは、最終的にはバークの影響から由来すると考えられないこともないだろう。そして、いずれにせよ、モリスが後にそうなったのと同じように、バークが科学や産業の成長の可能性に興味を欠いていたことは、彼の否定的な態度を特徴づける点として考えられなくてはならない。彼は単純な有用性という観念に徹頭徹尾反発する——老年期のバークと青年期のベンサムはアンチ・テーゼのように考えられるし、また、ドイツにおける彼の同時代人の多くがそうであったように啓蒙主義の伝統にも否定的だった。彼は計量できないもの、分析不能のものに魅了されてこう述べる、「パリで全く時代遅れのものこそ私が経験したいものだ[原注13]」。

　したがって、論理的にいえばバークはフランス革命に大いに鼓舞されたはずであると誰しも考える。なぜなら、一七五七年当時は彼はもっぱらサブライム（崇高さ[原注14]）を追求していたのであるが、一七九二年までにはサブライムの実現例を目のあたりにしていることになるからである。しかしそうでなくて、無論、バークは彼が以前持っていた直観に逆らった反応を示した。

＊ Edmund Burke（一七二九—一七九七）イギリスの政治家・著述家。《美と崇高について》（一七五七）の出版によって名を成した。

《奇妙な、名状しがたい、野蛮な、狂信的なもの》、それが（彼にとっての）フランス革命だった。観念的、専制的で、暴虐な理性によって、確立されていた規範の特権が侵害される事例。もしこれがルソーのいう《一般意志》の例だとしたら、それはバークにしてみれば［彼はルソーといくつかの点で意見を一にしていたのだが］無用の長物でしかなかった。そして彼にとって、もし実際に社会契約という概念が成り立つとしたなら、それは事あるごとに紛失してしまう空想的な法律文書であってはならない。そうではなくて、それはある時期のある社会の蓄積された伝統である。彼のいう伝統は自由の実践をはっきりと保証すると同時にまた、それは理性の私的なまた個々の実践を超越するものとして理解されねばならない。

　このようにして彼の経験主義は、国家を神の摂理を示す手段として、また歴史を社会変革の具体的な光景《みせもの》としてアピールすることに至った。《……市民社会なしには、人間は彼が本来可能なはずの完成度まではとうてい達せないだろう[原注15]》というような意見によって客間を辞することを求められたときに、高貴な野人は尊敬を一身に集めていた祖先への想いを強くすることだろう。なぜなら（バークにとって）市民社会とは、《科学、芸術の全分野とすべての美徳の完璧な共同体《パートナーシップ》であって……生あるものの共同体であるのみならず、生あるもの、死せるもの[原注16]》そして生まれてくるものの共同体でもある。別の言葉でいうなら、市民社会は一個の連続体であって、分析することのほぼ不可能なものなのである。

　このように、バークのもたらしたものはある部分では強制的であり、ある部分では自由主義的な、しかしきわめて反ユートピア的な感情といえる。その効果は、まさしく両刃の剣であった。というのは、フランス合理主義に彼自身の歴史観を対比することによって、バークは、実践主義者のユートピアの発達に貢献（と呼ぶには議論の余地があるかもしれないが）していたことになるからだ。そして、それは彼が最大級の努力をはらって論難したさまざまの教養の貢献度にひけをとらない。ここで留意しておくべきことは、ロマン主義批判の中に社会有機体説が広まりはじめていたということ、また、サン＝シモンの後継者たちが、彼らの指導者の主義のうちプラグマティックでない部分を徐々に切り捨てはじめたこと、そして、第二帝政期には実業家に転じる傾向にあったこと、である。その結果一九世紀中頃には、実証主義者のユートピアがどれほど、にっちもさっちもいかないほど窮屈なユートピアになってしまったかは明らかだ。実証主義者たちが《人間の意志から完全に独立した科学的な論証》[原注17]を基盤とする政治体制の樹立を目ざしていたのは納得のいかないことではない。しかし、この計画表《プログラム》にもかかわらず、一九世紀に歴史的発展という概念が徐々に浸透していく過程で、「wilful（故意の）」とか「scientific（科学的な）」のような単純な観念までも、しだいにややこしいものへと妥協を強いられることになった。

実際、一九世紀中頃までには、マルクスによって命名された、ユートピア社会主義の特色あふれる建築的な提案が公にされることになる。フーリエが一八二九年に発表したファランステールはその状況の症候を示してあまりある（そこではヴェルサイユ宮殿のシミュラークルが、プロレタリアートの未来のための原型として用いられている）。英米における例やオーウェンによる試みをつけ加えるまでもないだろう。それは、そのすべての長所をもってしても、マルクスが見ぬいたように《ユートピア（新イェルサレム）のポケット版》でしかなく、凡庸で啓発するものをもたない。したがって、革新の息吹と民主主義への急激な盛上りに共振する時代には、説得力を欠いていた。

ここで一枚の絵画について論評することをお許しいただきたい。ドラクロワによる一八三〇年七月革命の絶妙なアレゴリーである〈民衆を率いる自由の女神〉はそのレトリックからいっても大きさからいっても、新たに解放され、破竹の勢いの感情や観念を示すものと考えてよい

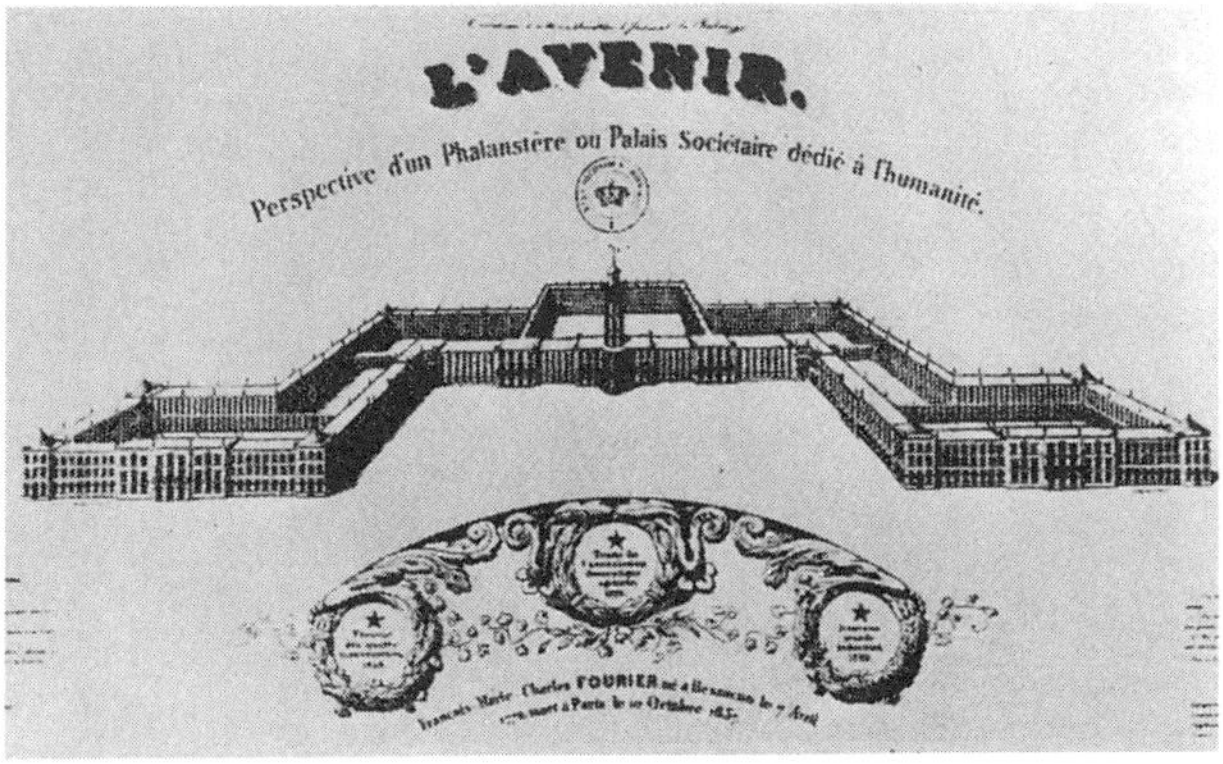

上：シャルル・フーリエ、救貧院（ファランステール）
下：ヴェルサイユ宮殿、鳥瞰

だろう。バークはそれに警鐘を鳴らし、実証主義者たちはそれと適応することができなかった。というのは、それは政治をこえた政治だからだ。それは運動の力学と運命の力によって燃え上がる群集であり、それは、固有の本性／遺産を奪われ、一八世紀に現実のものとなった解放の幻想によって消費された高貴な野人である。ともあれそれが何であろうとも、このヒロイックなバリケード暴動は実証主義の精神《エトス》とは全くかけ離れたものである。このエトスは、「いま絵画について述べていることを思い起こすなら」四〇年前の絵にもっと明瞭に表現されている。

ダヴィッドの習作〈屋内球戯場の宣誓〉（これはついに描き上げられなかったのだが）は、英雄的な行為の全く異なった概念を示している。時は、革命の開幕を告げる、一七八九年六月二〇日。その日、第三身分はその目的を達成するまでは決して解散しないことを決議した。舞台の背景、ヴェルサイユ宮殿の屋内球戯場《ジュ・ド・ポーム》はそれに似つかわしくスパルタ様式である。そのうえ登場人物はすべからく特権階級である。彼らの習慣や日常生活が礼儀作法をわきまえたものであることには疑問の余地がない。変動の風がグループの興奮に共鳴してカーテンを渦巻かせているなら、そこで、さし迫ったドラマの内容がどんなものであるにせよ、それが教養あるものだけを対象にしていることはみてとれるだろう。想像してみるに、トーマス・ジェファーソンならここに参加することができたはずだ。そして実際、この場面をそっくりそのまま大陸会議がおこなわれていた当時のフィラデルフィアに移してみると想像するのはそんなに難しいことではない。永遠の真理と、自明の原理と、すべての時代すべての場所で正当な原理を宣言するための集会で、この興奮した法律家たちはバークがむしろ批判するものすべてに傾きつつあった。したがって、もし（ダヴィッドの絵のように）カーテンが不気味な動きをしたとしても、これらの人々は歴史の嵐がさし迫ったことをその理由とするだろうか。

ドラクロワ「民衆を率いる自由の女神」一八三〇年

ダヴィッド「屋内球戯場の宣誓」一七九一年

この比較は、おのずから明らかなことながら、おそらくいくぶん陳腐のそしりを免れないだろう。が、もしそれでも、それが用心深い王政復古期――ビーダーマイヤー様式*の環境の中に実証主義者を位置づける助けにはなることを思えば、ドラクロワによる自由の女神と民衆のイメージはさらにもうひとつのイメージと対比される意味はあるだろう。今度は、民衆は含まれていない。

急激な高揚感、運動、不可抗力へのセレブレーション、明快な力感、宿命論の承認、以上のような資質はすべてサン・テリアの都市に見いだされるだろう。ドラクロワ描くところの興奮したプロレタリアや熱狂する学生たちといった登場人物は、ここでは同じように興奮した建物の群となった。この活動主義のユートピアのイコンが呈示された最初の例を熟視し、ドラクロワのレトリックがどこまで変形されたのか、リベラルな《民衆への力》がどこまで発電機への力、ピストンへの力となったのかを観察するなら、サン・テリアがおおよそサン＝シモンの系列に属することを識った上で、なおこの変形がどのようにしてもたらされたかに関心をもつだろう。

ドラクロワ、ダヴィッド、サン・テリアはここで用いられている映画的な手法を示すために、ひとからげにされ歴史上のさまざまの観念を代弁する論争者にしたてあげられている。がしかし、同時にその手法の偏向や傾向を示唆していると言えなくもないだろう。なぜなら、いままで述べられてきたように、ドラクロワからサン・テリアに至る経路は、マルクス経由でないにせよ、マルクスが展開した考えとよく似た観念の融合体を経ているのはほぼ間違いのないことだからである。別の言葉でいえば「サン・テリア自身が意識していたかどうかにはかかわりなく」その経路はヘーゲルのはっきりと動的な世界観をともなった上で、サン＝シモンとコントの相対的に静的な哲学の交わるあたりを経由しているのではないか。

＊　オーストリアにおける三月革命（一八四八）以前の時期（一八一五―四八）の美術・家具などの様式

ヘーゲルによってつくりだされた諸観念が二〇世紀初期のユートピアの不可欠な構成要素であることは確かとしても、ヘーゲルへのアプローチには苦痛としかいいようのない多大の困難がともなうものである。[原注18] 歴史的必然性、歴史的弁証法、歴史における絶対者の発展的啓示、時代精神あるいは民族精神あるいは国民精神。このうちのいくつが、成長する社会という理論の落とし子なのかについてわれわれはあまり気にとめないし、また、その影響力が純粋に古典的

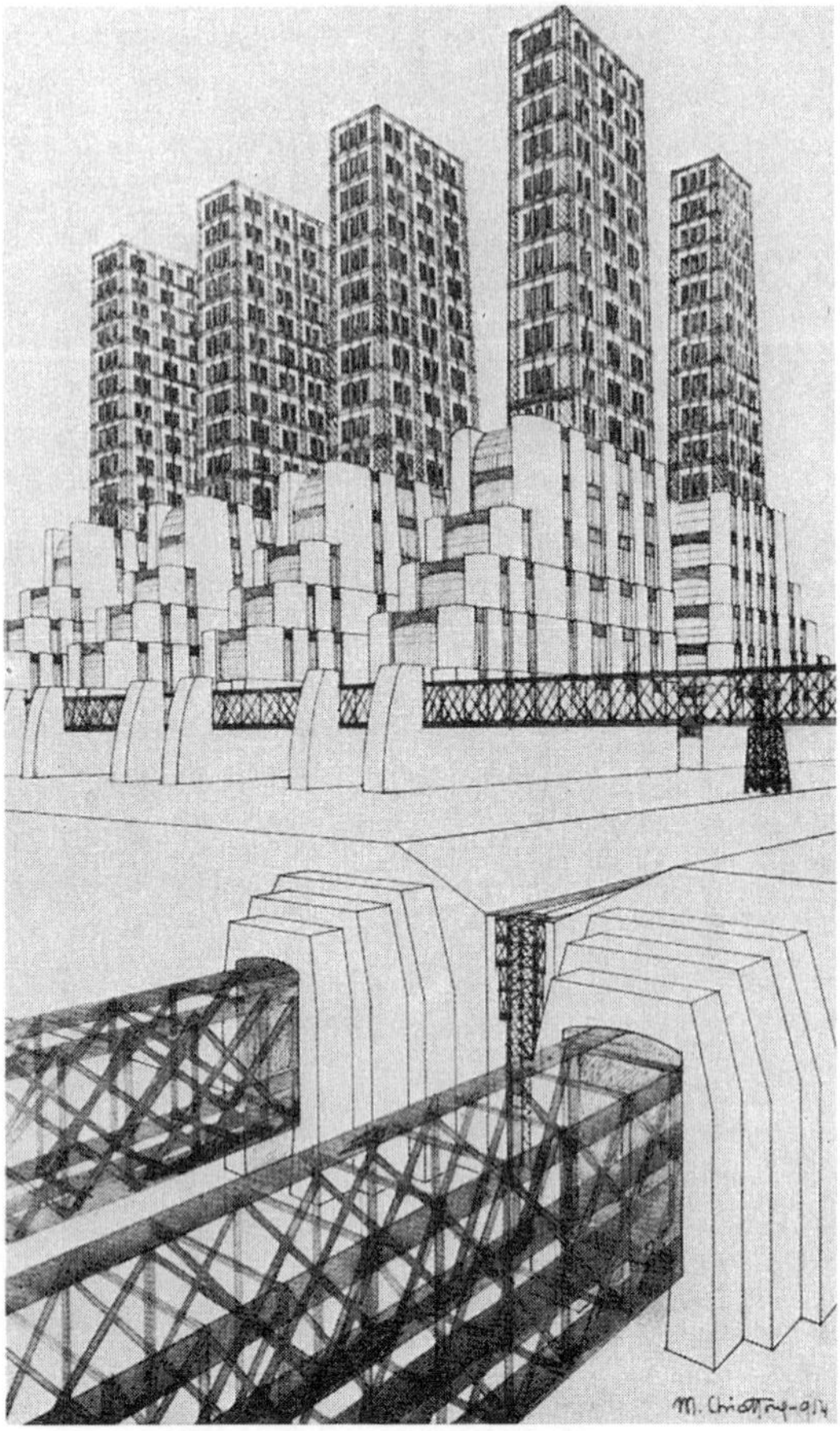

サン・テリアとマリオ・キアットーネによる都市。新しい都市のひとつの様相、一九一四年

な理論あるいはフランスに由来する理論からの影響力と比べてずっと目につきにくいことにもさほど気づいていない。というのは、バークと同じように、ヘーゲルも既存の合理主義者の技法ではほとんど解明できないような、または有形の表象に到達することの決してないような物質を分析することに関心をもっていたからである。

彼の思想の根底には、理性それ自体が安定した状態に到達することはありえないという概念があるように思われる。しかし、この積極的で活動的でエネルギッシュな理性という観念には、このような理性は人間性の所産というより、精神的実在の活動を意味するという条件がついている。《理性は世界を支配する》。そしてここにいう支配とは、いうまでもなく、すべての事象の相対性の上にたつ絶対的支配である。しかし、《ここにいう世界という用語は有形の自然のみならず精神の自然も含むものとする》。世界には《自然の物質的世界》と《歴史的な精神的世界》があり、さらに、《世界は偶然や外的で不確定な原因にゆだねられているのではない……（そうでなくて）それは神の摂理によって支配されている》のであるから、この神の摂理は外的な自然の中に示されるだけでなく、いっそう重要なことには世界歴史のなかにも明示される。別の言い方をするなら、神すなわち理性による創造はいまだ進行中である、ということになる。したがって、《精神が本質的な世界をかたちづくり有形のものはそれに従属する》のなら［また同時に、歴史が合理的でなければならないならば］人間の情熱、意志作用、創造行為はおしなべて《世界精神がその目的を獲得するための道具である》と見なされる。

ヘーゲルの教養のごくあらましを述べると、以上のようなものになるだろう。このようにして、自然は、歴史という名をあたえられ神によってあたえられた必然的ドラマの場面に当てはまらせられることになる。それは基本的には、ハッピー・エンドを目ざす自動推進器のついたドラマである。が、それは同時に、絶え間のない肯定・矛盾の相互作用を通過していく行為でもあるから、その中にすでに巻き込まれている以上、われわれにできる最善のことといえば、それを理解する以外にない。実際、この企みを強要するのは精神の相《アスペクト》のひとつとしての自由、それ自体なのである。したがって、この自由の虜囚であるわれわれが、物の実体を知ることができるのは歴史的意識の活動を通じてでしかないなら、自由《リバティ》が自らを定義するのもこの意識によるにちがいない。しかし、この自由がどのようなものであるにせよ、［それが達成されたあとでさえ］個々の事物がさまざまに組み合わせられながら続々と生みだされ、独り立ちして発展していくことからもたらされる際限のない期待のために歪められてしまう虞れがないわけではない。この事物は皆《理性》と《精神》を備えており、そのすべてが要求を満たされることを主張して止まないからである。

単にヘーゲルの思想の考察を続けたところで（彼の思想は）《あまりに精密に構築されているのでそのほとんどが難解をきわめる》という、ヘーゲルをイギリスで最初に評価したひとりの意見にたどりつくのが関の山かもしれないが、ここでわれわれが問題にしようとしているのは彼の思想の不透明さよりもその影響力にある。《建築とは時代の意志が新しい生活、新しい変化として空間に表現されたものである》《新しい建築はわれわれの時代の……論理的にいって必然的な産物である》《建築家の役目は、時代の方針と協定することに存する……原注19》。こういった文章、それぞれミース・ファン・デル・ローエ、グロピウス、ル・コルビュジエのものだが、すべての人々の思想の中にヘーゲル的なカテゴリーや方法が徐々に浸透するにいたったことを示す格好の見本である。これらの文章がこのような文脈から解釈されたことはかつて一度もなかったようだが、ここに引用するのは特に二〇世紀初期のユートピアにヘーゲルの影響が継続してみられることを示すためである。というのはこれらの三つの事例に共通して、強制的で論理的な不可抗力としての《歴史》が、寸法、重さ、色、テクスチュアをそなえたものと全く同じくらいに実在するものと考えられているように見えるからだ。

　しかし、ここで一言つけ加えておきたい。われわれは計測と機械組織《メカニズム》に関連するイデオロギーと、変化と有機体に関連するイデオロギーとに直面していることになる。一方では、社会も「物理学のように」論理性をもちうるという概念が見いだせるだろうし、また他方では「歴史のように」本来、論理的なものだという概念が見いだせるだろう。そこでは、「人間の意志から独立した」科学的な政治の可能性と、また「同じく、人間の干渉なしの」合理的な社会への確信が述べられている。そこにある、古くからの主知主義者の方法と新しく加わった歴史主義者の方法の、どちらがより保守的か、またどちらがラディカルかは、いまでは非常に判断の下しにくいものとなってしまった。このようにヘーゲルの進歩主義は不透明でいささかまことしやかなところがあり、実際、科学と世俗主義の複合体であるサン＝シモンの思想からおよそ程遠い。しかし、ヘーゲルによる史的弁証法に同意するならば、これこそが、テーゼとアンチ・テーゼがまさに相互に影響を及ぼしあおうとしているひとつの例であると認めることもありえないわけではあるまい。

　マルクスがこの二つの体系から思い浮かべたのは、要するに、そういうことだったにちがいない。したがって《下部構造》《上部構造》というマルクスによる分類は、彼の目《もく》したジンテーゼのために決定的な役割を果たすことができた。というのは、一九世紀中葉には、一八四八年以後の幻滅から、《観念》と楽観主義から《事実》と力への急速な転向がおこなわれた（その好例としてツルゲーネフの『父と子』の中のバザロフが考えられる）とすると、そしてその結果、フランス合理主義の煩雑性とドイツ人による〈精神 Geist〉の考察の深遠さの中の欺瞞性から逃れ出ることができたなら、そして架空のものでなくて現実を考察することに気づいたなら、社会の究極的な物質的基盤についての真の認識に到達することは不可能ではないからだ。すると、《上部構造》の操作によって歪められていない、本質的な《下部構造》をそのむきだしのままで知覚することになる。宗教と法律を司るものにとって、政治と芸術がそれにあたる。

あるいは少なくとも、このフランス科学主義とドイツ歴史主義の組合せのようなものが［意図的にであるかどうかは別として］幅広く試みられたように思われるが、この点こそがマルクスに見られる時代遅れの中心性のようなものを理解する鍵ではないだろうか。ヘーゲルの精神と物質のヒエラルキーを逆転すること。あるいは、ヘーゲルの《精神》を削除して機械組織を代わりに用いること。ヘーゲル哲学の予言的な成分を保ちながら世界に知れ渡っているフランス大革命という先例に訴えることによってより鮮やかな構成をあたえうること。そうすれば、フランス合理主義の思想体系がヘーゲルの形而上学を根本からくつがえす一方で、ドイツ思想はフランスのそれに宿命感と深さ、生成が存在へ優越することへの確証、制御しえない活動を秘めた力への知識をつけ加えることになる。

こういった発想はとりたてて独創的なものではないかもしれない。しかし、これがマルクスの影響であるにせよそうでないにせよ、ヘーゲルとサン＝シモンの思想を関係づけることによって、別々に理解したのではもちえなかった危急性を双方にあたえたことは確かである。ダーウィンの影響を考察し、［フランス物理学をイギリス生物学に置き換えることによって］それと同様な理論を組み立てることができるだろう。同量のドイツ精神を織り込むこと。それに、ひきたての学説をほんの少々つけ加えてオーブンで中火で十分に温めること――。この組合せはドイツ、オランダ、ウィスコンシンといった方面では好評を博したし、それが建築を調理する上で果たした役割に異論はない。また、マルクス自身も自分を《社会学のダーウィン》であるとイメージするのを好んでいたけれども、これは既存の社会体制に対するあまりにミエミエの迎合策だった。
とはいえ、ダーウィン説（進化論）は重要な役割を果たした。それは、物理学に基づく世界観の厳格さといったものを消し去ったし、ヘーゲルの歴史主義に根拠をあたえ、彼の理想主義をほとんど傷つけることなく彼の楽観主義を支持した。さらに自然淘汰と適者生存という興味深い考え方を提出した。そして力をそのまま不問に付すように見えた。したがって、以上のことをかんがみるならば、ダーウィン説の果たした役割は決して侮りがたいものであると言わざるをえない。

この段階で、以下のように述べる誘惑にかられる。そこに、サン・テリアの都市の起因があると。それは静的な概念の欠如した都市であり、自由が必然性の承認を意味するようになり、機械が精神［あるいは精神機械］となった都市、そして歴史の運動量が運命の索引となった都市である。しかし、そこに示されているものが非常に衝撃的な形態で表現された未来派都市の系図であるかどうかについては議論の余地があるとしても、これが休止の許される段階でないことは明らかである。というのは、周知のとおり、未来派の都市は人類の兄弟愛のモニュメントという類のものではないからである。だから、われわれはそれを活動主義のユートピアの最初の純正イコンと呼びはしたけれど、それには条件をつけ加えておく必要がある。未来派の都市には《近代建築》の原型があり、未来派の都市には、ファシズム建築の原型がある。一般にはそのどちらかであるならばもう一方ではありえないとされているが、しかし、ここにみられるのが近代建築は（聖母マリアのように）無原罪で懐胎したものであるという人口に膾炙したドグマに直結する問題であるならば、いま重要な出産に際してその処女懐胎性を再考する時が来たのではないだろうか。

未来派をヘーゲル思想のロマンティックな先鋭とみることは可能かもしれない。が、力への賞賛がそれを構成する情念の重要な部分を占めるとすると、それを歴史的な枠組みの中に組み込むことも許されるだろう。「自由になった人間［まして自由になった精神ならなおのことだが］は、商店主、キリスト教徒、乳牛、女、イギリス人やその他の民主主義者の夢みるような安寧を卑しむべきものとして唾棄する、すなわち自由人は戦士なのである」[原注20]というニーチェの文章と、マリネッティの「われわれは、戦争［世界を浄化する唯一の手段］、軍国主義、愛国主義、無政府状態のもつ破壊的なジェスチュア、殺すという美しい観念、そして婦人の冷笑を賛美する」[原注21]とには、驚くほど似かよっているものがある。一九一四－一八年以後、そういった情念では、ノスタルジアにこそなれアヴァン・ギャルドの姿勢を表明することは不可能になった。《あの激しい噴火のあとでは》とヴァルター・グロピウスは続ける、《すべての理性ある人間は、インテレクチュアルな前線《フロント》を変更する必要を痛感した[原注22]》。とはいうものの、第一次大戦後に未来派の綱領がうちに秘めていた隔世遺伝を急速に顕《あきら》かにしていったのに対し、輝く都市も具体化されるようになったが、［ナショナリズムとそれにともなう男根崇拝的な幻想の欠如を別にすると］互いの基本的な構成要素はおよそ同じだったように思われる。

〈エスプリ・ヌーヴォー〉と〈現代のダイナミスム〉もまた脱・精神化されたヘーゲルのロマンティックな先鋭の一端を示すものである。サン＝シモン流の《科学》（《人間の意志から独立した論証》）へ訴えることを通じて、二〇世紀のユートピアの《契機》が非常にはっきりと方向づけられたために、建築家が自らを汚れなきものと感じることがついに可能になった。なぜなら、建築家は自分の文化の衣装だんすから脱けだしたと想像することができるようになったばかりか、フィンスターリンの言葉を繰り返すなら、それまで彼を《皮膚のように》おおっていたあの《エーテルのマント》の束縛からもまさに脱けだそうとしていたからである。

ここでの目的のためには、〈輝く都市〉と、〈ツァイレンバウ*・シティ〉また、ヴォアザン計

ル・コルビュジエ、パリ、ヴォアザン計画、一九二五年

＊ Zeilenbau　道路沿いに同じような型の住宅の列が続く帯状住宅建築。

画とカールスルーエ・ダマルストックとを区別する必要は全くない。しかし、これらの計画のためにつくりあげた知的な血統書を振り返ってみると、全体としての正当性には疑念をさしはさまないまでも、その不備には当惑させられる。そこには不安定な観念があふれている。しかし、すべてを失う危険へのおそれ（革命の脅威との同義語）なくしてはその神話的効力は完全とはなり難いこともまた認めざるをえない。

一九二〇年代のユートピアは不可思議な占星術的な組合せの下に生まれた。すなわち、一方にはオズワルド・シュペングラー、他方にはH・G・ウェルズ。一方には、終末論的な予言、抗いがたい西洋の没落が、他方には、千年王国のようなバラ色の未来が。そしてここでは観念ではなく、根深くほとんど意識されることのない習慣に関心をはらうことにしてみよう。

いままでわれわれが述べてきたのが、ヘブライ的なもの［救世主による王国という約束］とそのキリスト教による翻案であり、われわれがこの、ルネサンス期にプラトン主義として結実し一八世紀に世俗化した毒あるものの識別を試みてきたとするなら、われわれはこの世俗化した残滓が一九世紀に発展し、その毒性をほとんど失うことなく、今ここで政治の領域から出て美の領域へ入ろうとしていると認めることにもやぶさかではないであろう。それは善良な社会を示すメタファーがまさに字義どおりのものと化していったと考えられる例であり、神話が処方箋となった例、処方箋があれかこれかの二者択一の強迫によって裏書きされた例である。ユートピアのひとつの選択であるかどうかはともかく、一九二〇年代に提出された都市の未来像は、道徳上また生物的な問題からの救済を提案している。その鍵を握るのは建物である。「根底から歯車のはずれてしまった社会という機械は、歴史のもつ重要性を回復することとカタストロフィとの間で振動する[原注23]」。

基本的な背景は以上で述べられた。このまばゆい光線に対して、結局のところまさに並みはずれたオーケストレーションをともなってドイツの《歴史》とフランスの《科学》が、爆発性を秘めた精神とあくまでクールな機械《メカニズム》が、不可抗力と観察とが、民衆と進歩とが、対峙するだろう。その光はエネルギーを生み出す。そして、リベラルな伝統の穏やかな力と羽毛のはえそろったばかりの前衛主義のもつロマンティックな方向性とが混ぜ合わされるにつれて、近代建築にロケットのような速度をあたえ、それが新発明のショット・ガンからの黙示録的な発射弾として二〇世紀に参入することを可能にした。そして色あせたとはいえ、この光が依然として社会《構造》や社会の安寧と結びついた《真摯な》努力を左右することは変わらない。しかし、いかにかつて活況を呈していたからといって、この光もまた限定的な単眼の展望しかあたえてくれないものであることは、はっきりと認められなければならない。したがって正常な光学の立場からは、われわれはユートピアの衰退と解体を認めざるをえないし、それを語ることができるのである。

第二章　ミレニウム去りし後に

ユートピアが失われると、常に歴史は究極的な目的に至る過程であることを停止する。事物を評価するための座標軸が消滅し、内的重要性に関しては全く平等な出来事の列の中にわれわれはとり残される。

カール・マンハイム

ぼくたちがうまく運営している砂漠へ来てごらんよ
そこには苦悩が電報で届けられ
最悪の罪をかんづめで買うことだってできる
使用法はちゃんとラベルに書いてある

W・H・オーデン

近代建築の再臨。さし迫った、黙示録に示された破局に関する一連の終末論的幻想は、インスタントな千年王国《ミレニウム》への幻想と組み合わせられる。危機、すなわち、地獄へ落とされる虞れと救済への希望。不可抗力的な変化にもかかわらず、人間の協同を必要とすること。新イェルサレム（天国）の表象としての新しい建築とアーバニズム。ハイ・カルチュアの崩壊。虚栄というかがり火。集産主義的な自由という方式へ向かっての自己超越。徳を再び手に入れ、宗教的経験と等価なものによって武装した建築家は、いまこそかつての純潔な状態へ復帰可能と思われる。

これは近代建築運動を形づくる上で決定的な役割を果たした識閾のほんのすぐ下にある複合感情を、ちょっとフザけて、歪めて戯画化したものである。

谷間に小屋をつくってください、と彼女はいった。
そこで私は嘆き悲しみながら祈ることでしょう。
けれど私のお城の塔は壊さないでください、それは
とても軽やかで、美しい建物だから。
おそらく私はそこへ皆と一緒に戻れるでしょう
私が私の罪を浄《あがな》ったときに。

テニソンが「芸術の宮殿（一八三二—四二）」の中で自らの魂になぞらえている感情は、依然として、多かれ少なかれ、二〇年代のモダン・アーキテクトの心情をさし示しているものだったし、彼らの節制と道徳的な品位の高さにはほとんど疑いをさしはさむ余地がない。しかし、もし《谷間の小屋》（もちろん装飾コテージ《コタージュ・オルネ》*だったろうが）が、純潔さの象徴としての評価を急速に失うことがありうるとするなら、他のものもそうなりうるだろう。つまり、一九四〇年代の末に、近代建築が確立し制度化されると、近代都市のイメージは当然のことながら苦渋を呈しはじめる。近代建築は確かに達成されはしたが、新イェルサレムは必ずしも関心の対象とされなかった。何かが間違っていたことがしだいに明らかになってきた。近代建築は、結局のところ、よりよい世界をもたらしはしなかった。そして、その結果としてユートピアへの夢が矮小化したこともあって、近代建築を決定づける目標が曖昧なものになってしまい、一種の目的喪失感が支配するようになった。それは、その時以来ずっと建築家を悩ませているとい

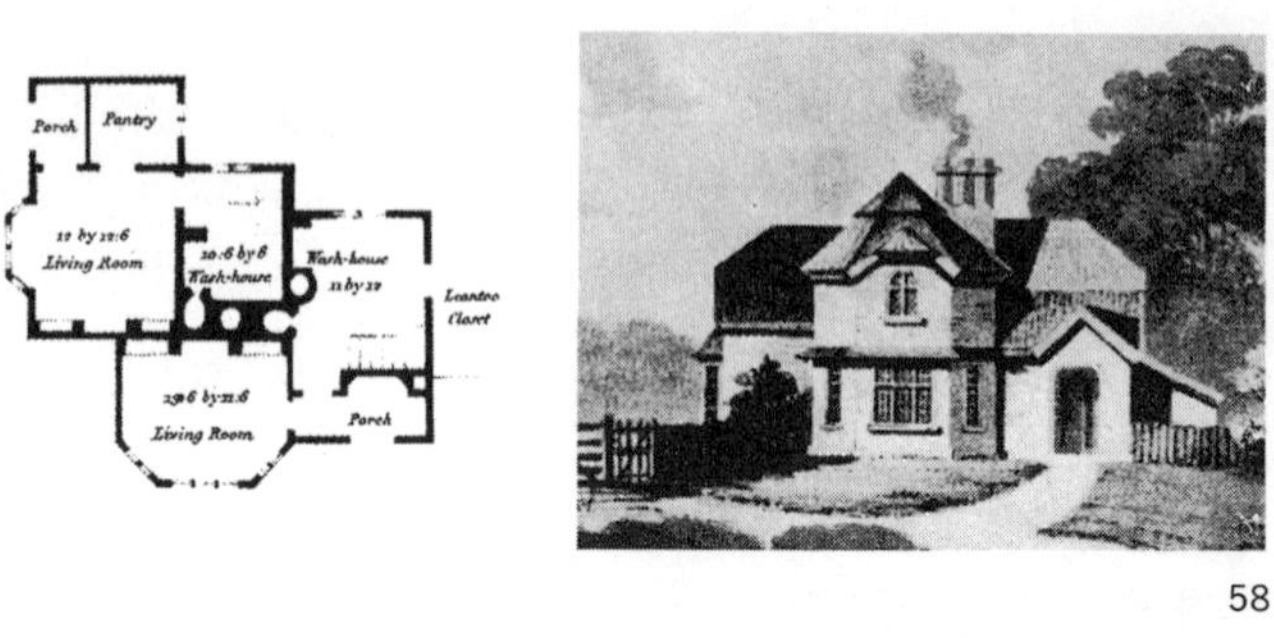

ロバート・ラトガー、二重の小屋《ダブル・コテージ》、一八〇五年。立面図および平面図

っていいだろう。建築家はもはや自らを文化の新たな統合の推進者と見なすことができないのだろうか？　それともそう見なすべきなのだろうか？　もしそうだとしたら、どのようにして？

これらの疑問（の意図した対象）の範囲はおそらく決して広いものではなかった。が、いずれにせよ、それらの暗黙のうちの存在は、二〇年代の都市モデルを評価する場合の関心の相違をもたらすはめになった。したがって、一方では、《輝く都市》は恐るべき虚構と考えられ、また一方では、あまりに強烈すぎたために生き残れなかった楽観主義とすることもやはり可能だった——というのはすなわち、ル・コルビュジエの都市をテクノクラート的なあるいは科学的な未来都市を推敲し完壁に至らしめるための発射台以上のものではないと解釈することであった。そういう理由《わけ》で、一方は露骨なまでに後ろ向きの姿勢を、もう一方は見せかけばかり前向きの姿勢をとった。そしてそれは、それぞれタウンスケープ派とSF（サイエンス・フィクション）派とでも呼びうる宗派《カルト》に代表される。

タウンスケープは、英国の村落、イタリアの山上都市、また北アフリカのカスバの類を崇拝する宗派であるが、とどのつまりは適切なハプニングとアノニマスな建築という問題だった。そして、いうまでもないことだが、それが最初にあらわれたのは、いま述べたような問題点が姿をあらわすよりずっと以前のとだった。実際、アーキテクチュラル・レビュー誌のなかに、一九三〇年代の初期においてすでに、未整理の形ではあるが、それの後の成分をすべて検出することができる。地形に関しての、おそらく英国的としかいいようのない、好み《テイスト》。大量生産による含蓄あるオブジェクト——例えば、いままで注目されたことのなかったヴィクトリア朝時代のマンホールなど——に意味を見いだそうとする、まさにバウハウス的な好み。塗料、朽ちていくものの肌ざわり、一八世紀のフォリーや一九世紀のグラフィック・アートへの思い入

＊cottage ornée　コテージは英国において、本来小作人が住んでいた粗末な小屋を意味するが、やがて一九世紀初期には風景式庭園の内部にピクチュアレスクなオブジェとしてのコテージがつくられるようになった。これを〈装飾コテージ〉と呼ぶ。〈装飾コテージ〉は〈オーナメンタル・ヴィラ〉とも呼ばれ、アメリカにも広まった。詳しくは、《イギリスの郊外住宅》片木篤著、住まいの図書館出版、一九八七年や《図説アメリカの住宅》レスター・ウォーカー著（小野木重勝訳）三省堂などを参照されたい。

れ。こういった初期の見出しのうち代表的なものを挙げてみよう。〈物を見る眼、あるいはすべてのものを好きになる法〉、〈イースト・アングリアで見たこと聞いたこと――一四歳半の中学生アーチボルド・アンガスによる、休暇旅行の記録〉、〈土着の様式〉、〈西部の暖かみ〉、〈立体派風民俗美術〉。そして、なかでもアメデ・オザンファンによる二編の記事は、明らかに重要な意味をもっている。彼は〈街の中の色〉（一九三七）の中で予想されるような参照を行いながら、次のように述べる。

理想都市のアウトラインをトレースするのは、西暦三〇〇〇年のパリやロンドンを想像して描くのは、建築界のH・G・ウェルズに任せておきたまえ。われわれは英国の首都の現在を、現実の状況を受け入れようではないか！　その過去、現在、そして近未来を。私は直ちに実現可能なものについて語りたいと思う。

最初はビックリするかもしれないが、よく考えてみれば、オザンファンがこのコレクションに入っているのは納得のいかないことではない。なぜなら、これが書かれたのは彼がロンドンに短期間滞在していたときのことだからだ。そして、この期間に、彼は［以前ほどの強烈な情熱をともなってはいないものの］それまで差別視されていた、土着性《ヴァナキュラー》の、または民俗的な文化、や大量生産という相《アスペクト》を喧伝するという、彼がル・コルビュジエと一緒にその約一五年前に試みた作業を再開するに至ったようだ。合成キュビズムと〈オブジェ・トゥルベ〉*というシュルレアリストの概念を足がかりにしながら、オザンファンがもたらしたと感じられるのは、特定《スペシフィック》のものという立場からのロンドン批判であるが、これにはル・コルビュジエが抽象としてのパリではなく特定のパリに着目していたことと共通するところがある。すなわち、スタジオ

* objet trouvé　シュルレアリスムの用語。シュルレアリスムの理論によるなら、どんな種類のどんなオブジェクトも芸術と見なしうる。マルセル・デュシャンの〈泉〉（一九一七）などもその一例といえる。（デュシャンは、彼の作品が大量生産の既製品であることを示唆して《レディメイド》と呼んでいる）。

の窓からの、地下鉄のホワイエの、乱積みの石壁の、つまり情緒的な偶発性《アクシデント》のパリ。ル・コルビュジエが彼の建物にたびたび引用し、彼の都市設計上の提案では決して参照することのなかった、経験としてのパリへの着目。

オザンファンの二つの記事は、タウンスケープの黎明期に属するが、単なる時代的な興味をはるかにしのぐものがある。しかし、もしここで、タウンスケープという理念が立体派から立体派に続く絵画的伝統に関連するものであると考える可能性に余地は残るとしても、その余地は、第二次世界大戦がフランス的なものの評価を失わせたこともあって、大戦後急激に狭められた。というのは戦後には、地方に固有の視覚的様式が普遍的に重要であると主張する、魅力的でより包括性をもった代替《オールタナティヴ》案が常に手に入れられる状態にあったからである。言い換えれば、タウンスケープを一八世紀後半のピクチュアレスクの派生物と解釈することは難しいことではなかったし、無秩序への嗜好、個人の教化／洗練、合理的なものへの憎悪、多様性への情熱、特異なものに対する喜び、そして一般化されたものへの疑念、といった、場合によっては、英国の建築の伝統を他と区別するのではないかと思われるようなものを示唆しているために、（エドモンド・バークの一七九〇年代の政治上の議論《ポレミック》と同じように）それは成功を収めることができたのである。

しかし、タウンスケープが理念だった場合と比べると、実用面では、タウンスケープは弁護しにくいものがある。理念としては、それには非常に興味深い《アクシデント［偶発的な出来事］》の理論が含まれていた（そのモデルは、セルリオの舞台装置のうち、ユートピアが常に用いていた貴族的な悲劇場面ではなくて、大衆的な喜劇場面であることに疑いを容《い》れない）が、実際面では、タウンスケープは常に魅力的な言葉、《アクシデント》（これこそタウンスケープが促進を図っていたコンセプトなのだが）に完璧に対応しうる指示物を欠いていた、した

ゴードン・カレン「タウンスケープ」（一九六一年）より
右：広告
左：サリスベリー、ポールトリィ交差点
次頁上：歩行者天国
次頁下：ルーエの計画案

CRABS
SEA FOOD
TEAS

がって、その結果として、それは無計画な感動をあたえるような、心でなく目にしか訴えかけないような、また知覚的な世界を巧みに支援する一方で概念的な世界の価値を低めるというような傾向にあった。

こういった限界はこのアプローチの本質とはかかわりないという議論、またあまりに早くしてビールとヨットへの一途な専念と転化してしまったものとタウンスケープとは分離できるはずだ、という議論は成り立つかもしれない。しかし、ここでは、それがひとつの重要な考え方だったと規定しておくことで十分だろう。カミロ・ジッテによるものと、時に誤って考えられていることだが、今日の活動にはタウンスケープの影響の分岐したものと認めないかぎり理解できないものが多い。（「タウンスケープ」の）著書に掲載されたよく知られた図版以外にも、タウンスケープはあまたの関連する議論の中で参照されるようになった。すなわち、それはジェイン・ジェイコブスによって社会学的、経済学的な信憑性を与えられ、ケビン・リンチの科学的な表示システムといわれるものによって合理的な解説を与えられた。さらに、もしアドヴォカシー・プランニング[*1]やドゥー・イット・ユアセルフがタウンスケープの影響なしには考えられないならば、ポップからヒントを得たラス・ヴェガスの大通りへの賞賛[*2]やディズニー・ワールドのような現象への熱狂の源は同じものだ。

タウンスケープと同様に、私たちがサイエンス・フィクション（SF）と呼ぶことにしたものも近代建築の持っていたミレニウム的な理念の崩壊に先んじる結果となった。とはいえ、もしそれが未来派や表現主義といった前例にならうものとするならば、ある意味では、リヴァイヴァルでもあるということができるだろう。SFとは、メガ・ビルディング、軽量のガラクタ、多様なプラグ・インが可能なこと、都市グリッドの上にそびえる線状都市――ストックホルムの空中アイロン台、デュッセルドルフ上空のワッフル焼型《アイロン》、建物と輸送や移動のシステム

*1 advocacy Planning 住民擁護の立場からの都市計画。Robert Goodman "After the planners" （一九一七）などに詳しい。

*2 R・ヴェンチューリ、D・ブラウン、S・アイゼナワー著《ラスベガス》SD選書

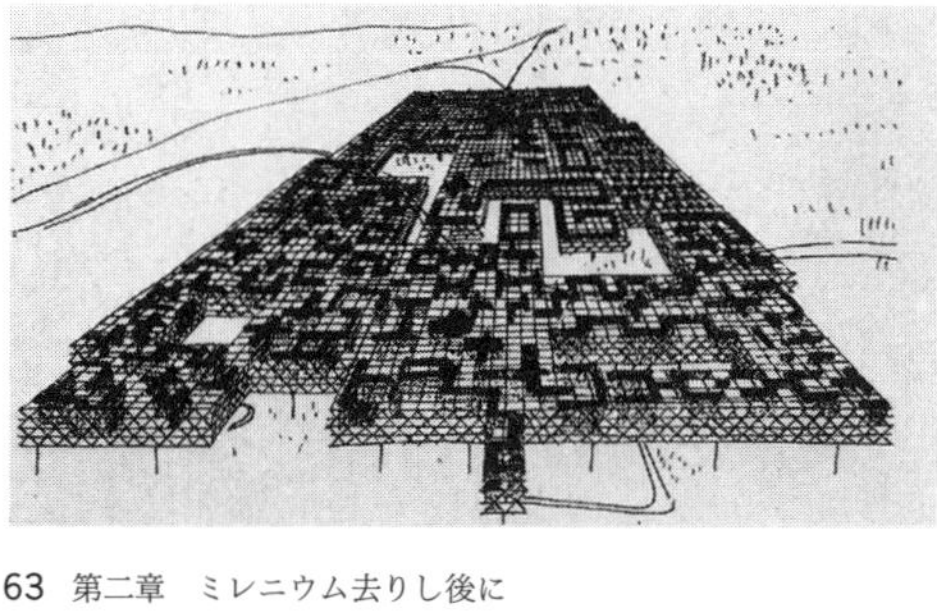

ヨナ・フリードマン、空中都市、一九六一年

上：中島龍彦／GAUS、希望ケ丘青年の城、一九七一年
下：NERグループ（ソ連）、モスクワ新都市計画、一九六七年

また地下鉄との一体化などに代表される。それは、プロセスと超・合理化への偏愛や操作されていない事実を〈オブジェ・トゥルベ〉と見なすことへの嗜好を、また時代精神へのオブセッションを示している。また、その使用言語からはコンピュータ・テクノロジーに精通していることがうかがえる。したがって、《輝く都市》が未来を暗示するものを含んでいるとするなら、

磯崎　新、空中都市、一九六〇年

SFはこの未来への確信をいっそう深めさせてくれる。
ある意味では、SFは、多少ヒステリックに規定されすぎているきらいはあるけれど、建物を合理的に決定するという様式上の仮定がそのまま残っているという点で、まぎれもない近代建築であるといいえる。すなわち、方法論に限っていうなら、システム・アナリシスとパラメーターを使ったデザインが重要視されているところからも、SFは近代建築が、はるか昔に、そうであると信じられていたもののアカデミック版とでもいうことができるかもしれない。しかし、SFにも、昔ながらの近代建築と同じように、それほど厳格ではなく詩的な一面も持っている。それは、科学的と思われるイメージに熱中するというおなじみの態度であり、その次にそのイメージを、デザイナーが常に適切な客観性をもっていることの証拠として喧伝するというものである。

このようにしてSFは純粋指向かポップ指向かであることがわかったが、自らがもっている予言者的な姿勢とはうらはらに、すべての革命的なものの反動と考えることもありえないことではない。システムの探索というのは、いわば〈すばらしい新変装〉*の中でのプラトニックな確実性への模索というようなもので、つまるところ、昔からのアカデミックなやり方に非常に似かよっていて、そこでは非常に入念な未来への関心でさえも反動的な現状肯定主義と見なされかねないのだから。実際、SFは、もっと自由な形態をとったときには、未来派と全く同じ欠点を露呈する。そのうえ、SFは無意識のうちにではあるが未来派のアイロニカルなリヴァイヴァルなのだ。ということはすなわち、その行動指向の姿勢にもかかわらず、先天的に、SFは信じられないほど受動的であり、風土的とされるものに関しても反対するよりは裏書きする立場にあることが多く、また倫理的であるというよりは、往々にして成功第一主義であり、さらに、未来派がそうだったように、SFの信奉者のなかには、もし役に立つなら（そういう

* A・ハックスリに《素晴らしい新世界》という著書がある。

ことは文化的な相対主義にあたるとして）、黒を白と描くことを全く躊躇しない者もいるのである。

　不可抗力、国家主義者、そしてとりわけ一九一四年以前に表明されたものへのセレブレーション未来派の姿勢がここで暴露されたが、これに関して私たちは、ケネス・バークの「未来派は濫用を徳と見なす傾向があった」という指摘をつけ加えておくことにしよう。通りが騒がしいという抗議に対しては、われわれはその方が好きだ、というのがその特徴的な返答だった。だから、排水溝が臭いという主張に対する反応は完全に予測どおりで、われわれは臭いのが好きだ[原注1]。こういったことをみな除いたとしても、未来派にはマリネッティとムッソリーニの癒着と凋落[原注2]という問題が残っている。このことにしつこくこだわることは本意でないが、それが現在でも未来派への評価に限定をあたえていることは認めざるをえないだろう。

　いずれにせよ、ＳＦは、システム的であれネオ未来派であれ、《輝く都市》を苦しめたのと同じ問題［都市の文脈《コンテクスト》の無視、社会的な連続体への不信、シンボリックなユートピア・モデルを実際のモデルとして使用すること、現存する都市はやがて消滅させられるべきものだという仮定］に悩まされる結果になるのが常である。したがって、《輝く都市》が現在では有害なもので、精神的な傷害と混乱を生むものと見なされているといえるなら、その症状を複合しているようなＳＦがどのようにしてその問題を緩和するのかは容易にはわからないところである。

　とはいうものの、われわれがＳＦから学んだものはそれだけではないので、ここにフランソワーズ・ショエ命名するところの文化主義と進歩主義[原注3]という二つの型《モデル》をあたえられたとするならば、その混血種の誕生を期待するのは理にかなったことだし、それはどちらのグループともに否定しきれない当然の成り行きともいえるだろう。認知の拒否は予想されるが、それはさて

おくとして、生み出された子孫は歴然としている。そして、例えばカンバーノールドのような場合では、おそらく意図されたものではないにせよ、タウンスケープとネオ未来派との偉大なる衝突が基本的なアイデアになっている。人々はタウンスケープの中に住み、空間移動をして、未来派の中で買い物をする。そして《相対的なもの》と《合理的なもの》の間を、過去への幻想と未来への幻想の間を、移動するにつれて、哲学の基礎および応用レッスンを受けることになるから、ほとんど間違いなく啓発されることになるだろう。

アーキグラムとチームX《テン》の作品も同じ点から興味深い。都市デザインへの莫大な量の提案を瞥見するに、アーキグラムは未来のピクチュアレスクなイメージをつくりあげようとしているように思われる。というのは、計画不在のランダム性、楽しい気まぐれ、ギンギラギンの調性、シンコペイションの技法の積極的な採用、といったものすべて、すなわちかの有名な〈英国的なるもの〉《イングリッシュネス》の全成分が活性化したものに、ここでは宇宙時代的な光沢があたえられているからである。ここではすべてが起こりうる。すなわち、建築の解体、非―建築、アンディ・ウォホールの昆虫の眼をした怪物、生命感との直結、即席放浪生活、あらゆる抑圧からの解放。われわれは、宇宙服を着たタウンスケープ派に出会う。といっても、タウンスケープのイメージの特異性が都市の文脈からの圧力によるものと考えられるのに対して、アーキグラムのイメージは事実上およそ一九三〇年頃の都市モデルがおかれていたのと全く等しい、観念的なヴォイド空間の中に表現されている。

アーキグラムが表現していたのは、過去と未来のモデルの心憎いほどに偶然性を帯びた融合《フュージョン》のように思えるが、それに比べてチームXは、その組織がルーズな上、その宣言の多様性などのために、特徴をとらえにくい。チームXは古典的な近代建築のもっていた理想主義や普遍性への指向がおよそ無意味であることに気づいた。チームXはアテネ憲章やそれに類した

右頁上：カンバーノールド・タウンセンター。初期計画案の模型
右頁下：カンバーノールド、住宅地区

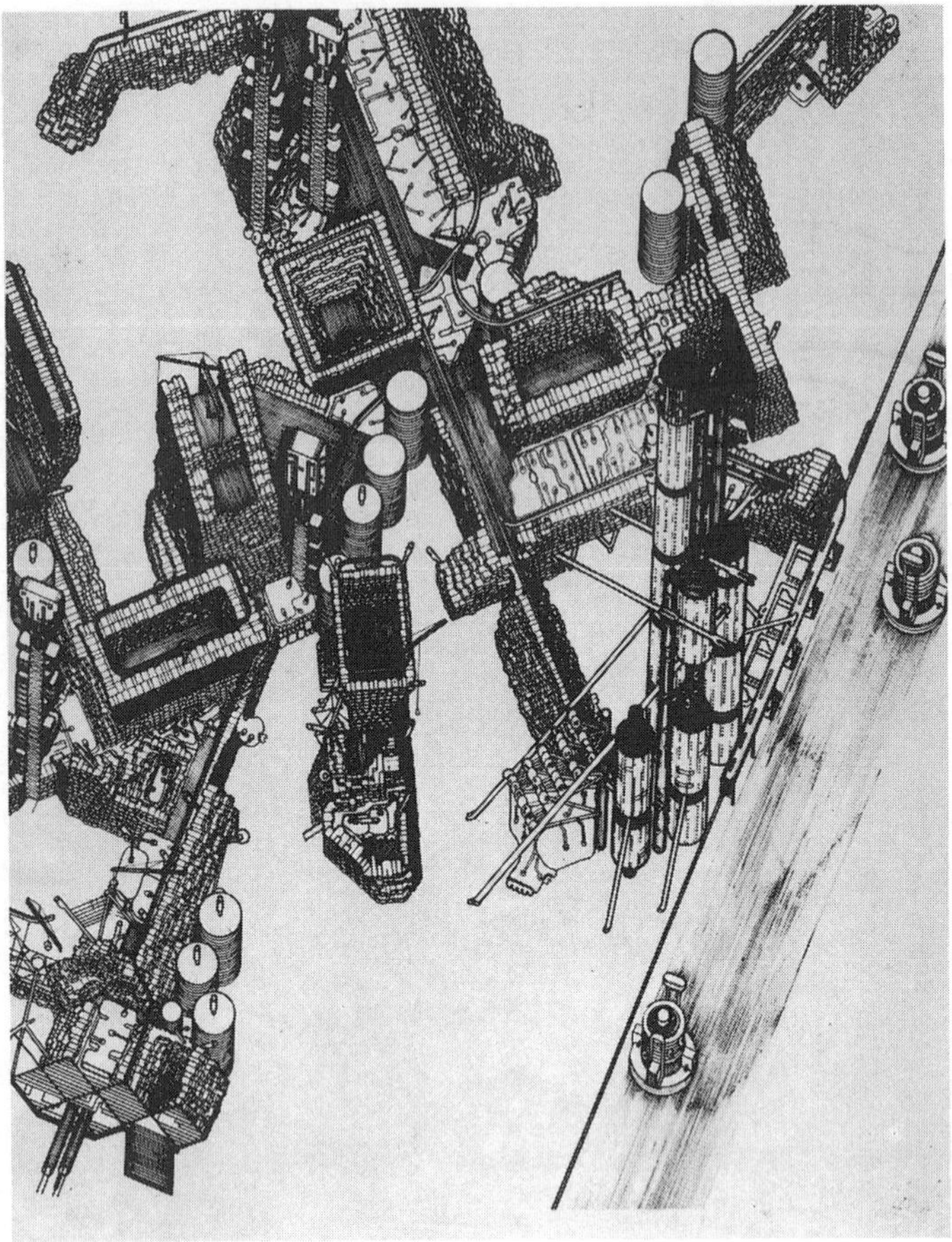

アーキグラム、プラグ＝イン・シティ、一九六四年

ＣＩＡＭの宣言を意義を失ったとして否定したが、（おそらく意図的にだが）ＣＩＡＭと同程度に整合性をもった理論体系を展開するには至らなかった。というのは、チームＸは自らに近代建築を継承する使徒という重責を担ったからである。チームＸはこの崇高な苦悩を実体感のないグラフィックや見せかけの幼稚症によって和らげようと努めているし、また各メンバーは命令口調の言説を用いないように注意してきたが、その常に慎重な仕事ぶりの背後にはほとんど聖職者の責任感とでも呼べるような意識が感じられる。チームＸは（バケマによると）、それぞれに孤立していた建築と建築のプログラムを互いにオーバーラップするものに置き換えようとしてきたし、単なる機能的な組織体を『人間的な交流の場《ヒューマン・アソシエーション》』[原注4]へと変革しようとしてきた。さらにもっと最近の動きとしては、建築家側からの押しつけをユーザー参加[原注5]に変えようとしている。これらのプロポーザルはすべからく賞賛に値するものだ（誰がこのような健全な正論に反対するだろうか）が、その結果としての作品は、必ずしも、秀でたものになっていない。こうしてチームＸはシステム建築と集落の擬態との間を、成長への幻想とチューン・アップされたタウンスケープ[原注6]との間を揺れ動くことになる。

さて、さなざまなＳＦとタウンスケープのぎこちない合体が「どれも自由主義的であり非抑圧的であると主張しているが」感情資産の少なからぬ投資を示しているのは明らかとしても、はたしてそれだけの価値があるものなのか？という疑問を呈する前に、ここでその二つのモデルを代表する最新型（論理的には最終的な派生形か？）に触れる必要がある。都合のいいことに、スーパースタジオによるユートピアとロバート・ヴェンチューリがディズニー・ワールド[原注7]に発見したという《シンボリックなアメリカのユートピア》が、《輝く都市》に対する批判が（当座のところ？・）たどり着いた両極端を示している。

よく知られたことだが、（権威からの強要なしの）自由への欲求は、全く背反する二つの立場に至る。それが、表面上われわれがここに見い出したものに他ならない。スーパースタジオのユートピア［抽象的な直交座標系としての世界］は、物体《オブジェクト》による一方的な支配体制からの最終的な解放を要求し、ヴェンチューリいうところのユートピア、ディズニー・ワールド［完全なる自然主義的状況］は、物体《もの》こそは、何ものにもまして心やすめるものだと暗示する。一方が物体《もの》の廃止を提案し、片やもう一方は物体《もの》の価値を致命的なまでに切り下げるという結果をもたらすとしても、両者とも、はっきりとした満足が即座に得られることを主張してやまないことはいうまでもない。

そして、両者に共通する理想について、スーパースタジオはこう述べる。

あなたはあなたの部族や家族と一緒にどこへでも行くことができる。

気候条件と温度に関する身体のメカニズムは、完全な快適さを保障されるように修正してあるから、シェルターは不要である。

もし望むなら、私たちはシェルターつくりや、さらに家庭ごっこ、建築ごっこをして遊ぶことができる。

あなたは立ちどまりプラグを接続するだけでよい。お望みの微気候（気温、湿度、その他なんでも）が直ちにつくりだされる。あなたは情報のネットワークにプラグ・インし、食物と飲料水のミキサーのスイッチを入れるだけだ[原注8]……

このように、これはある程度までディズニー・ワールドにもあてはまる。

しかし、スーパースタジオがそれに続いて理想社会では、

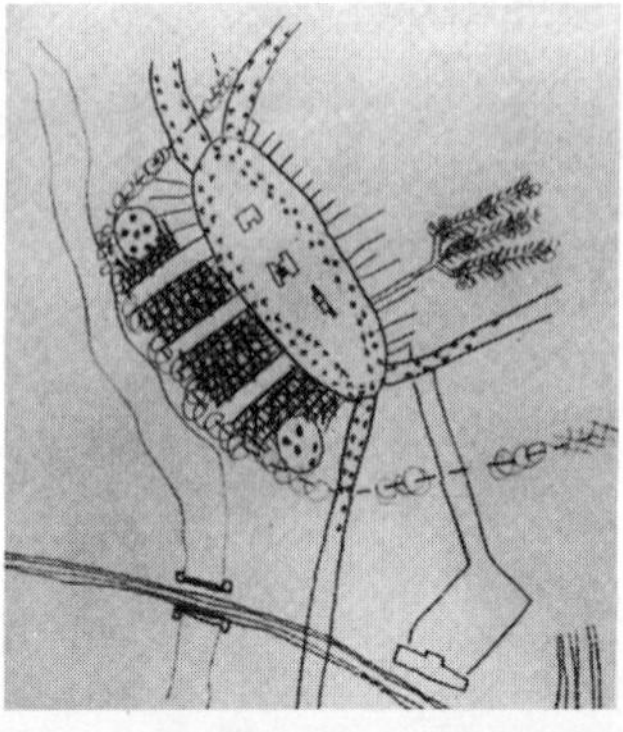

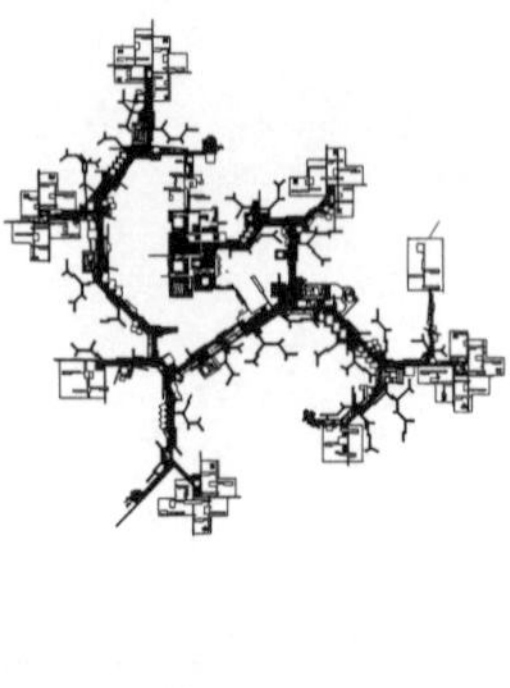

右：アリソン・アンド・ピーター・スミッソン、既存の地方市場を活かした小さな市場町の計画、一九六七年
左：キャンディリス、ジョスィク、ウッズ、トゥルーズ・ル・ミレイユ計画、一九六一年

スーパースタジオ、人間のいるランドスケープ、一九七〇年頃

米国中西部のプレーリー地帯

ニューヨーク州イサカ、ステート・ストリート、一八六九年

上：フロリダ州ディズニー・ワールド、メイン・ストリート

都市や城はもはや不必要になる。道や広場も不要になる。（いずれにせよ居住不可能な砂漠や山地を除くと）すべての地点は同一になる。[原注9]

というところまでくると、二つのヴィジョンが再び袂を分かつことが明らかになる。フィレンツェでの自由とダビューク*での自由は、当然のことだが、異なる顔をもつ。だから、ディズニー・ワールドが緩和しようとしてきたのは、まさに、スーパースタジオのプロジェクトの示すような状況に他ならない。それは、実際の話、アイオワ州には城も広場もないわけだけれど、そういうことが問題なのではない。そうではなくて、そういった要素が欠落していることが（時として）権利の剝奪として感じられること、また「理想的な」直交座標系がすでに、ずっと永い間、実生活上の現実であるような土地では（時には）気晴らしが必要なことこそが問題なので、それがディズニー・ワールドの人気と成功につながったわけである。

　したがって、ある程度までは、互いに因果律の鎖につながれていることもあって、この二つのヴィジョンは、相互補完的に作用する。スーパースタジオは、非―抑圧的な平等主義という目的のために、自発的にハプニングを生み出す理想化された均一な場（おそらく丘《プラトー》と呼ぶのであろう）を推進し、現実に存在する多様性をシステマティックに消去しようとする。したがって、ディズニー・ワールドがちょうどそのような場からの需要に対する商業的な開発という段階から一歩推し進められるならば、行為の質あるいはその発生源といったもののみが両者の間の目立った差異になる。

　言い換えるなら、唯一の目立った差異は社会の概念と関連する。とはいえ、ここでも直観的に予想されるものより互いの関係は近いのだが。スーパースタジオが国家概念の消滅を心に描いているのに対し、ディズニー・ワールドは、公共的な領域の必要性がたえて声高く主張され

＊ Dubuque　アメリカ合衆国、アイオワ州の都市

ることのなかった社会状況の所産なのである。簡単にいうと、スーパースタジオの提案するのは、「有形の権力構造の撤廃」であり、ディズニー・ワールドはその結果としての真空状態に家具を備えつける試みなのである。

したがって、問題点は、究極的には様式《スタイル》の問題にしぼられるだろう。すなわち、どんな家具なら受けいれられるかという疑問に。またすなわち、人間の肉体は、望むらくは裸体に最低限の装置をともなっただけで、一体、家具として認められるものだろうか？　それとも何かもう少し必要であるとの仮定を迫られるだろうか？という疑問に。それは家具は自分でつくるのか、それともグランド・ラピッズ*に注文したらいいのかという疑問にもつながる。というのは、この両者の場合とも、家具は操作可能な下部構造の上に浮かんでいるようなもので、好みによって《現実的》にも《非現実的》にもなるものとして取り扱われているからである。どちらの場合でも、それぞれ異なった意味での洗練度を示しているが、そこは夢の世界である——スーパースタジオの場合には、下部構造とそれに依存するものの間に、何らかの固有の結びつきが存在するという暗黙の但し書がついている。《正しい》下部構造が与えられたなら、

ぼくたちは身体に耳を傾けようと沈黙を守るだろう。
ぼくたち自身の生《い》き様《ざま》を見つめるだろう。
魂はその歴史をひもとこうと自らの内部《うち》へ回帰するだろう。
ぼくたちは才能と愛というゲームを楽しむだろう。
自分自身に、そしてすべての他人に大いに語りかけるだろう。
生活だけがただひとつの環境芸術になるだろう。[原注10]

* Grand Rapids　アメリカ合衆国ミシガン州の都市。

当然のことながら、ウォルト・ディズニー・エンタープライズの企業目的がこのような態度を踏襲して定式化されることはありえない。《メイン・ストリートでは今世紀はじめの衣裳をまとったおばあさんの自家製クッキーはいかが。冷房完備のシンデレラのお城へはエレベーターでどうぞ》（時代遅れのシャンボール城よりずっとマシ）。冒険の国では、《大蛇との遭遇、アフリカ象の恐怖のおたけび、耳を聾するほどにごうごうと流れ落ちるシュヴァイツァー瀑布の下の通過》[原注11]。未来の国では、飛びあがらないロケットに乗って七分間の月旅行。そして、お疲れのあとには、格安の航空運賃でイスファハン、バンコック、タヒチのエキゾティックなムードを味わってはいかが――それぞれイスファハン風、バンコック風、タヒチ風のホテルがあなたをお待ちしております。

以上がディズニー・ワールドの地上部分での楽しみの合成写真とでもいうべきものである。ディズニー・ワールドでは、何百エーカーにも及ぶ大部分がガラス繊維でできた夢の世界が、地上からは見えないテクノロジカルな下部構造の上にのっている。この下部構造は世界に類例を見ないほどの規模で、真空ゴミ処理システム、電気配線、下水管、完璧な搬入用トラクター経路といったすべての必要とされるサービス機能が、容易なアクセスをもち、どのような変化にも対処しうるように設置されている。そして、この舞台のいちばん裏（または下）には衣裳をまとって地上のさまざまな幻想の劇場に彩りを添える従業員たちのアクセスが設けられているが、これにはニューヨークの摩天楼が適切なアナロジーをあたえてくれるはずだ。その六五階にはレインボー・ルームがあって、そこでは超越主義者という名のカクテルが日々の習わしとして飲み干されていく。そしてそのずっとはるか下には（見えないものは忘れられるという金言に反して、見えないものも忘れられずに）実際上の半―地下が存在するということが、上階には霊感を、大衆には陶酔感をもたらすのだ。どちらの例でも、幻想と事実、世間と個人、

上：パリ、オペラ座の大階段
下：パリ、下水道の見学会、「マガジン・ピトレスク」より

という二つの世界は隔離されている。相互依存関係にあるが分離している。平等かもしれないが、統合されることはありえない。第二帝政期のパリを例にとるなら、この両者はオースマンによる下水路という地下世界とガルニエによるオペラ座という地上世界にあたるだろう。

厳格なモラリスト「おそらくもう世の中にそう多くは残っていないだろうが」は、この歴然とした分離という与件のなかに根本的な誤りがあるとする。なるほど、ここではテクノロジーと芸術とが同時に濫用されているように見えるかもしれないが、この寛容を欠くことでつとに知られる人物氏には、初期反応を抑えることが望まれる次第である。というのは、厳格なモラリストが、いってしまえば彼の気質は初期キリスト教徒のそれに毛のはえたようなものだから、テクノロジカルな地下墓所に第一の価値をおきかねないのはほぼ疑いのないところだからである。したがって、モラリストの視点を理解できないことはないといえ、彼の本物志向は結局のところ幻想の小道具にしかなりえなかったわけだから、つまるところ自己欺瞞的なものとして見なされなければならない。というのは、《現実》と《幻想》との間に亀裂が存在する以上、それはどちらがどちらのスポンサーなのかという質問に帰着するからだ、すなわち、地下下水路がオペラ座を有効なものにしているのか、それともオペラ座が下水路に正当性をあたえているのか。〈サーヴァント・スペース〉[*1]と〈サーヴド・スペース〉[*2]のどちらにプライオリティがあるのか。

　近代建築は、そしてその一般的な方針には従っているスーパースタジオも、常にこの大雑把な区分を廃止しようと、さらにいうなら質問そのものを削除しようと努めてきた。しかし、そうもくろむがために、おそらく不注意からであろうが、《上部構造》、《下部構造》というマルクス主義による区分をそれも下部構造にのみ重要性や意味をもたせて、多分に受けいれてしまったことが、問題理解の完全なる失敗という結果を招いたのは納得のいかないことではない。

　《ディズニー・ワールドほど人々の本当に求めていたものに近いものを、建築家があたえたことはいまだなかった[原注12]》というのがロバート・ヴェンチューリの判断である。それが正しいか否かはともかくとして（なぜなら誰にも本当のことがわかるはずがないからなのだが）、それが少なくとも重要な真実の一面を言い当てていることは確かだ。したがって、ディズニー・ワールドの人気は当然至極なわけだし、それ自体として判断評価するなら、それはそれで確かに十分なはずだ。しかし、娯楽産業によってタウンスケープの派生物が付加され、それがユートピアとして、または《シンボリックなアメリカのユートピア》としてポレミックに示されるなら、全く異なった基準での批評が適用されることになる。そして、キッチュと政治権力との相互依存がなんら新しいものでないならば、（そしてまたわれわれがフォーブやダダのような前衛であることをいかに望んだとしても）それは重要な価値判断の基準をすべて逆転させるほど

＊　サーヴィスする空間とサーヴィスされる空間。ルイス・カーンの用語。《A＋U7301》などを参照のこと。

のことではないだろう。

ディズニー・ワールドはありのままのものとわかりきったものとを取り扱っている。それが、長所にも限界にもなっている。それは錯綜したイメージをもっているわけでもない。だから、ディズニー・ワールドのメイン・ストリートは現実のメイン・ストリートを理想化したものというよりも、不快感、悲劇、時間、汚れを消去するようなフィルター操作やパッケージ操作に近い。

しかし現実のメイン・ストリート、一九世紀の本当のメイン・ストリートはそうなま易しいものでも楽しいものでもなかった。その代わりに、その記録が示すのはオプティミスティックな自暴白棄《やけくそ》状態である。ギリシャ神殿、見せかけのヴィクトリア朝風ファサード、パラディオ式のポルティコ、使われることのないオペラハウス、ナポレオン三世期のパリの魅力を認可した裁判所、南北戦争のあるいは勇敢な消防士[原注13]のための晴れがましい記念碑、これらは安定した文化のイメージを巧みに再構築することによって、不安定な状況に安定感をもたせ、フロンティアの流動社会を確立した地域社会へと転換しようという、ほとんど熱狂的といえるほどの努力の跡といえる。いまだかつてメイン・ストリートが非常にきれいだったことはないし、おそらくそれほど繁栄していたこともなかった。しかし、それは独立と困難な冒険にいざなう世界を求めて止まない進取の気性の反映だったし、人の心に訴えかける荘重さがむきだしのままで常に並べられていた。その不格好な、自称都会風の安普請は、一種のストイックな雰囲気と苦みのあるけばけばしい華麗さを示している。成功とは根本的に縁がないことによって、それは最終的には荘重さを獲得している。つまりメイン・ストリートは往々にしてきびしい辛苦や欠乏を偽装するための大いなる試み［失敗しかあり得ない試み］だったのだが、そのような外面上の不適切さの中にさえ、道徳的な衝撃力という点ではほとんど崇高さに匹敵するものを識別できることがある。

他の言い方をするなら、本物のメイン・ストリートとは、それに関してはいくぶん冷笑的なものが存在するのはままあることだが、保留にされるかまたはほとんど同意されることのない現実、探究心を喚起するような現実、想像力をかきたてるような現実、そして神経を消耗することなくしては理解することの困難な現実の展示場なのだ。本物のメイン・ストリートでは、観るものと観られるものとの間に二方向の交渉がつきものだが、ディズニー・ワールド版のメイン・ストリートではそのようなきわどい商売は御法度である。ディズニー・ワールド版はその摩可不思議な原点とは競うべくもない。それは幸福感を生産するための機械なので、かきたてられなかった想像力、刺激を受けなかった探究心をあとに残すだけである。そして、口当たりのよさと永遠に続く愛想笑いへの露出過多によって生じる、嘔吐感のような正真正銘の心理的不快感が保証つきで味わえるという議論はおくとしても、(サド・マゾ的であるにもかかわらず) そのような精神的外傷を生むような体験が本当に必要かどうかという疑念は一向に後を去らない。

しかし、もしわれわれが暗黙のうちにビリー・グラハム[*1]にディズニー・ワールドのカンタベリー大僧正 (ローマ法王というわけにはいかないが) の役目をあたえたことになったとすると、やはりそれではスーパースタジオの場合はどうなのかと尋ねざるをえない。コスモポリタンな知性をイタリア的なレベルで展開するスーパースタジオ、またブルジョワ・ネオ・マルキシズムの立場からSFの不可避的な末路を提案する (とわれわれの信じるところの) スーパースタジオ? しかしてその返答は? スーパースタジオにわれわれはいくぶん過剰な〈ベラ・フィグーラ〉[*2]症候群を認めると、またネオ・ファシスト的な内容がひそんでいるのを見逃しているわけではないというべきだろうか? われわれにはそれが適切な反応とは思えない。なぜな

*1 Billy Graham (一九一八―) アメリカの宗教家。

*2 bella figura 〈ベラ・フィグーラ〉とは字義通りに言えば美しい形態をつくることであるが、この文脈の中では、〈イメージを美しく表現すること〉である。〈ブルッタ・フィグーラ〉bruta figura はその反対語。

ニューヨーク州イサカ、ステート・ストリート、一八六九年

らスーパースタジオはこう書いているからだ。《デザインは完全かつ合理的なものになり、統合主義《シンクレティズム》によってさまざまな異なる現実を総合するに至る……その結果デザイン行為はますます実存と一致するようになる。すなわち、実存はもはやデザインされたオブジェクトの保護の下にはおかれなくなり、実存そのものがデザインとなる》[原注14]これについて何を言うべきだろうか？　そのような詩文は誘惑するかもしれないが、人を確信に至らしめることは少ないと、また絶対的な自由に固執するあまり、歴史を通じて常に与えられてきた、そしておそらく将来も常に予期することの許されている、小さな近似的自由を否定することにはなっていないかと？[原注15]多分、いや確実にスーパースタジオは未来《都市》を《すべて》の人々（とは、きびしく選択されたエリートのことなのだが）のための永続的なウッドストック・フェスティバル、すなわちごみの山なきウッドストックとしてイメージしているようだが、スーパースタジオのイメージを吟味するにつれて、われわれはある印象をぬぐい切れなくなる。こういったものはプレイボーイ誌の編集者が部分的にもっている、啓蒙的なジェスチュアの産物に見えはしないだろうか——それ以外に何が考えられるだろうか？　確かにここには《抑圧》は存在しない、だからといって、もしリビドーが抑制されることなく昂進するなら、それはヒュー・ヘフナーの出版物（プレイボーイ）の特別号のためにハーバート・マルクーゼが招かれた成果のひとつである、と空想することさえ許されることになる……。したがって、われわれが観てきたかぎりにおいては、ここにディズニー・ワールドのキッチュと大差のないキッチュを見ることができるといえるだろう。

　ここで駄洒落をお許しいただくなら、スーパースタジオとデスニー・ワールドは共に死《デス》というキッチュの二者択一の選択肢と考えてもいいだろうし、そうだとすると、もし人が「ドギツイ」成人雑誌《スキン・マガジン》の読者の地位におとしめられるか偽りの敬虔さにしか希望のあてがない場合には、どのような議論も（とりわけパルチザンの議論は）それを究極まで論ずるならば自己破壊に至るしかないということが理解される時が確実に訪れるだろう。したがって、ディズニー・ワールドとスーパースタジオによる作品《イメージ》は、両者に固有の美徳や悪徳のためではなくて、それ自体としてはどちらも価値あるものとなりうる、二つの観点の論理的な延長線上にあるものとして引用されたわけである。しかし、議論の（前景、背景に対しての）中景部分のみが役に立つもので、極論はほとんど常に納得のいかないものだという憶測を妥協への情熱からではなく、何らかの機敏で実現性をもった緊張緩和《デタント》を助長する直観によって、ここで積極的にとり入れたい。

　これまでわれわれは近代建築の特徴を、最初に運命との宴、そしてその翌朝の二日酔状態というように述べてきたが、この二日酔の苦しみを和らげるためには少なくとも二つの定評ある処方箋が使われた。つまり鎮痛剤を一錠飲むかまたは何錠も飲むかだが。しかし、こういった治療が時には一斉に、時には過度におこなわれたことをさらに言挙げするならば、この行為がいったい有意義だったかどうかという疑問をもはや敬遠しているわけにはいかないだろう。

　われわれはこれまで、基本的には回顧的な態度を支持し、人口に膾炙し、そしておそらく誰にも気に入られているものを見つけ出し参照しようという立場について探ってきた。また同時に、われわれは過去を振り返ることをしない、エクノーサイエンス的な手段を用いて、究極的には非物質化された抑圧のないユートピア的な状態に到達しようという、近代建築の未来志向型の一面も目撃した。だがしかし、そこで、この二つの伝統のいずれからも初期近代建築の都市論にとって代わるような都市への提案が生まれてこなかったことも、また認めないわけにはいくまい。この二つの背反するアプローチを統合しようという試みも、いままでのところ、成功を収めているとは言いがたい。そのうえ、そのような試みのどれもが、有効な使われ方からあまりかけ離れてしまっているか、煮え切らない態度とその多種多様さのために筋道立った解釈を受け入れることができていない。そのために、近代建築によって示された命題［すなわち包括的に都市を救助する都市という幻想、詩として提案され、問題解決の方法として読み取られ、グロテスクな廉価版の形で制度化した］は依然として残存し、日毎に無視しがたくなっている。そして何をなすべきかという問題が残される。

善きにつけ悪しきにつけわれわれの内部に浸透している文化的な相対主義がユートピア・モデルの崩壊をもたらすことを認めるならば、そのようなモデルへは最大限の慎重さでアプローチするのが全く当然のように思われる。また、モデルが制度化された現状［また同様にレヴィットタウンやウィンブルドンやさらにはウルビノ、チッピング・カムデンといった都市のコピーが数多く出現した近過去の状況］が本質的に併せもつ危険や衰弱が明らかになっている以上、《人々に彼らの欲するものをあたえよ》というようなワン・パターンも、タウンスケープ方式のごり押しも、部分的な解決案以上の十分な確信をもたらすものではない。そのような状況だからこそ、大被害をこうむることなく理想に順応し、われわれがこうであると信じる現実にまことしやかにかつその価値をおとしめることなく反応するような戦略を考えだすことが必要になってくる。

フランセス・イェーツは最近の著作である『記憶術』[原注16]の中で、ゴシックのカテドラルは記憶を助ける考案であると述べている。無学の人間にとっても聖書兼百科事典として、この建造物では記憶を助長することによって思想を明確にすることが意図された、そしてそれはある範囲までスコラ哲学の補助教材の役を果たしたので、それは記憶の劇場であったと言うことができるだろう。この名称は役に立つものだ。なぜなら、今日われわれは、建築は未来を予言するものである必要があると強迫観念のように思っていることが多々あるとして、そのような全く別の思考法によってわれわれの極端に偏見をもった幼稚さを修正することができるかもしれないからだ。「予言の劇場」としての建築、「記憶の劇場」としての建築。——もしわれわれが建築をそのどちらかとして理解することが可能なら、生来的にいって、それは他の一方としても理解できるはずだ。アカデミックな理論に頼らずとも、これがわれわれが常日頃なにげなく建築に加えている解釈に他ならないことを知ると、この記憶——予言の劇場という区分法が都市的な分野にも適用しうるということを気づくに至るだろう。

いままで十分に述べてきたのでほぼ言わずもがなのことではあるが、都市を予言の劇場と説明するならラディカルと見なされるだろうし、一方都市を記憶の劇場と呼べば、ほぼ確実に保守派のレッテルを貼られるだろう。そのような仮定にもある程度の真理は含まれているかもしれないが、この種の固定観念は実際にはそんなに役に立たないものだということもはっきり示しておかねばならない。人間はおよそどの時代においても保守的であると同時にラディカルでもあった。慣れ親しんだものに心を傾けつつ、予期せぬものに心をなごませた。だから、もしわれわれが等しく過去の中に生きつつ未来を夢みるものだとすると（現在は時の流れの中のひとつのエピソードにすぎない）、この条件を受け入れるのは妥当に思える。すなわち、予言なくして希望がありえないように、記憶なくしてコミュニケーションは不可能なのだ。

自明のことであり、また陳腐そしてあまりに格言的なきらいはあるが、これは「運よくあるいは不運にも」近代建築をはじめに提唱した人々が看過してしまえる程度の人間精神の一局面であった——彼らにとっては運よく、われわれにしてみれば不運にも。そのような糊塗しようもないほど皮相な心理学なくしては《建築の新しい方法》は実現に至らなかったわけだが、予期と回顧のプロセスにとって根本的なこの相補的な関係を見落とした失敗にはもはや言い訳の余地はない。というのはそれらは相互に依存し合っている活動であり、全くのところわれわれはその両方を用いることなくしては何事もなしとげられないし、その一方の利益のためにもう一方を抑圧するような試みが、長期間にわたって成功を収めることはありえないからだ。われわれは予言者の熱弁のもつ新奇さから力を得ることがあるかもしれない。しかし、その効力の範囲はあまねく知られた、もしかしたら俗っぽくもある、そして必然的に記憶の集積された、その新奇さを生み出す母体であるコンテクストに厳密に関連しているはずだ。

以上で議論のひとつの局面をほぼ完了する。それは開かれた形で残されるべき議論であるからして、ここでは三つの質問の形で終えられるのがよいだろう。

なぜわれわれは未来へのノスタルジアを過去へのノスタルジアより好まざるをえないのだろうか？

われわれが心の中に抱いている都市モデルは、既知の心理構成を受けいれることは果たしてできないだろうか？

この理想都市は、きわめて明確な形で予言の劇場であると同時に記憶の劇場として振る舞うことはできないだろうか？

第三章　オブジェクトの危機＝都市組織の苦境

都市は成長を強制し、人間を話好きで社交的にする。しかし、都市は人間を人工的にしてしまう。

ラルフ・ワルド・エマーソン*

＊ Ralph Waldo Emerson（一八〇三―一八八二）アメリカの詩人・著述家。

主として農業に携わる限りわれわれの政府は徳を保つだろう。

トーマス・ジェファーソン

しかし……どうして人間は場《フィールド》から身を引くことができよう？　地球は無制限に広がったひとつの巨大な場というのに、どこへ行くというのだろう？　いや、答えは簡単だ、人間は場の一部分を壁という手段で区切ることによって、形なき、限りなき空間の上に囲まれた、限定された空間をつくる……実際、ウルブスとかポリスの最も正確な定義は大砲の滑稽な定義によく似ている。すなわち、ひとつの穴に鉄の針を固く巻きつけると大砲の出来上がりである。というようにウルブスとかポリスは何もない空っぽの空間から始まる……あとはその空っぽの空間を区切り範囲を制限するだけである……広場……それは、限りない場から分離独立してひとつの完結性をもったので、まだしも取り扱いやすくなった場である。それはことさらに斬新な性格をもった、独特の空間であり、その中で人間は自分を動植物界から解放する……そして人間独自の囲いを定め、市民の空間をつくる。

ホセ・オルテガ・イ・ガセット

パリ、ヴォージュ広場（王立広場）テュルゴーの計画図面より、一七三九年

近代都市は〈高貴な野人《ノーブル・サヴェッジ》〉の住みよい家という意図でつくられた。高貴な野人はもともと純粋な存在なのでそれに見合った純粋な住まいを必要とした。したがって、高貴な野人が昔にさかのぼると森から出現してきたものだとすると、彼の意志を超越する純潔さを保ち、彼の徳をそのまま保持するためには、彼は森の中に戻るしかなかった。

このような考え方は、〈輝く都市〉や〈ツァイレンバウ・シティ〉のように、最終的にはほとんど事実上空気のような、存在なき存在になるだろうと信じられていた都市を支える心理的な論拠の深奥にひそむものだといえるかもしれない。どうしても必要とされる建物は、できるかぎりデリケートで目立たない形で自然の連続体に入り込むように計画される。建物は地表面から離して、大地との接触をできるかぎり避けるように建設され、大地は白紙の状態に戻され再利用される。それは重力による制限からの解放を意味するだけでなく、永い間あからさまな人工物にさらされつづける危険に対してのひとつの批評としても理解される必要がある。

近代都市の計画案は、この点からいうなら、過渡期的なものであって、最終的には純粋な自然環境の再建を目ざす（と期待される）提案だった。

太陽、空間、緑は欠くことのできない喜びであり、四季を通じて立ち続ける樹木は人間の友達である。巨大な住棟が町を貫通する。何が悪かろう？　住棟は樹木というスクリーンの背後にあるのだから。自然は賃貸の対象に含まれるようになる。原注1

これは自然へ帰れという、たえず展開を続けるヴィジョンへ帰着するものだったが、この自然回帰は明らかに非常に重要視されていた（今日でも重要視されている）ので、このヴィジョンが発表されるときには、可能なかぎり、既存の状況のすべての面からシンボリックな意味で

ル・コルビュジエ、輝く都市、一九三〇年

も物理的な意味でも完全に切り離されることが主張された。既存の状況は一般に汚染物質として、道徳的にも衛生的にも腐敗をまき散らすものとして見なされていた。そこでルイス・マンフォードが著書『都市の文化』の中のある挿画につけた解説は、

エジンバラのみごとなファサードの裏側、狭い路地に面したバラック建築、風景画を描く際に起こりがちな、裏側がどう見えるかへの無関心。正面だけの建築。豪華なシルク、高価な香水、高雅な精神そして天然痘。視野の外のものは考慮の外となる。＊ 近代機能主義計画理論はこういった純粋に視覚的な計画概念とは異なり、正直かつ適切に問題をあらゆる面から取り扱い、正面と背面、見えるものと見せてはならないものという大雑把な区分を廃して、すべての次元で調和した構築物をつくりだす。原注2

これは、典型的なマンフォード的修辞ということを斟酌《しんしゃく》したとしても、両大戦間の思潮の古典的な代表例といえる。正直と衛生とが主要な判断基準となり、したがって、既得権と縁故《コネ》とで埋めつくされた都市は消え去るべき運命にあった。そして、昔ながらのごまかしやぺてんに代わって、各部分がそれぞれはっきりと合理性をもって平等なものとして取り扱われるようになる。この平等性は開放性を目ざすものであり、また人類のあらゆる幸福の原因でもあり結果でもあるものと説明される。

裏庭を道徳的物理的な不健全さと同一視する態度は、閉ざされたもの（閉鎖性）と開かれたもの（開放性）との対立を招き、それぞれの長所、短所への思い入れを生んだ（『高雅な精神そして天然痘』――あたかも一方が他に自動的に従うものかのように）。いうまでもないことだが、これを裏づける資料は枚挙にいとまがない、まさに一九世紀的な死の舞踏のヴィジョン

＊ 本書77頁「見えないものも忘れられずに」とある。著者L・マンフォードへのやんわりとした批判か。

左頁上：チェルテナム、ランスダウン・テラスの背面
左頁下：エクセター、バーンフィールドのクレセント

として、コレラに汚染された中庭の人間カカシといった類の議論にはほとんどつけ足すものはあるまい。視覚的なものにとらわれがちな建築家やプランナーは、文化の勝利あるいはその記念物《トロフィー》にのみ心を配り、公共領域や公共的なファサードにばかり専念して、多くの場合、《現実の》人々、関心をはらうに値する人々が実際に存在し生活している身近な世界が満足のいくような可能性を犠牲にしたどころか、根本的な衛生面でも妥協したことは恥ずべき行いである。現実主義的で鉄面皮の資本家について述べるためにこの言話に何かをつけ加えるとしても、その主だった内容をきわだって変える必要はないくらい、両者の立場は近似していた。

しかし、以上に述べたことが伝統的な大都市に対する批判（ある時期には否定的批判だったがそれは妥当な批判でもあった）とし、一九世紀パリはおよそその悪例ということができるとするなら、アムステルダム・サウスはその逆の立場の最初の概念の結実を示すものといえるだろう。そしてこの二つの例はともに誰もが一度は目を通したことのあるジークフリート・ギーディオンの著書[原注3]から引用されたものである。

オースマンによってつくりだされた状況の鳥瞰図または気球瞰図と、ベルラーヘによるアムステルダムの航空写真とははっきりとした類似性をもっているから最小限のコメントしか要しまい。両者とも、〈ロン・ポアン〉*や〈パット・ドワ〉*といった手法を用いているところから見ても明らかに一七世紀のフランスの狩猟森の美学に基づいているので、ともに幹線道路が、望むらくは、重要な地点で収束することによって生じる三角形の地域を開発のあるいは充塡の対象としている。しかし、この充塡によって両者の類似性には終止符が打たれる。というのは、もし一方では壮麗な、また他方では粗野な産物を輩出した、第二帝政期のパリにおいては論理的な充塡作業はとるに足らないものだったとしても、また充塡作業はル・ノートルによる庭園内の、抽象的で全体のヴォリュームだけが問題とされるような樹木の扱い方と同一視し、

＊〈ロン・ポアン〉は放射状の通りが集中する部分に設けられた円形の広場。〈パット・ドワ〉はがちょうの足が原義で、一点から放射状に広がる三本の通りをもった庭園形式を意味する。

または矮小化してしまえるとしても、二〇世紀初頭の良心的なオランダにはそのような全く日常的でありかつ普遍的な母体《マトリックス》、あるいは、《都市組織《テクスチュア》》は、いかんせん、存在していなかった。そうなるとフランス製のプロトタイプから結果としてオランダの得られるものは当惑でしかない。アムステルダムでは生存の劇場をもう少し我慢できるものにするための真摯な努力がなされた。空気、日光、眺望、オープン・スペースのどれもが与えられた。しかし、ここには福祉国家の兆しが感じられる反面、その不自然さはまたおおうべくもない。二本の大通りは、野心的な主張に基づいているにもかかわらず、遠慮がちで残り物のようである。そこにはパリにあるそのプロトタイプのもっていた通俗性あるいは鼻持ちならない尊大さと自信が欠けている。それは街路という概念の最後の痛ましい意思表示の一例である。注意深く校訂されたデ・スティル派や表現主義の援用もこの苦境を包み隠しておくには十分でなかった。それは廃れつつある理念の保守的で婉曲な支持者でしかなかった。というのは、〈密《ソリッド》〉対〈疎《ヴォイド》〉という議論に関していえばそれはあまりに冗長なので、古典的なパリのもっていたビジョンへの参照はもはや形骸化してしまった。簡単にいうなら、アムステルダム・サウスの街路は使い捨て可能なのだ。ファサードはパブリックとプライベートの境界をうまく定めているとは言いがたい。それは曖昧模糊としている。また一八世紀のエジンバラのファサードに比べても、そのファサードはプライベートな領域の隠し方が下手である。というのは、ファサードの後ろ側にあるものがいまでは重要な現実となったからである。都市の母体は連続するソリッドから連続するヴォイドへの変容をとげることになった。

いうまでもないことだが、アムステルダム・サウスとそれに匹敵するような多くのプロジェクトの失敗と成功はどちらも良心の活性化に寄与したにすぎなかった。しかし、問題点が何であったにせよ（良心は常に成功より失敗にヨリ活発に反応する）、論理性をもった懐疑論がこ

上：アムステルダム・サウス、一九三四年
左頁上：パリ、リシャール=ルノール大通り、一八六一–三年
左頁下：アムステルダム・サウス、一九六一年頃

の問題を消化するにはその後少なくともおよそ一〇年間必要だった。言い換えると、一九二〇年代の後半までは街路は文化的にいって不可欠であるという思想が依然として支配的だったが、その結果、ある種の結論に到達する途は閉ざされたままであった。

このような議論の展開においては、誰が何を、正確に、いつどこでしたかを詮索することは、ここでの目的からいっても無意味である。三百万人の居住する都市、[*1]ロシアでのさまざまなプロジェクト、[*2]カールスルーエ・ダマルストック等はみなそれぞれの日付をもっている。それに順位をつけたり、賞賛したり、非難したりすることはここで主眼とするところではない。簡潔にいって、ここでの趣旨は一九三〇年までには、街路や高度に組織だてられた公共空間の解体は避けられないものになっていたと思われるということに尽きる。解体には二つの大きな要因がある。新しい合理的なハウジングの登場と自動車交通という新たな要因である。なぜなら、ハウジングの形態がこれまでと裏返しになり、それぞれの住居単位のロジカルな必要性に応じて決定されるとするからには、もはや外部からの圧力に左右されることはないはずである。そのうえ、外部の公共空間が機能的にいってカオスに陥り、注目に値するだけの重要性をもちえなくなってしまっていたとすると、すでに［いずれにせよ］影響を及ぼしてくるような、妥当性をもった圧力はすべて失われていた。

という推論が近代建築による都市の確立の背景になったことは明白で疑いをみないが、こういった基本となる議論の周縁には、さまざまの副次的な合理化が増殖する機会が明らかにあたえられていた。したがって、新しい都市はその正当化を、スポーツあるいは科学によって、民主主義あるいは平等によって、歴史あるいは伝統に囚われた偏見をもたないことによって、自家用車と公共輸送機関によって、技術と社会政治問題によって達成しようとした。近代建築による都市というアイデアと同じように、こういった議論はなんらかの形でほとんどすべていま

＊1　よく知られたル・コルビュジエの提案
＊2　ロシア構成主義時代の作品

だに生きている。

そして、もちろんこれは他の人々によって強化される（強化というのが正しい言葉かどうかはおくとしても）。『建物はシャボン玉のようなものだ。シャボン玉は息が内側からまんべんなく注がれていると完璧で調和のとれたものとなる。外観は内部のもたらした結果である[原注4]』。これは半分しか事実でないことが今日ではわかっているものの、ル・コルビュジエの説得力ある観察のひとつである。それが実用にはあまり供しなかったのは明らかであるし、それはドームやヴォールトの構造に関する学術的な理論を述べた誤りのないものであるとしても、それは一般的にいって建物は〈独立した単体建築《フリー・スタンディング・オブジェクト》〉であることが望ましいとする概念のみを支持する独断的な意見であるともいえる。ルイス・マンフォードも同じことをほのめかしている。しかし、テオ・ファン・ドゥースブルフを始めとする人々にとっては『新しい建築はあらゆる面で可塑的な方向に発展するだろう[原注5]』というのが公理に等しいものだったとすると、《おもしろい》独立した単体である建物に法外に高い評価をあたえること（これは現在でも続いていることだが）は、建物（単体としての？）は消え去らなければならないという同じ時期にもてはやされた提案と並べて考えられなくてはならない（『巨大な住棟が町を貫通する。何が悪かろう？住棟は樹木というスクリーンの背後にあるのだから』）。ここではこのような状況をル・コルビュジエによく見られる自己矛盾を通じて表現したわけだが、誰もがこれを同じ矛盾にいつでも、毎日でも、直面しているのだと認めるには明白かつ十分な理由が挙げられる。実際、近代建築における単体建築であることの誇りとこの誇りの中で誇りを隠そうとする意識（はどこでも目に余るが）はあまりに並みはずれていて同情の余地がない。

しかし近代建築にみられる単体建築へのこだわり（単なる物《オブジェクト》ではないという目標《オブジェクト》）について、ここではそれが都市、蒸発するはずだった都市、に関与する範囲内でのみとり上げる。

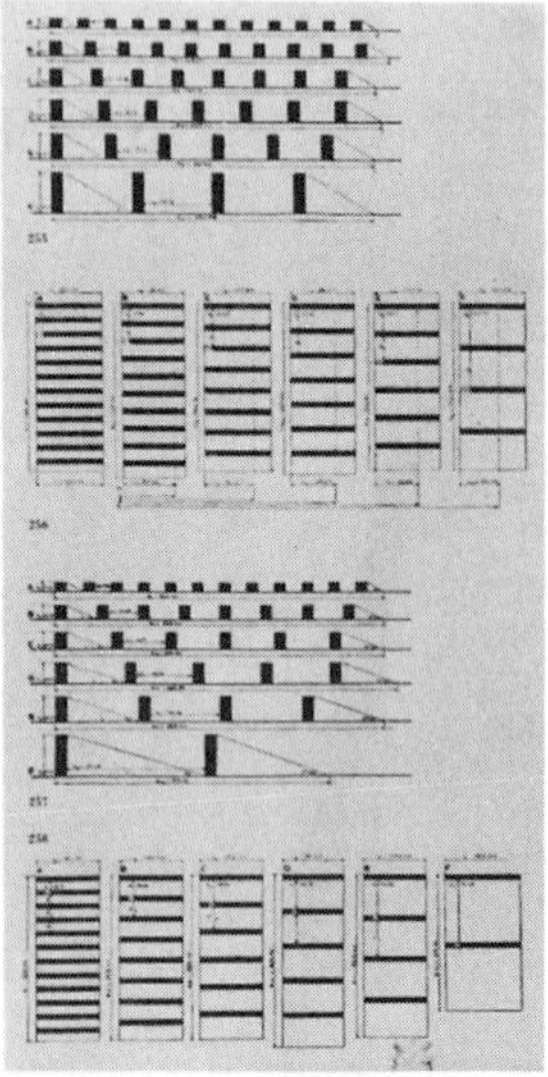

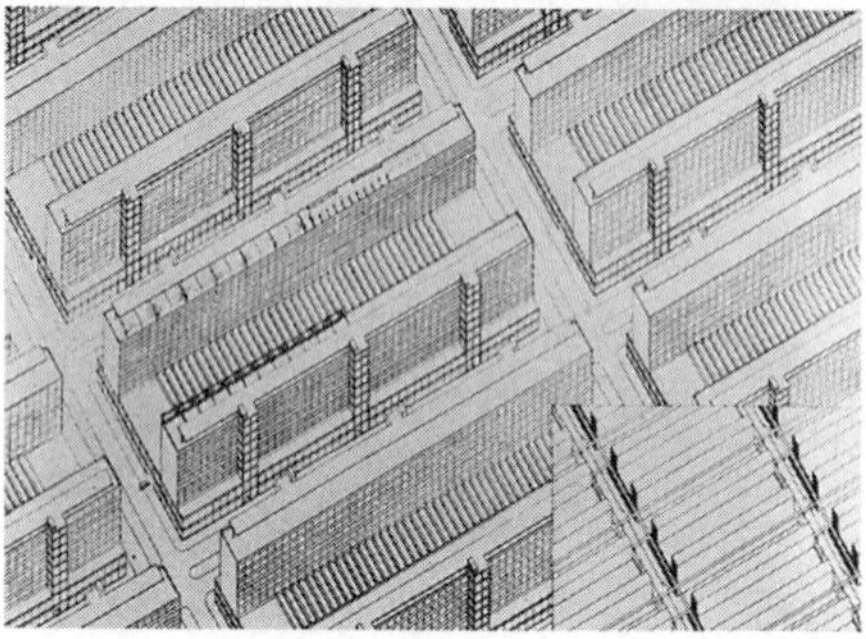

右上：テオ・フォン・ドゥースブルフ、反—構築、ある住宅、一九二三年
右下：ヴァルター・グロピウス、長方形の敷地内に平行配置された住宅ブロックとその高さとの関連を示すダイヤグラム、一九二九年
左：ルードウィッヒ・ヒルベルザイマー、ベルリン中心部の計画案、一九二七年

というのは、現在の蒸発していない状態では、近代建築による都市は全く脈絡のない単体建築の集積となっていて、それが置き換えようとしていた伝統的な都市と同じくらい問題があるからである。

まず第一に、合理的な建築は単体建築《オブジェクト》にならざるをえないという理論的な必要条件について考えてみよう。そして次に建物は人の手による人工物であるからして、ある意味では究極の精神的な救済にとっては有害とも思えるような俗悪な状態を好むのだろうか、というもっともな疑問を、これと関連させて考えてみよう。さらにもう一歩進んで、空間はいうならば物質よりも崇高であり、物質の肯定には猥雑さがつきものなので、空間的な連続体を肯定することは自由、自然、精神からの要求をいっそう受け入れやすいものにするという非常に明瞭な感覚を、目標《オブジェクト》を合理的に物質化したいという要求とそれと並行する解体への要求と並置して考えてみよう。その後で空間崇拝という一般に広く受け入れられた風潮を、もうひとつのよく知られた仮説であるところの、もし空間が崇高なものなら限りなく続く自然の空間はいかなる抽象的で形づくられた空間よりも格段に崇高にちがいない、とともに資格審査してみることにしよう。最後に、いずれにせよ空間は時間に比べるとずっと重要度の低いものであるという見解と空間［とりわけ限定された空間］への過度の固執は、未来への開かれた視野と《普遍的《ユニバーサル》な社会》が自然と形成されるのに障害になりがちだという見解をとり上げることによって、この議論全体が示唆する方向が注目されるようにしむけることとしよう。

以上が近代建築による都市に埋めこまれた、そして依然として埋めこまれているアンビヴァレンスと幻想のいくつかを示したものである。これらは快くさわやかな解決策に到達するようにも思われるが、すでに述べてきたとおりこの都市の現実化（純粋ではあったが）がまだほんの部分的な段階で、早くもそれに対する疑問がもたらされた。おそらくこの時点での疑問はそれほど明確な形をとってはいなかったろうから、それが知覚できる公共空間の必要性や公共空間の苦境についての関心の反映であったか否かは断言しがたい。しかし、一九三三年のアテネ会議[原注6]においてCIAMが新しい都市実現のための詳細な行動原理を発表したにもかかわらず、四〇年代半ばにそのような独断的な確信は霧散していた。なぜなら国家もオブジェクトも消え去りはしなかったからで、『都市の中心』[原注7]をテーマにしたCIAMの一九四七年の会議では、漠然とした形ではあったが、国家やオブジェクトの正当性を保留とするそれまでは目立たなかった態度が表面化しはじめた。実際、『都市の核』という発想自体がすでに一種の言い逃れのための方便と化しているし、どこもかしこも中性の状態あるいは一様な平等の状態という理想は、実現困難なものというよりは望ましくないものであるという自覚のあらわれでもあった。

この頃までに、焦点や合流点《コンフルエンス》のもつ可能性について新たな関心が広まりつつあったが、関心はあっても実際に必要な知識／手法は欠落していた。四〇年代後半の修正主義によって提出された問題点は、ル・コルビュジエによるサン・ディエ計画案に最も典型的に描き示されているといってよいだろう。そこではアテネ憲章に基づく仕様書の標準的なエレメントが修正された上でゆるやかに配置されていて、〈空間〉の中心性やヒエラルキーといった概念がほのめかされ、《タウン・センター》あるいは構造化された容器らしきものが模されている。もしサン・ディエが建設されていたなら、おそらく作者の名声にそむいた失敗作となったことだろう。サン・ディエ計画案にはっきりと描きだされているのは、独立した単体建築という、〈空間を占有しているもの（space occupier）〉が〈空間を限定するもの（space definer）〉になろうとするという、ジレンマではないだろうか？　というのは、もしこの《センター》が都市の合流点を促進するかどうかは疑問だとするなら、そういった効果が望ましいものであることは事実であるにしても、ここに見られるのは満たされることのない精神分裂症のようなもの［ア

左頁上：ル・コルビュジエ、サン・ディエ計画、一九四五年
左頁下：ル・コルビュジエ、サン・ディエ計画、一九四五年

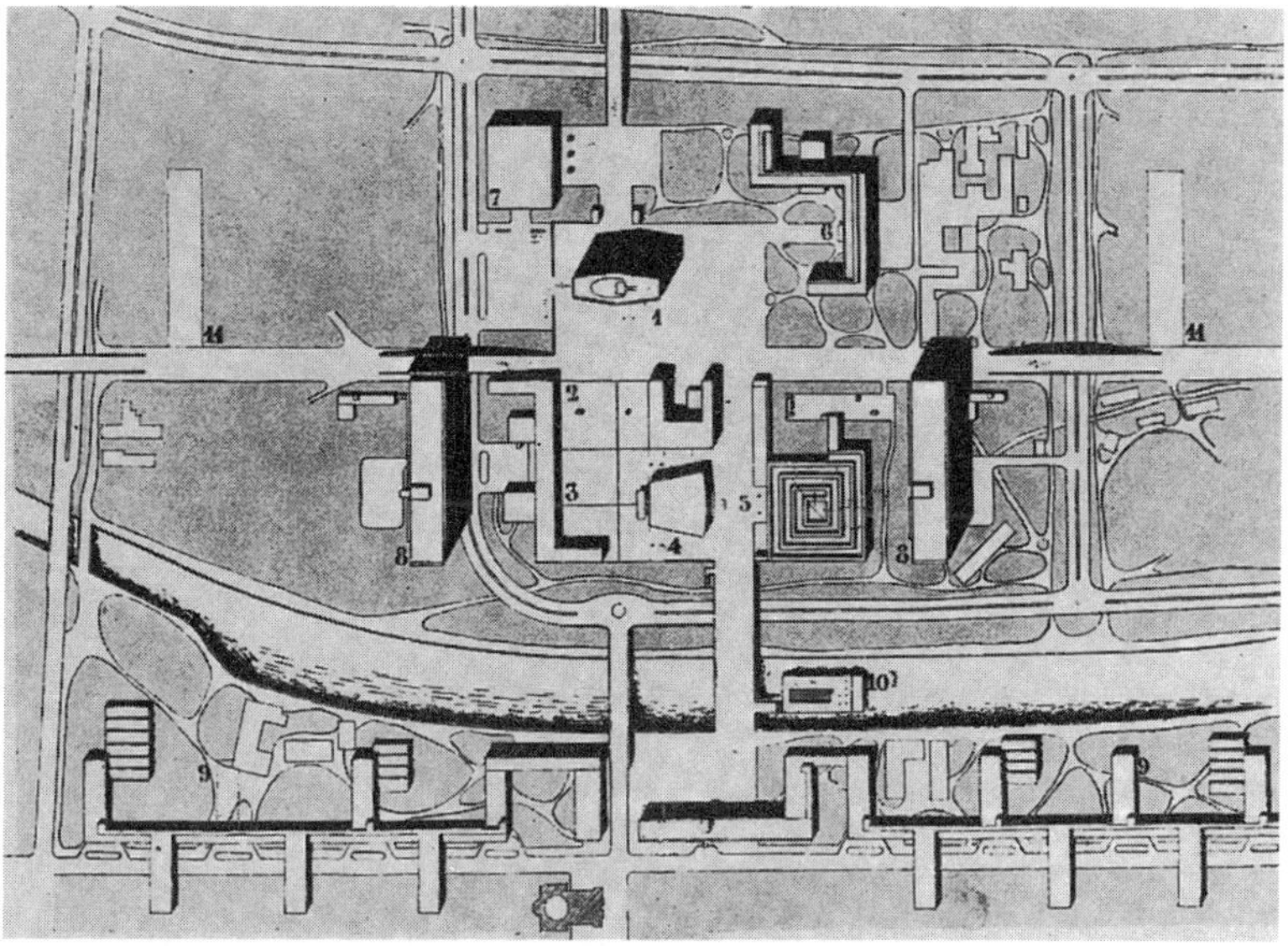
1
2
3
4
5
6
7
8
9
10
11

ゴラ的なものを演じようとしているまがいもののアクロポリス!」ということになる。

しかし、無理のある企てであったのにもかかわらず、中心化というテーマの再評価はそう簡単には放棄されなかった。そこで、もし『都市の核』という議論をタウンスケープ的方法論のCIAMの都市構想への浸透ととることは的はずれではないとするなら、サン・ディエのシティ・センターをそれとほとんど同時代のハーロー・ニュータウンのタウン・センターと比べてみることに意味はあるだろう。ハーローはサン・ディエと比べて《純潔さに欠ける》のはいうまでもないことであるけれど、そこかしこで言われているほど受け入れがたいものでもない。

ハーローではアクロポリスの暗喩《メタファー》というような脇芝居に出くわすことは皆無であって、そこにあるのは《現実》の文字どおりの市場であることに疑問の余地がない。したがって、個々の建物の独立性は抑えられ、建物は互いに溶け合って境界を示すだけのごく無造作な包装紙のように見うけられる。しかし、ハーローのタウン・スクウェアが、本物の《オーセンティック》広場であり、時間とその他のすべてのものの変遷によって生み出された場であるそうだが、その錯覚に基づいた魅力にいささか迎合しすぎているきらいがあるとして、もしインスタントな《歴史》とあからさまな《近代性》の共存というあまりに魅惑的な組合せにややもすると食傷気味だったり、もし広場の中に立ったときにそれでもその擬似中世空間を信じられると思ったとしても、好奇心の芽生えとともにこの錯覚さえも急速に消えていくことに気づくだろう。

というのは、直接目につく書割りの背後を概観するなりひと走りしてくるなりすると、それまで委ねられていたのが舞台装置と大差ないものであるということが一目瞭然だからである。すなわち、ぎっしりとつまった都市組織の中の息抜きの場であり、密度緩和の方策であるはずの広場空間が、全くそれとは縁もゆかりもないものになっていることが直ちに読み取れる。そこには、広場の存在に信憑性と活気を与えるには、本来欠くことのできない建物や人間からの

左頁上：ハーロー・ニュータウン、マーケット・スクエア、一九五〇年代、広場の風景
左頁下：ハーロー・ニュータウン、マーケット・スクエア、一九五〇年代、全景

支援や支持あるいは圧力が欠落している。したがって、このように根本的な点で《説明できない》空間をともなっていることからも、ハーローの中央広場は、歴史的空間的な文脈から生み出されたもの（を意図していたのだろうが）というよりは、実際のところ、〈田園郊外《ガーデン・サバーブ》〉＊に引用符抜きで挿入された異質の物体であることが明らかになるだろう。

しかし、ハーロー対サン・ディエを問題とする際に、両者の意図が一致していることも見逃してはならない。いずれの場合においても都市の重要な要素として、都市のホワイエをつくり出すことが目的となっている。そして、目的がそのようなものだったとすると、建築としての良し悪しはともかくとして、サン・ディエがもしや実現していたとしてもハーローの中央広場の方が予想された条件を満たしているというのはごく公平な意見というものだろう。とはいえ、それはハーローを是認するものではないし、サン・ディエを非難するものでもない。そうでなくてむしろ、この両者ともに《密《ソリッド》》な都市空間の持っていた質を《疎《ヴォイド》》なエレメントを用いて模倣しようという試みとして、同じ疑問に対する好対照をなす意思表示のあらわれとしてとらえたい。

さて、サン・ディエやハーローによって投げかけられた問題の妥当性について考えるなら、この問題は伝統的な都市の典型的な構成にもう一度着目してみることが最良の考察手段となるだろう。というのは伝統的な都市は、近代建築による都市とあらゆる面であまりに逆なので、二つを一緒に比べるなら、〈図〉と〈地〉が見方によって変動する現象を説明するためのゲシユタルト心理学の図版を見比べているようにさえ見えるのではないだろうか。片方はほとんど真っ白であり、もう片方はほとんど真っ黒である。一方はほとんど手が加えられていない〈疎〉の中に〈密〉が集積しており、もう一方はほとんど一様な〈密〉の中に〈疎〉が散らばっている。そしてこの二つの場合において、基本となる〈地〉の中に表現される〈図〉は［一

＊　エベネザー・ハワードの提案した〈田園都市〉に対して、居住以外の都市機能をもたない郊外住宅地である〈田園郊外〉も実施された。田園都市レッチワースの設計者であるB・パーカーとR・アンウィンによるハムステッド・ガーデン・サバーブがよく知られている。

左頁上：ル・コルビュジエ、サン・ディエ計画、〈図—地〉図
左頁下：パルマ、〈図—地〉図

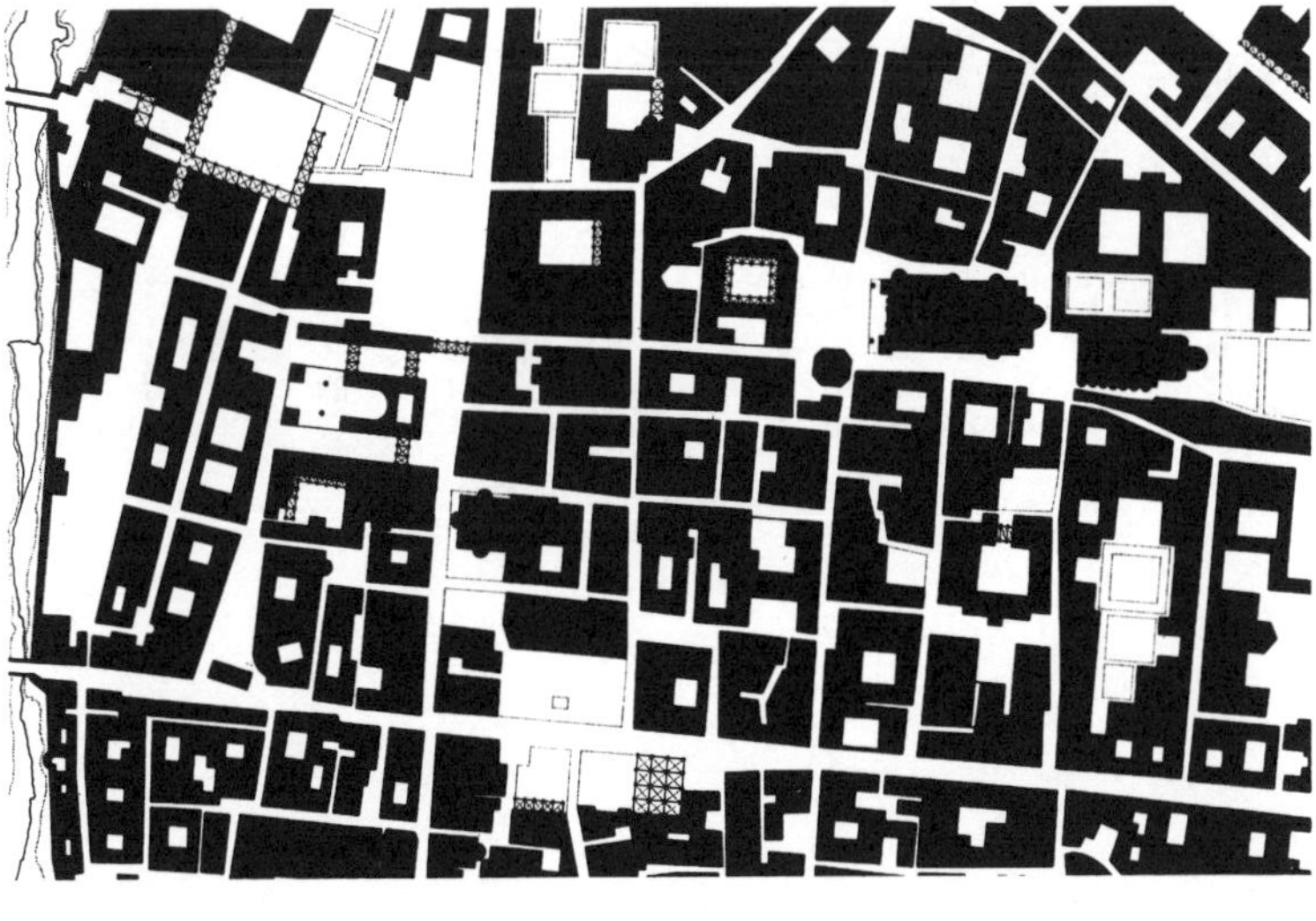

方は〈オブジェクト〉であり、もう一方は〈空間〉という」全く相異なったカテゴリーに属する。

この何とも皮肉な状況へのコメントは差し控えるとして、伝統的な都市の欠点はいわずもがなとしてその利点のうち明らかなものについて簡単に触れることとしよう。それはすなわち、〈密〉あるいは連続的な母体または都市組織がその相互扶助的な状況である特定の空間にエネルギーをあたえていることであり、また、その結果として生じる広場や通りが一種の公共的な安全弁として機能していて都市構造を読み取るキッカケを与えていること。さらに、同様に重要なものとして、それを支える〈地〉または都市組織が融通性に富んでいることがあげられよう。というのは、これが付随的に調整作業や割当て作業をともなった、実質上は連続する建物の条件とすると、ここには自己完結また機能の明快な表現を要求する強力な圧力は全く影も形も見られないからだ。そして、公共のファサードが安定性という効果をもたらすために、局部的な刺激や直接的な必要性からくる要求に比較的自由に従うことができる。

おそらくこういった利点はいまさら指摘されるまでもなかったろうが、それらが連日のようにもっと声を高くして主張されたとしても、依然としていままで述べてきたような状況が満足いくようにはならないだろう。もしこの状況が〈密〉と〈疎〉の間、安定性をもった公共領域と予測不能の私領域の間、《図》としての公共空間と《地》としての私空間の間に論争を引き起こしたとして、またもし、シャボン玉的な率直な内部機能の表現をもったオブジェクトである建物が普遍性をもった提案と見なされると公共生活と秩序の解体につながるとしても、もしそれが公共領域を減少させ、目に見える都市という伝統的な世界を形のない余り物へと退行させたとしても、大部分の人はダカラドウシタッテイウンダ？と言いたい誘惑にかられるだろう。この返答は論理的でもあり正論でもある近代建築の前提条件［光、空気、衛生、方位、眺望、娯楽、移動、開放性」に示唆されたものであることは言うまでもない。

そこで、独立した単体建築と連続する〈疎《ヴォイド》〉な空間からなる、都市空間の希薄な、先取りの都市、自由で《普遍的な》社会を達成するといわれている都市は将来も消え去ることがないとするなら、またおそらくその都市は不信任者がいっているよりは本質的な点において価値があるとするなら、それが《良い》ものであるのは誰もが認めるのに誰も好きにならないとするなら、それをどう取り扱っていくべきかという課題が残される。

さまざまな方法が考えられる。そのうちの二つの可能性としてアイロニカルな態度をとることまたは社会の革命を建議することがあげられる。しかし、単純なアイロニーはほぼ完全に先取りされてしまっているし、また革命というものは往々にして反動へと方向転換するものだから、完璧な自由を絶えることなく推進しているのは認めるとしても、このどちらかが有効な戦略といえるかどうかには疑問の余地がある。同じこと、またはほとんど似かよったことをただ繰り返したところで「古風な自由放任政策のように」自動修正作用を呼び起こすだろうか？これは、資本主義の自己規制機能はそこなわれることがないという神話と同じくらい疑わしい。しかし、こういった可能性の話はともかくとして、まず第一に、どのように知覚できるかという視点から単体建築《オブジェクト》ばかりの〈キョーフの都市〉あるいは〈約束の都〉を観測してみるのはごく妥当なことのように思われる。

それは心と眼とがどれだけ吸収し理解しうるかという問題であるし、またそれは一八世紀後半以来なんら解決策もなく続いてきた問題でもある。問題のポイントは定量化に集約される。

パンクラスはメリルボーンに似ている。メリルボーンはパディントンに似ている。通りは皆互いに似かよっている……あなたの住んでいる町のグロスター・プレイスもベイカー街もハーレー通りもウインポール・ストリートも……そういった通りはどれも単調で暗く活気がなくて、ポートランド・プレイスやポートマン広場を立派な両親として持つ大家族の凡庸な子弟といった趣がある。原注8

これが書かれたのは一八四七年であり、この判断（ディズレーリ*が下したものだが）は、同じものの反復から生じたオリエンテーションの喪失についての反応（それほど早い反応ではないが）とみることができるだろう。しかし、空間の蔓延がかつてすでにそういった拒否反応をひき起こしたなら、オブジェクトが増殖をつづける現在、いったい何をいうことができるだろうか？　言い換えると、伝統的な都市について何がいえるにせよ、近代建築による都市はそのような適切な知覚の基盤になるものをもっているということができるのだろうか？　もっていないというのがおそらく最もありそうな答えだろう。というのは、限定され構造を与えられた空間が確認や理解の手助けとなるのに比べ、［近代建築の主唱者たちが是とする］認識可能な境界線のない、限りのない自然主義的なヴォイドな空間が、何はともあれあらゆる空間理解の障害となるものだというのは、自明の理だからである。

実際、近代都市を知覚という視点から考えると、ゲシュタルト心理学の立場からの批判こそ有効なものである。なぜなら、オブジェクトまたは〈図〉を識別したり知覚したりするためには何らかの〈地〉または背景となるものの存在が必要とされるならば、また知覚という行為には閉ざされた領域の認識がなべて必要条件とするならば、そしてまた領域という意識は〈図〉という意識に先行するならば、〈図〉が手がかりとなるような座標系から切り離されているとそれは衰弱し自己破滅に至る。というのは、近接性、アイデンティティ、共有の構造、密度その他を通じて読み取れるオブジェクトによる場を想像すること［あるいは想像して悦に入ること］は可能なことだが、そういったオブジェクトをどれほど集積していいのかとか、実際のと

* Benjamin Disraeli（一八〇四–一八八一）イギリスの政治家。一八七四年–八〇年首相をつとめた。

ころオブジェクトをそっくりそのまま増殖させることができると想定することがどれほど賞賛すべきことなのかといった問題は残される。あるいは別の言い方をするなら、これは視覚の機構に関連する問題であるとも言うことができるし、商売が破産に瀕して、閉鎖、選別、情報監理などの導入が経験的要請となるまでにどれだけ支援したらよいのかという問題でもある。

おそらく現在までのところそこまでは到達してはいまい。というのは廉価版の近代都市（公園《パーク》の中の都市でなくてパーキングにとり囲まれた都市）はたいがいの場合、伝統的な都市によってもたらされた閉鎖系の中に存在しているからである。しかしもしこのように、知覚的にも社会的にも、それが本来置き換えるはずだった組織にもたれかかっている状況が続くなら、この支持基盤が最終的に失われる時が訪れるのはそんなに遠い夢物語ではないだろう。

それが現在われわれが直面しつつある、知覚の問題以上の危機的状況である。伝統的な都市は過去のものとなりつつあるのに、近代建築による都市はそのパロディでさえも定まった評価を得るに至っていない。公共空間はほんの言い訳程度のものに縮小したのに、私的な領域がとりたてて豊かなものになったという痕跡もない。参照する対象が「歴史的にも、理想という意味でも」なくなってしまった。そして、このアトム化した社会においては、エレクトロニクスによって供給されるものと不承不承に活字の中から拾い出されるものを除いては、コミュニケーションは全滅かあるいは陳腐な決まり文句の不毛なやりとりに甘んじている。

ウェブスターであれオックスフォード（ＯＥＤ）であれ、辞書が今のような厚さである必要はないはずだ。それは冗漫だし、誇張されてかさばっているにすぎない。その内容を見さかいなく使ったところでもっともらしいリクツに役立つだけだ。それが洗練されているからといって、《一般大衆》の価値判断にどう影響を及ぼすわけもない。さらに、その語義の区分の仕方は《新―高貴な野人》の知性の構造と一致するところがない。しかし、純潔の名のもとに、辞書を簡約しようと訴え出たところでおそらく最低限の支持しか得られないことだろう。言葉と建築とは全く同じものであるわけではないが、ここでわれわれがスケッチしてみたものは、近代建築によって打ち出されたのときわめて類似したプログラムだといえよう。

不要のものを排除しよう。欲しいものでなく必要なものに関心をもとう。ものの差異をつべこべいわないようにしよう。そうではなくて、基礎から築き上げていこう……こういった類のメッセージがわれわれを現在の袋小路に追い込んだ。もし、現在のさまざまな出来事が（近代建築もその例外ではないのだが）論理的必然性をもったものだと信じられるなら、もちろんそうなるだろう。しかしまた一方では、もしわれわれがヘーゲル的な、運命による決定的な支配の中に組み込まれていないと仮定するならば、代替案も浮かんでこようというものである。

なにはともあれ、ここでは伝統的な都市が絶対的にいって正しいとか悪いとか、適切だとか不適切だとか、時代精神にかなっているとかいないということを問題にしようとしているのではない。また、近代建築に欠点があるのは明らかではあるが、それを問題にしようとしているのでもない。もっと常識的な誰もが関心をもっているようなことを問題にしているのだ。われわれは二つの異なった都市モデルをもっている。このどちらかを放棄するのではなくて、最終的にはこの両方とも認めることはできないだろうか。いわゆる選択の自由と価値の多様化の時代にいるわれわれとしては、少なくとも調和と共存への何らかの戦略が立てられてもいいのではないだろうか。しかし、もしこうしてわれわれがいま必要としているのは都市による都市の救済だとするなら、この解放のための条件の近似値を確保するためには、建築家が日頃好んでいる幻想（すべて無価値のものだというわけではないが）の修正あるいは再検討を要求しなくてはなるまい。建築家を救世主と見なす考えがそのひとつである。建築家を常にアヴァン・ギャルドの側とする考えもそのひとつであるが、もっと重大なのは建築を抑圧的で強制的なものとする妙に絶望的な考え方である。[原注9] 実際、とりわけこの新ヘーゲル主義の奇妙な残滓はしばらくの間、差し止めておかれる必要があるだろう。これは《抑圧》は存在の絶対条件として常にわれわれと共にあるという認識に基づいている——すなわち生と死による《抑圧》、時間と場所による《抑圧》、言語と教育による《抑圧》、記憶と数字による《抑圧》。このすべてがいまだに更迭されることのない［人間存在の基本則］条件の構成要素となっているのだ。

さて診断［といってもたいていおざなりのものだが］から予後［は一般にもっと気軽なものである］へと歩を進めるなら、まず第一に、ほとんど公言されたことはないが最もわかりやすい近代建築の教義のひとつを放棄することを提案できるかもしれない。その教義とは、外部空間はすべて公共のものであるべきで誰にでも開かれていないといけないという提議のことである。そして、これが計画の実施に際して中心をなしていた理念であり、それがお役所仕事の常套句となって久しいことには疑問の余地がないとしても、いくつもの考え方がありうる中でこの理念に過度の重要性を与えるのはどうもおかしなことだと気づく必要がある。したがって、その図像学的意味［人為的な障壁をもたない集産主義的な解放された社会］は理解できるにせよ、そのような奇異な提案がしっかりと体制化されたことは驚嘆に値する。都市の中を歩いてみるとする——ニューヨークでもローマでもロンドンでもパリでもどこでもいい。二階の窓から光がもれてくる。見上げると天井が人影がそしてなんらかの物の形が目に入ってくる。そこで頭の中で、目に見えない部分を補って、自分が夢に描くことさえ不可能な、この世に例を見ないほどの輝かしい社会がそこにあることを想像したとしても、自分が何かを奪われている喪失感は必ずしも訪れてはこない。というのは、見えるものと明らかにされていないものとの間のこの興味深いやりとりの中で、われわれは自分たちも自分だけのためのプロセニアムを設定することができることを、そして自分だけの照明にスイッチを入れることによって夢の世界に入っていくという幻覚を増大させることができることをよく承知しているからだ。それはばかばかしく見えるかもしれないが、心を揺さぶるものであることも否定できない。

これは、かなり極端な形でではあるが、除外されることがかえって想像力をかきたてることがあるということを指摘している。人は自分ではあまり意識したことのないさまざまの状況を完成することを要求される。一見不可思議だが実際にはごく当たり前のこういった状況を知悉してしまうことが思索の楽しみにとっては破壊的でしかないといえるなら、この灯りの点った部屋のいうアナロジーを都市組織全体にまで拡大してみることにもまた一理あるといえるだろう。ということは他でもなく、〈輝く都市〉と近年散見されるその派生物のいうところの完全なる空間の自由度というものはつまらないものだというに尽きる。また、どこでも歩き回る極限を与えられる［どこでもといっても常に全く同じものでしかない］よりも、地上面に妥当な範囲で構築された壁や手すりや塀や門や垣根から制限を受けることの方が満足のいくものであることはいうまでもあるまい。

しかし、いくら述べてみたところでぼんやりと感じられていた傾向を確認するくらいが関の山だし、そこにはたいてい社会学的な正当化[原注10]（アイデンティティとか《ナワバリ》意識等といった）というおマケがついてくるのだが、今日の伝統にはもっと重大な犠牲が必要とされ生じている。そこで、評判のよくないオブジェクトを再考し、〈図〉としてではなく〈地〉として評価する可能性について述べてみよう。

この提案のためには、現在なされている〈図〉と〈地〉の分配はさかさまであるということを事実上認めてもらわなくてはならない。そのような逆転という発想は、ほとんど同じ形状をした〈密《ソリッド》〉と〈疎《ヴォイド》〉とを比較することから最も直接的で簡明に説明されるだろう。そして、〈密〉に関しては、ル・コルビュジエのユニテ以上の好例を見いだしえないとすると、その逆

左頁上：スペイン、ヴィットリア、マイヨール広場
左頁下：ル・コルビュジエ、パリ、ヴォアザン計画、一九二五年

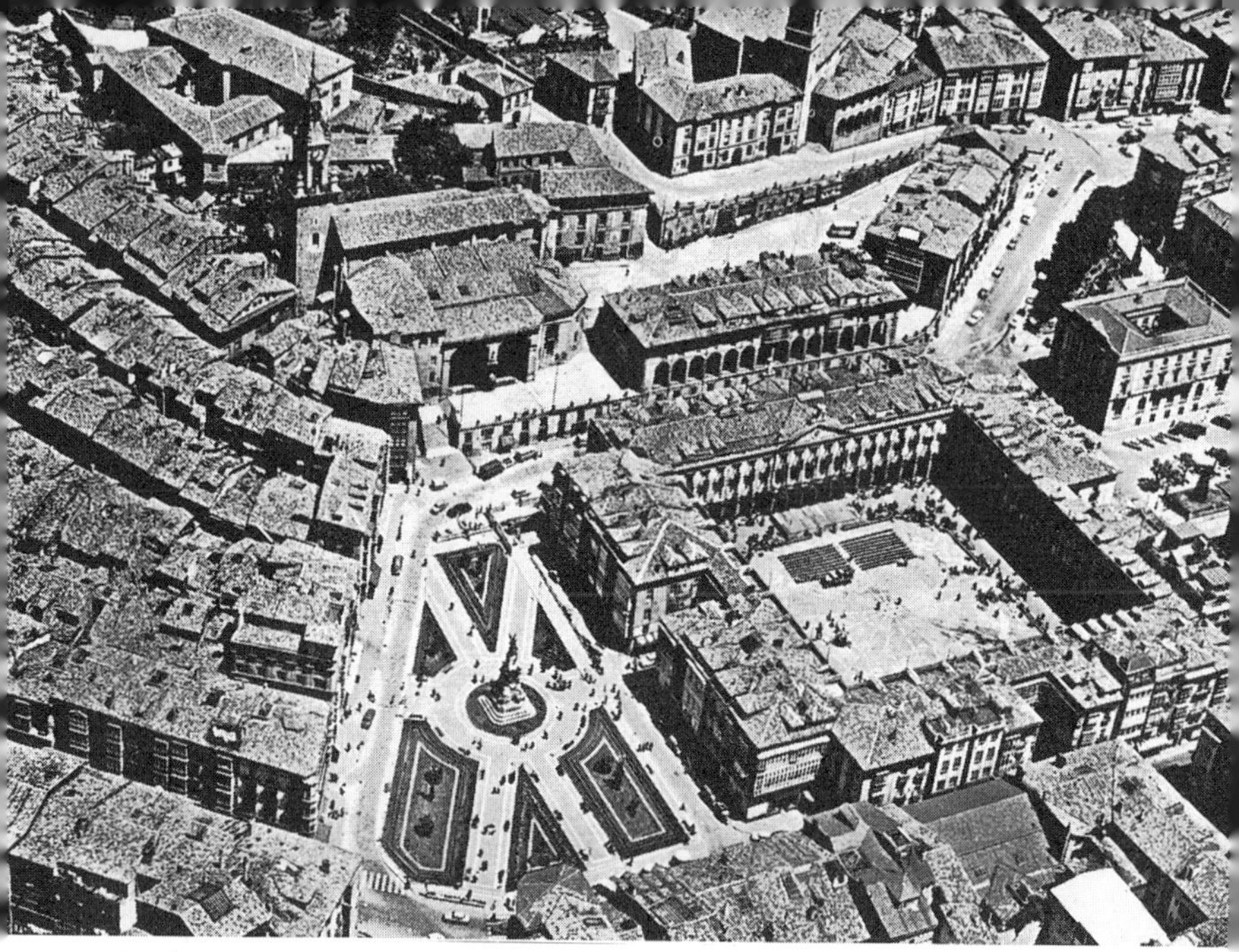
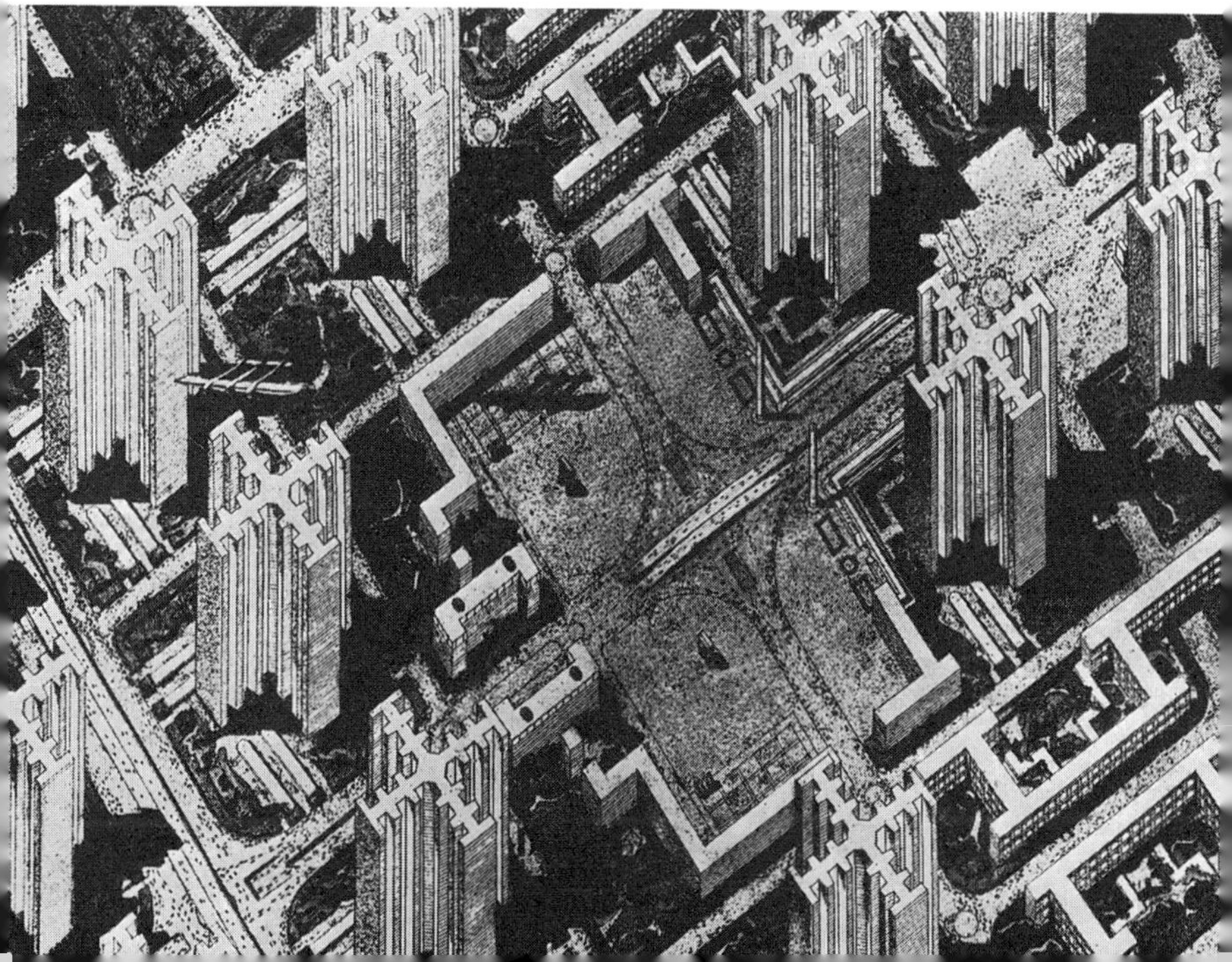

の相反する例としては、ヴァザーリによるウフィツィをしのぐものはあるまい。これが異なる文化の対比であることは言うまでもないことだが、美術館に転じた一六世紀のオフィス・ビルと、二〇世紀のアパートメント・ハウスとがいくつかの但し書きつきであるにせよ、批評的近接性をもっているといえるとすると、論点は明らかとなる。すなわち、もしウフィツィがマルセイユの裏返しになったものだとすると、あるいはそれがユニテの鋳型だとすると、それは〈疎〉が〈図〉化して活性化し、プラスの充電を受けたものだといえるし、またマルセイユが個人的なアトム化した社会を裏書する効果をもっているのに対し、ウフィツィのもたらすのはもっとはるかに《集合的な》構造体である。この偏見に満ちた比較をさらに推し進めるなら、ル・コルビュジエが示すものは、限られた顧客の要求を満たすためのプライベートな隔離された建物であることに疑いがないとするなら、ヴァザーリのモデルはもっと多くの要求を受け容

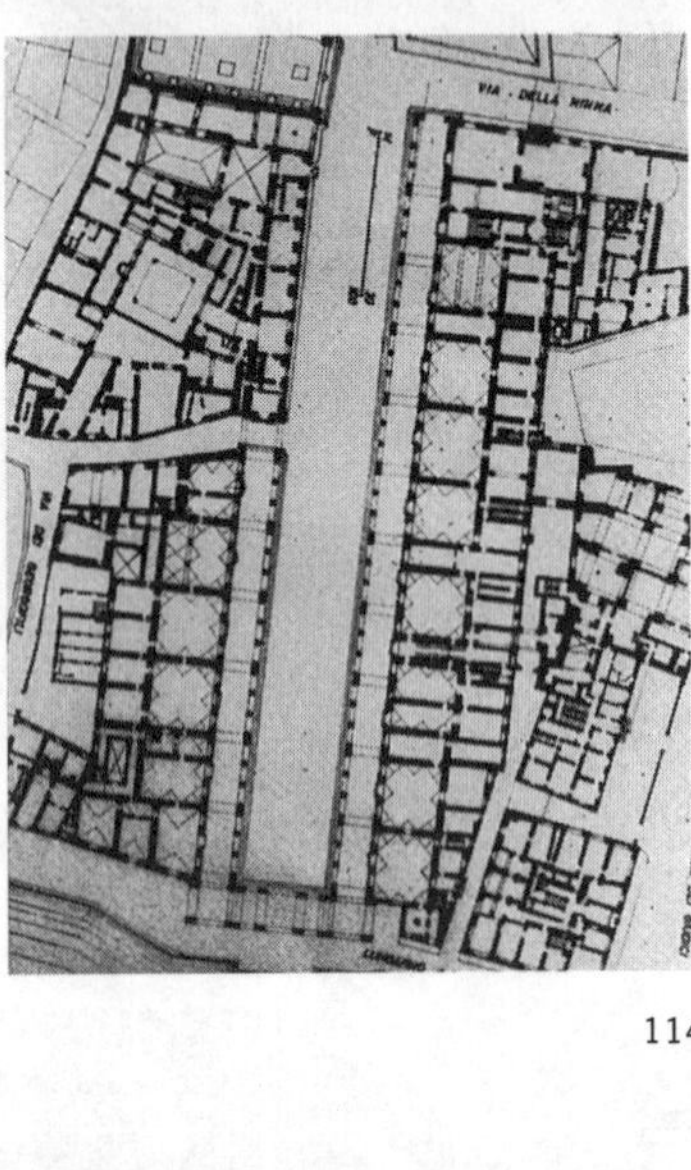

上：ウフィツィ、航空写真
下：フィレンツェ、ウフィツィ、平面図

れるだけの十分な二面性を持っているといえる。都市的な見地からいえば、その方が比べものにならないほど活動的である。その中心の〈図〉となった〈疎〉は安定していて計画されたものであることをはっきりと示しているが、その周囲はというと自由な形態をしていて隣接する都市状況に呼応しうる不規則な形の支援組織を形づくっている。理想社会の規定と現実の状況の約束事とを併せもつものとして、ウフィツィを意識的な秩序と偶発的な無作為性との調和をテーマにしているとみることもできよう。そして、既存のものを受け容れつつも、新しいものの主張を忘れてはいないことから、ウフィツィは新しいものにも古いものにも価値をあたえているといえる。

もう一度、ル・コルビュジエの作品をとりあげて今度はオーギュスト・ペレの作品と比較す

上：ル・コルビュジエ、マルセイユ、ユニテ・ダビタシオン、一九四六年、配置図
中：ユニテ・ダビタシオン
下：ウフィツィ

ることによって、前の例で述べた内容を敷衍し強化することに役立たせよう。この比較を最初に試みたのはピーター・コリンズだが、この場合は同じプログラムの二つの解釈に他ならないから、その意味ではより適切な対比であるといっていいだろう。ソヴィエト宮殿のためのル・コルビュジエとペレの計画案は、両者をあわせ見ると形態は機能に従うというテーゼを困惑させるためにデザインされたかのようにみえるが、それぞれの意図するところは一目瞭然としていて、ほとんど多言を要しないだろう。ペレは周囲の都市状況に直接反応する姿勢を示しているのに対し、ル・コルビュジエにはそれがほとんど見られない。クレムリン宮殿と空間的に結びつけようとしている点において、またコートヤードを川に合わせて屈曲させている点において、ペレの建物はモスクワという都市の理念に入りこみ、それにいっそう磨きをかけようとしている。ところがル・コルビュジエの建物は、その形態の由来を内部機能の表出によると宣言しているとおり、新しい解放された文化環境という仮定に反応したシンボリックな構築物とはいえても、敷地の状況に十分対応しているとはゆめゆめ言いがたい。このようにこのどちらをとってみても、伝統にどう対処するかという態度の配置計画の代表例となって図解されているようなものだが、とはいってもこの伝統に対する二つの評価は二〇年のジェネレーション・ギャップのもたらすものと判断するのが無理のないところだろう。

しかし、これと同じ方向でさらにもうひとつ例を挙げると、そういったギャップはもはや存在しない。グンナール・アスプルンドとル・コルビュジエは完全に同じ世代に属している。ここでとり上げるアスプルンドの王立事務局計画案（一九二二）とル・コルビュジエのヴォアザン計画（一九二五）とは、プログラムの内容に共通するところはないし計画案の規模もことなるが、それでもプロジェクトの日付が両者を比較考察する糸口となるだろう。ヴォアザン計画はル・コルビュジエの一九二二年の計画案、〈現代都市〉の発展形である。それは〈現代都市〉

案を具体的にパリの街に当てはめたものであり、非現実的な夢物語ではないと主張された「実際、それはどれほど《現実》化したことか」が、それが提唱する実現化のための作業モデルはアスプルンドによって用いられたものとは明らかに全く異なった方向を示している。一方は歴史上の運命性に関する声明であり、他方は歴史の継続性に関する声明である。一方は、一般性への賞賛であり、他方は特殊性への賞賛である。そしていずれの場合でも、敷地図がこれら相異なる価値判断の代理図像《アイコン・リプレゼンタティブ》という機能を果たしている。

　このように、ル・コルビュジエは都市的スケールの計画案ではほとんど常に社会を再構築するという観念に終始して個々の土地の詳細にはほとんど関心を示さなかった。サンドニやサンマルタンの凱旋門が都市センターに組み込まれているとしたら、それは結構なことである。またマレー地区が破壊されることになっているからといって気にするには及ばない。なにしろ、計画の主目的はマニフェストにある。ル・コルビュジエがもっぱら表現しようとしていたのは不死鳥に象徴される建築だった。したがって、灰燼と化した旧世界の上に朝日のようにたちのぼる新世界を描き出そうという彼の意図と理解するなら、彼が既存の主要な都市的モニュメントに対して「旧文化への感染を引き起こすものという判断の下に」ごくおざなりの態度しかとっていない理由についても納得がいこうというものである。これに対してアスプルンドの場合は、社会の継続性という観念から建物をできる限り都市組織の一部にしようという努力を読み取ることができるだろう。

　しかし、もしル・コルビュジエが試みたのが未来を擬することであり、アスプルンドはそれが過去だったのだとすると、また一方が代表するものがほとんど予言ばかりの劇場であり、他方はほとんど記憶だけの劇場だとすると、そしてこの二つの都市の読み取り方「空間的にも感情的にも」が両方とも価値があると現在議論されているとすると、それらが空間的に暗示する

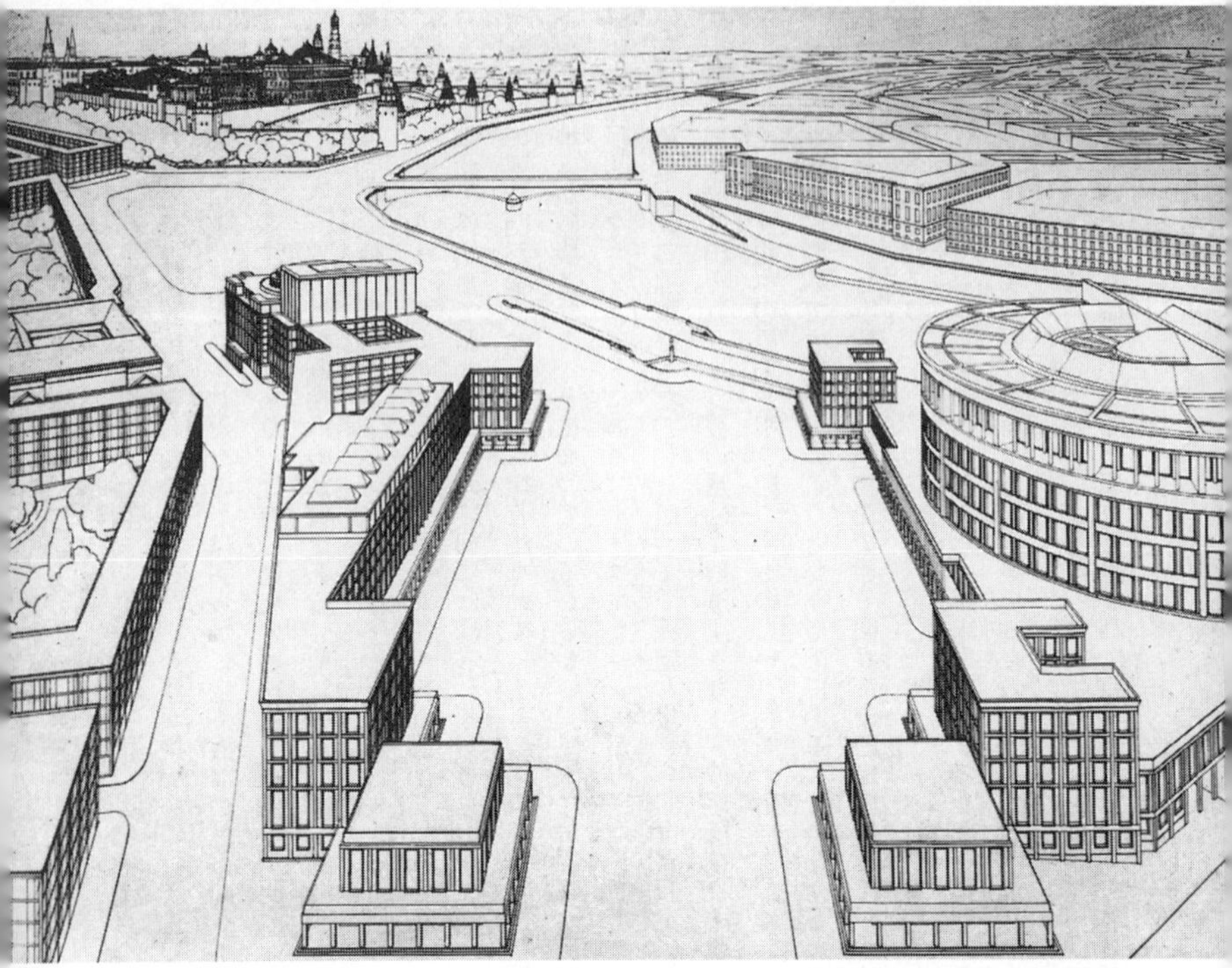

上：オーギュスト・ペレ、モスクワ、ソヴィエト宮殿設計競技応募案、一九三一年
右：ペレ、応募案平面図

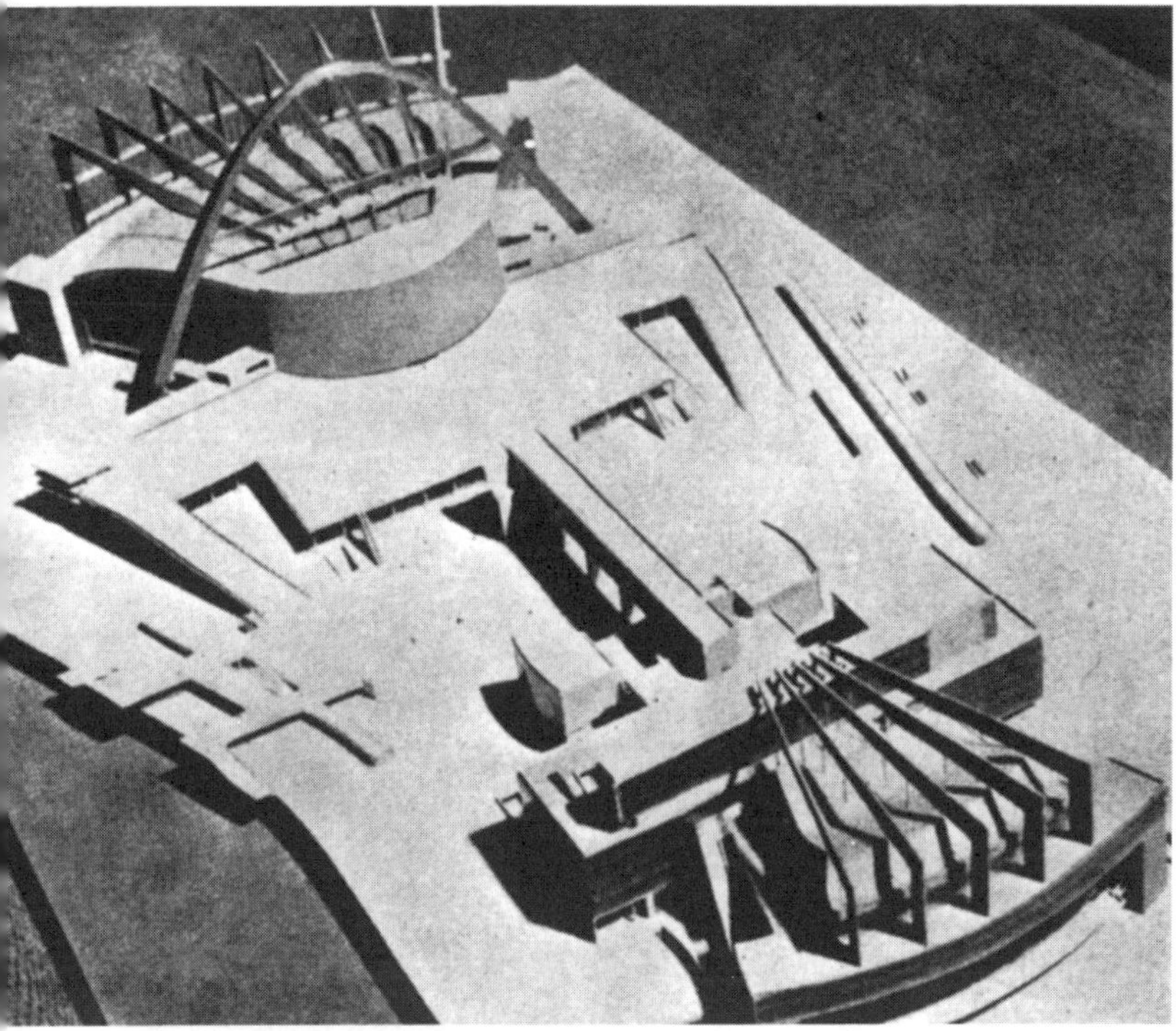

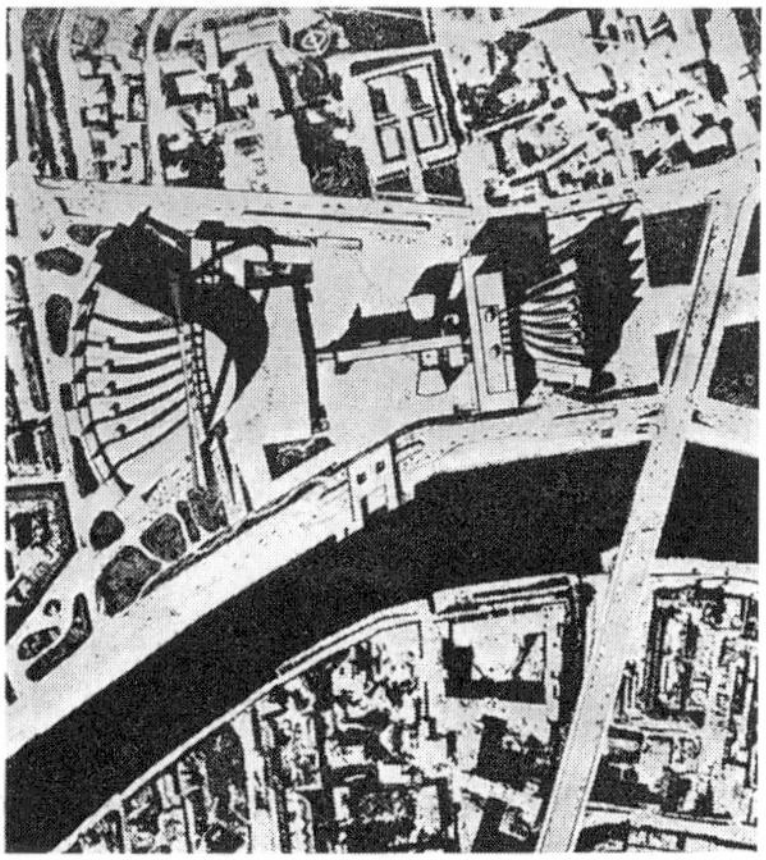

上：ル・コルビュジエ、モスクワ、ソヴィエト宮殿設計競技応募案、一九三一年
左：ル・コルビュジエ、応募案平面図

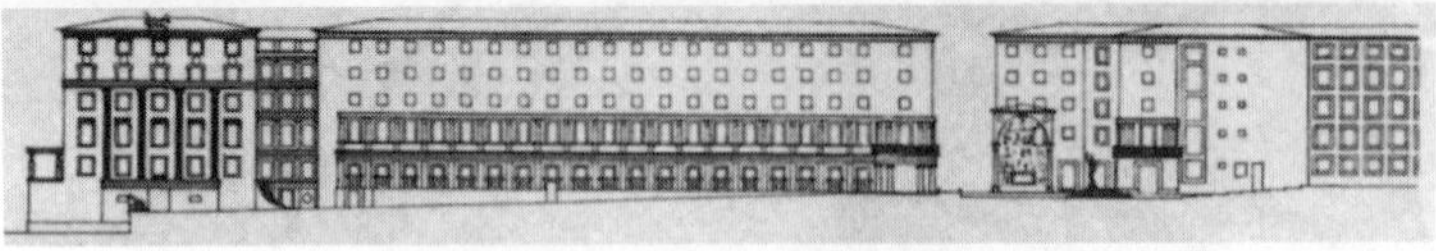

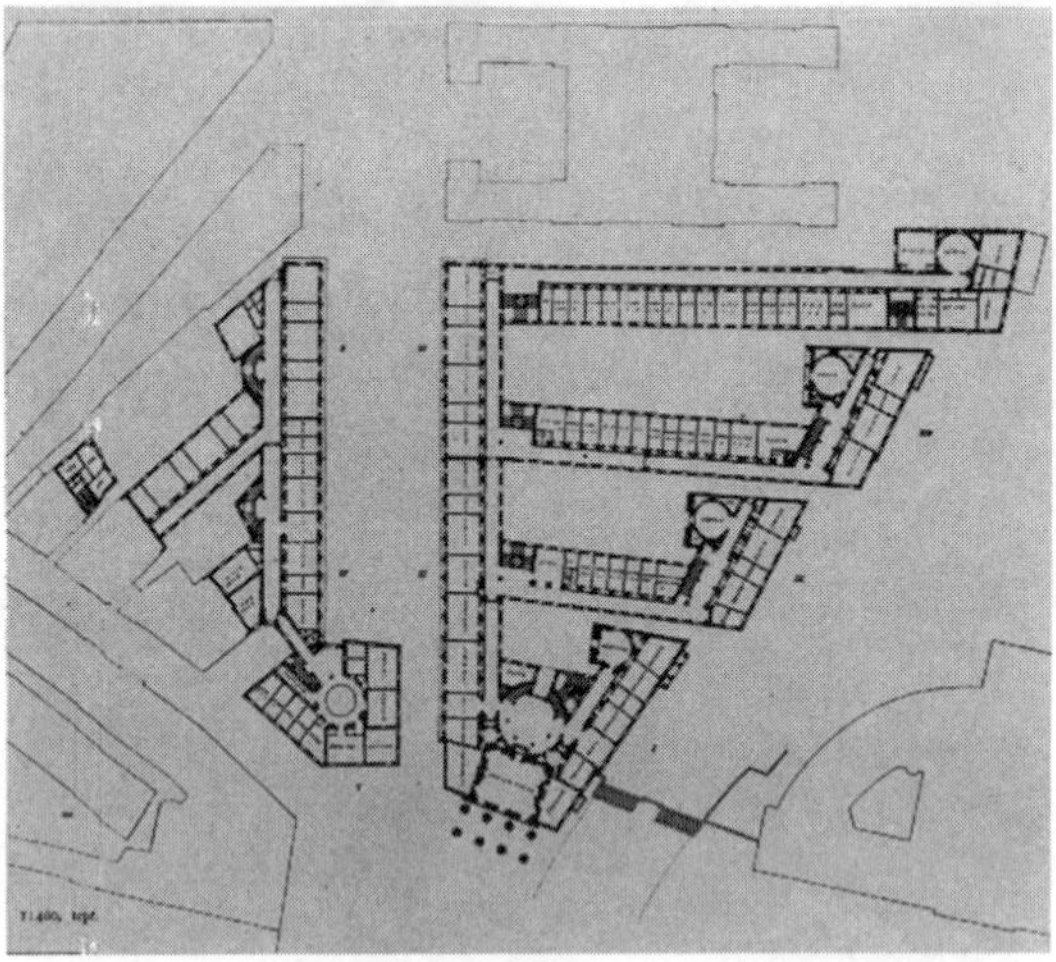

上：ル・コルビュジエ、パリ、ヴォアザン計画、一九二五年
中：グンナール・アスプルンド、ストックホルム、王立事務局計画案、一九二二年、立面図
下：アスプルンド、事務局案平面図

左頁上：アスプルンド、事務局案配置図
左頁下：ル・コルビュジエ、パリ、ヴォアザン計画、配置図

ところは何かという点が関心の対象となる。われわれはこれまでに二つの異なる都市モデルを検証してきた。そして、そのどちらかを放棄することも穏当ではないと述べてきた。したがって、その二つのモデルの調和と、あるレベルでは特殊性を評価し、別のレベルにおいては一般性をもった提言の可能性を探ることにわれわれは関心を持っている。しかし、片方のモデルは活動的で優位に立っているのに対して、もう一方のモデルは非常に劣勢であるという問題もあ

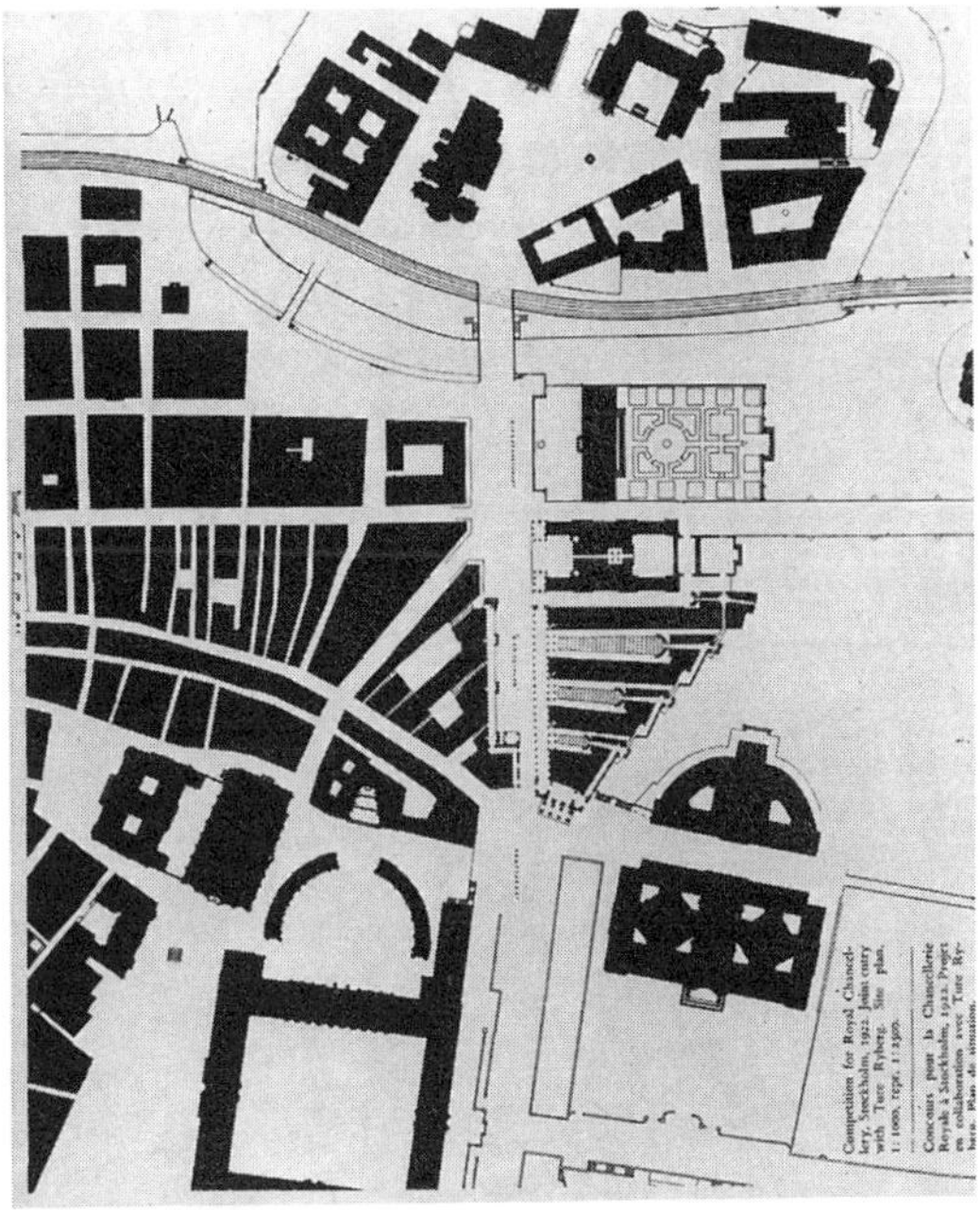

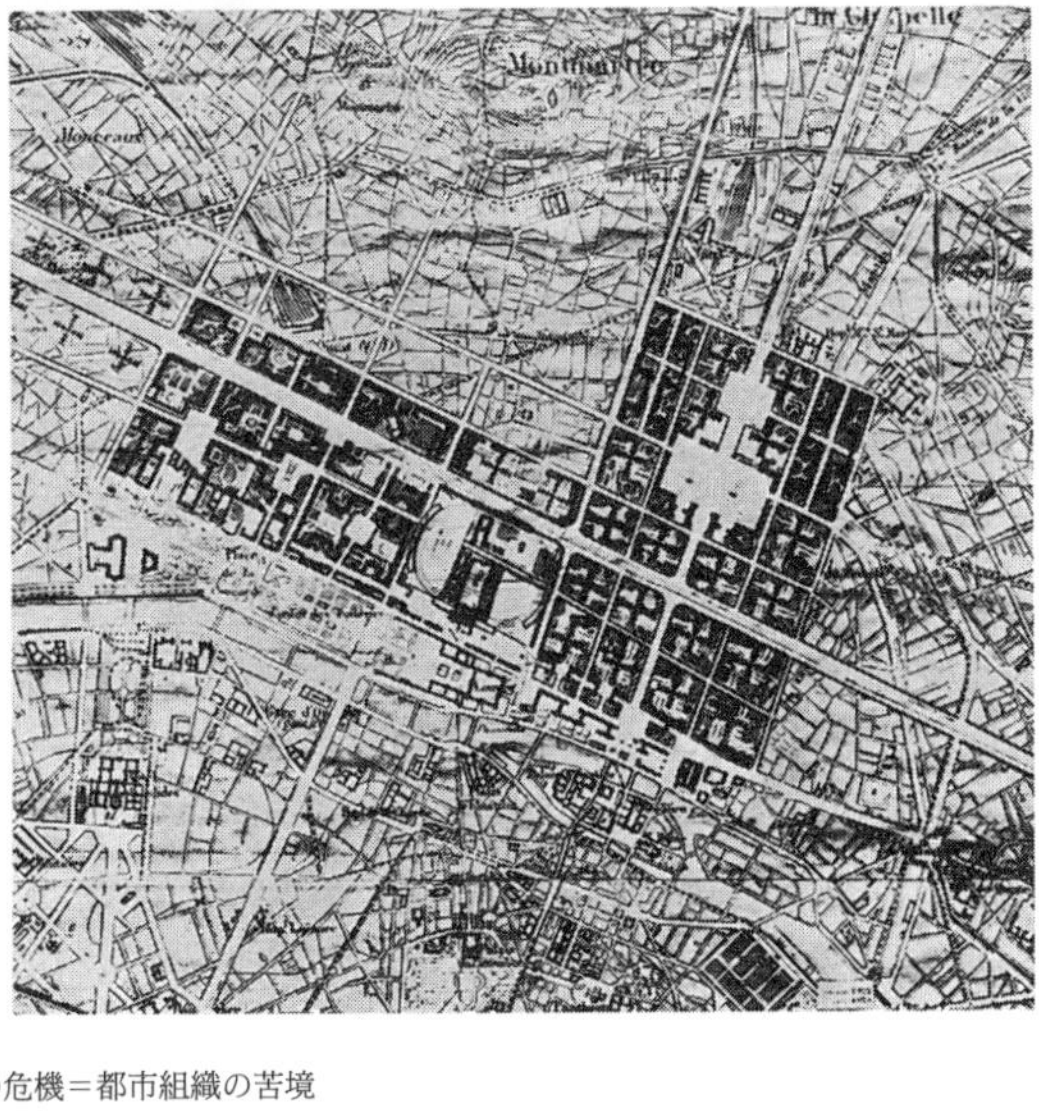

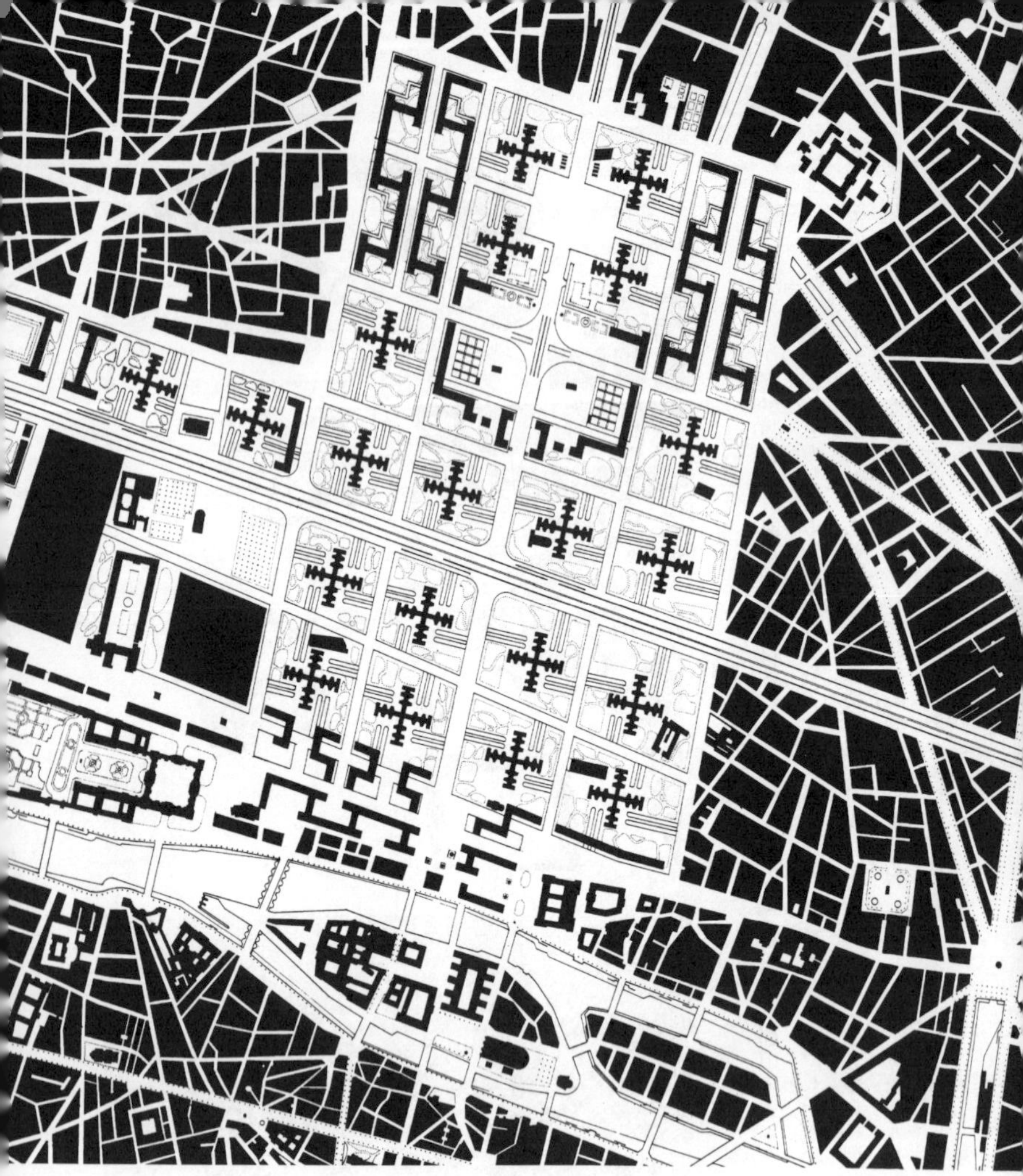

ル・コルビュジエ、パリ、ヴォアザン計画、一九二五年、〈図—地〉図

る。この不均衡な状態をただすために、ヴァザーリやペレやアスプルンドの例を引用せざるを得なかったわけである。この三者のうちで、ペレが最も陳腐であり、おそらくヴァザーリが最も示唆に富むとするなら、多分アスプルンドは多様なデザインの手法を最も緻密に使用しているということができるだろう。敷地の状況に反応する経験主義者として、また同時に規範的な条件に関心を示す理想主義者として、ひとつの作品の中で、反応し適応し解釈し、また受動的に受け入れると同時に積極的に反射しはねかえすことを彼は強く主張する。

見せかけの偶然性と見せかけの絶対性とを取り扱うアスプルンドの手際は卓抜したものではあるが、その多くの部分を反応の手法に拠っているように思われる。そこで、オブジェクトという問題を考える際に、理想型として呈示されているものを意図的に歪めていくという、古くからよく知られたテクニックをとり上げることは役に立つのかもしれないであろう。ルネサンス—バロック期の例を挙げると、もし、トーディにあるサンタ・マリア・デルラ・コンソラツィオーネ教会が田舎じみた細部意匠という問題はあるにせよ、始源的な完璧さを持った《完全な》建物といえるとするなら、《完全》とはとても言いがたい敷地に当てはめるためにはこの建物はどのように《妥協》しなければならないのだろうか？　これは機能主義理論にとっては認めることはおろか、想像することさえありえないような問題である。というのは、実際上は機能主義がタイポロジーと組み合わされることは往々にしてありうることだが、既存の型を合成して場所に合わせていろいろ置き換えるという考え方は機能主義の立場からは本質的に理解しがたいことだったからである。しかし、機能主義が具体的な事実からの帰納論理を支持しタイポロジーに終止符を打つこと提案したのは事実としても、それは具体的な事実自体に図像的な重要性を見いだすことを肯じず、また特定の物理的な形態をコミュニケーションの道具とすることを善しとしなかったために、機能主義が理想モデルの変形ということに関してはほとん

左頁上右：ローマ、パラッツォ・ボルゲーゼ、外観および平面図
左頁上左：ローマ、パラッツォ・ファルネーゼ、外観および平面図
左頁下右：トーディ、サンタ・マリア・デルラ・コンソラツィオーネ
左頁下左：ローマ、ナヴォナ広場のサン・タニェネーゼ

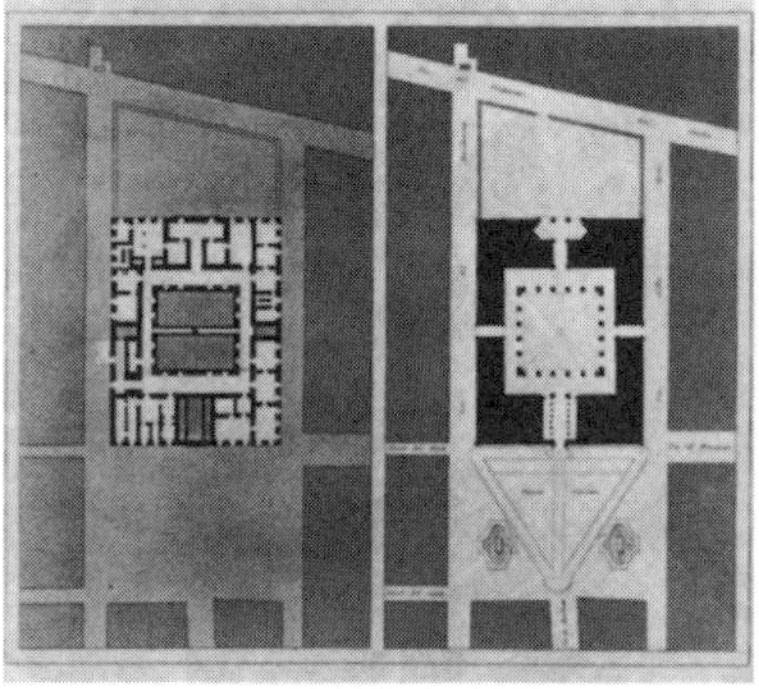
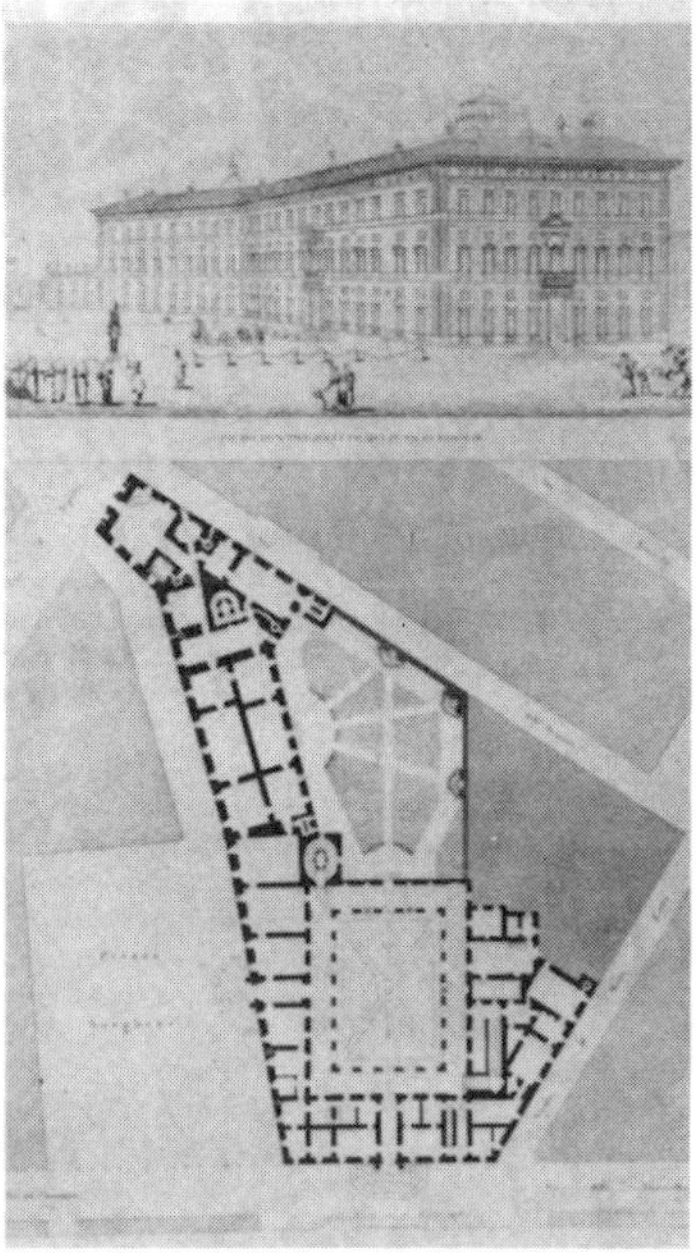

ど言うべきものを持ちえないところにその真の理由がある。したがって、われわれはトーディはひとつの〈サイン〉でありひとつの〈広告〉であることを知ったことになる。そして、状況によって必要とされるところでは〈広告〉を用いる自由を認めるならば、〈形態〉を周囲の状況の要請に応じて操作しても〈意味〉を保ち再利用することが可能であるという推論に達することになる。そういった点で、ナヴォナ広場のサン・タニェーゼ教会を、《妥協》したが何もそこなわれなかったトーディとして視ることができるだろう。敷地からの締めつけがその場合の圧力となっている。というのは広場と教会のドームとはこの論争の欠くべからざる主役であって、広場はローマにかかわりドームは宇宙の幻想を呼ぶというわけで、そして最後に応答と挑戦という過程を経て、それぞれが共にその目的を果たしている。

　このようにしてサン・タニェーゼの読解作業は、オブジェクトとしての建築という解釈と都市組織の中の建築という再解釈の間をたえまなく揺れ動くことになる。しかし、もしこの教会が理想的なオブジェクトでもあり広場の壁という機能も果たしているといえるなら、図と地の[意味と形態の]反転を示すもうひとつのローマにおける例をさらに引用することをお許しいただきたい。サン・タニェーゼほど精巧な構築物でないのは明らかとしても、非常に特異な形の敷地に建つパラッツォ・ボルゲーゼは、この敷地に応答しつつファルネーゼ型の貴族住宅の典型としても振る舞うという離れ業をやってのけている。パラッツォ・ファルネーゼがその参照の対象でありその意味をあたえている。平面にもファサードにも基本的な安定感が感じられるのには、ある程度、ファルネーゼによるところであるといっていいだろう。しかし、《完全な》中庭《コルティーレ》がここでは非常に《不完全で》不定形の敷地境界線をもつ容積の中に埋め込まれており、建物も祖型と偶然性という認識に基づいているので、この価値判断の二重性が、すぐれて変化に富みまた自由な内部の状況をもたらしている。

右：パリ、オテル・ドゥ・ボーヴェ、平面図
左：オテル・ドゥ・ボーヴェ、立面図

このような部分的な譲歩と局所的な個別的なものすべてからの独立宣言とを組み合わせるという類の手法はいくらでも示すことができるだろうが、多分、もうひとつの例をつけ加えるので十分であろう。ル・ポートルによるオテル・ドゥ・ボーヴェは、一階には商店が配されているのだが、外見的にはパリにもちこまれたローマの小パラッツォといった風にみえる。そしてそれは、自由な平面というカテゴリーの中でもきわだって手の込んだ平面の例として、偉大なる巨匠であり、自身自由な平面の擁護者だった人の作品との比較をうながすことになる。しかし、ル・コルビュジエの用いているテクニックはル・ポートルの技法と比べて論理的にいって正反対のものであることは言うまでもないことで、つまり、サヴォア邸の《自由度》がその外郭線がきちんと保たれていることによる安定感にあるとすると、オテル・ドゥ・ボーヴェの《自由度》はその中央の中庭《クール・ドヌール》によってもたらされる同じような安定感によるということができる。

別の表現をするなら、この関係を

（ウフィツイ）：（ユニテ）＝（オテル・ドゥ・ボーヴェ）：（サヴォア邸）

という等式としてあらわすことも、あながちありえないことではない。わかりやすくて便利な手段であるために、この等式はまさに決定的な重要性をもっている。まず、サヴォア邸には、ユニテの場合と同じく、〈密〉な状態を基本とすることと、建物を〈単体〉として孤立したものとしてとらえることへの強い主張がみられるが、この主張が都市にもたらした結果についてはもはや論を要しまい。また一方、オテル・ドゥ・ボーヴェにはパラッツォ・ボルゲーゼと同様に〈ビルト・ソリッド（建物のある密の部分）〉は比較的重要度の低いものという取扱いを受けている。実際、こういった最後に示した例の中では、〈ビルト・ソリッド〉はほとんど明らかにされていない。そのうえ、何も建てられていない空間（中庭）が主導的な役割を果たす

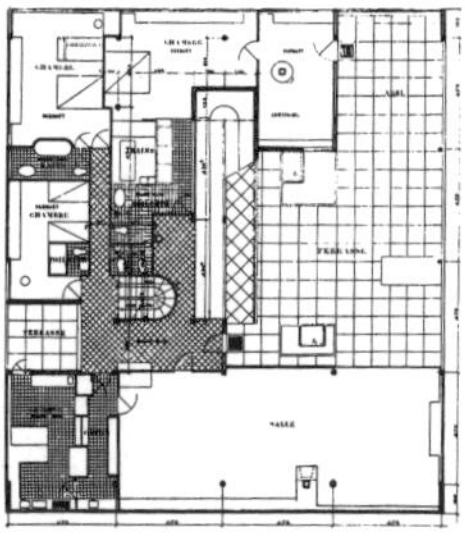

右：ル・コルビュジエ、ポアッシーのサヴォア邸
左：サヴォア邸平面図

と考えられてアイデアの中心を占めるようになる一方で、建物の外郭線は、隣接する敷地への《自由な》応答以外の何ものでもないものとして作用することが可能になる。等式の片側では、建物は主要なものとなりまた隔離されたものとなり、等式の反対側では、主要な空間を分離するために建物の役割は〈充填物〉という地位にまでおとしめ（あるいは高め）られる。

建物が単なる〈充填物〉であるとは！　これは嘆かわしいほど受け身で、あまりに経験主義的な考えのように受けとめることもできる――しかし必ずしもそうである必要はない。というのは、オテル・ドゥ・ボーヴェにしてもパラッツォ・ボルゲーゼにしても、空間配置を重要視してはいるが、建物としても結局のところしまりのないものではないからだ。どちらも、具象的なファサードや図としてのファサード〈密〉から図としての中庭〈疎〉への連続を特徴としている。この文脈において、サヴォア邸は必ずしもわれわれがここで描写してみせたような単純明快な構築物ではないし、（その正反対のものとして作用することもあるのだが）、ここではそれを議論することは主旨ではない。

というのは、サヴォア邸よりもオテル・ドゥ・ボーヴェやパラッツォ・ボルゲーゼの形態の方がはるかにはっきりとアンビヴァレント［二重の価値、二重の意味］なので、わかりやすくまた挑発的だからである。図と地がこのように交互に変動する現象（それはすばやい変動かもしれないし、ゆっくりした変動かもしれない）は思考の手がかりになるように思われるかもしれないが、そういった活動の可能性［とりわけ都市的スケールでの］は以前〈ポシェ〉という名で用いられていたものの存在に負うところが非常に大きいように思われる。

正直なところ、われわれはこの言葉を忘れていたか、せいぜい廃盤カタログにつっこんでおいたままだった。そして最近になってロバート・ヴェンチューリによってその有用性を教えられた。[原注11] ところで、もし〈ポシェ〉（古典的な建築の厚い構造壁を平面図で塗りつぶしたもののことだが）が建物の主要な空間を分離するように働くとしたら、もしそれが一連の主だった空間的な事象を枠どりする〈密〉な母体だとしたら、〈ポシェ〉を理解することは文脈《コンテクスト》の問題でもあると知ること、また知覚の領域によっては建物それ自体が一種の〈ポシェ〉となって周囲の空間の読み取りを助ける〈密〉にもなりうると認めることはさほど困難なことではあるまい。そうすれば、例えばパラッツォ・ボルゲーゼのような建物は居住可能の〈ポシェ〉の一種として把握できるだろうし、そうすることで外部の〈疎〉な空間との変移をはっきりと示すことができる。

さて、暗黙のうちにではあるが、われわれはこれまで〈アーバン・ポシェ〉の提案を試みてきたことになる。この議論には主として知覚という批評基準《クライテリア》が控え壁《バットレス》として支えてきたが、しかし、もしこの同じ議論が社会学的見地からも同じように支持を得られるとすると（われわれはこの二つの分野での所見が相互に関連しあうことを望むのであるが）次にはそれをどうするかという非常に簡明な質問に答えなければならない。

〈ポシェ〉はある意味では点検修理されて再びよみがえったわけだが、一般的にいってそれは〈密〉として隣接する〈疎〉を関連づけ、または〈疎〉に関連づけられることができる点で、また必要や周囲の状況に応じて〈図〉としても〈地〉としても機能できる点で、大いに有用なように思われる。しかし近代建築による都市では、いうまでもないことだが、そのような交互作用は不可能だし考えられたこともなかった。多義的な手法を使用するとこの都市の使命である清潔さをそこなう虞《おそ》れなきにしもあらずではあるが、いずれにせよわれわれはそのプロセスに加担しているわけだから、再びユニテを今回はクィリナーレ宮と比較するためにとり上げてみるのは時宜にかなった計らいであるといえるだろう。平面形態においても、地面との軽快な結びつき方をみても、二つの主要な立面が等しいことからも、ユニテには一流の強調された孤立性が確認される。集合住宅においては、外気との接触、換気、その他の要望を多少なりとも満たすことを要求されるのであるから、凝集性や周囲の状況《コンテクスト》への反応という点には限界があることはすでに述べたとおりである。こういった不十分な点を改める可能性を探るために、ここにクィリナーレ宮をとり上げる次第である。その増築部分にはあまり例を見ないほど細長いマニカ・ルンガ（ユニテをいくつか縦に並べたくらい長い）があり、クィリナーレ宮はその全体としては二〇世紀に望ましいとされた住居の基準（アクセス、光、空気、方位、眺望、その他）のすべてを備えている。しかし、ユニテがその孤立性と単体建築としての価値を強調するのに対して、クィリナーレ宮の増築部分は全く異なった風に機能する。

つまり、建物の片側の通りと反対側の庭園に関して、マニカ・ルンガは〈空間を占有するもの〉としてだけでなく〈空間を限定するもの〉として機能し、また〈図〉として積極的に働くばかりか〈地〉としても消極的に作用する。そして通りにも庭園にもおのおの異なった独立した性格をもつことを可能にしている。通りに対しては、それは通りの向かい側の不規則な条件や環境の状況（サンタンドレア等）を調整するための一種の与件として働き、ハードな《外部向け》の姿勢をもっている。しかし、こういう具合に公共領域を確立しながら、庭園側には全く逆のもっとソフトでプライベートで、多分、もっと柔軟性に富んだ状況を確保することを可能にしている。

この操作にみられるエレガンスと経済性は、すべてほんの少しのほんの簡単な努力でなしとげられており、それ自体が近代建築の手法への批判にもなっている。しかし、ここで暗に示されているのがおそらく一つ以上の建物を考察することとするなら、その方向で議論をもう一歩展開することができるだろう。例えば、ル・コルビュジエが賞賛し、しかし彼のデザインの中では《使用する》ことのなかった、パレ・ロワイヤルの中庭を内部の比較的プライバシーの保たれた状態と外部のもっと曖昧模糊とした世界との間をはっきりと区別するものと考えること。それを居住可能の〈ポシェ〉としてだけでなく〈都市の部屋〉、おそらくたくさんあるうちのひとつ、と考えること、そしてその次には塔をとりあげ、その現在の仕様がスベスベしたものであれゴツゴツしたものであれ、内部のあるなしにかかわらず、その他どんなものであれ、〈都市の家具〉として、おそらくは〈部屋〉の中にいくつか、そして〈部屋〉の外にもいくつか置かなくてはならないものと考えること。家具の並べ方はこの際問題ではない。重要なのはこのようにしてパレ・ロワイヤルが領域認識の道具、識別可能な安全装置そして集団のオリエンテーションの手段となっていることなのだ。このように組み合わせることによって互いに他を参照すること、完全な互換性、相対的自由といった状況が可能となる。さらにつけ加えるなら、これは本来失敗や誤用を防ぐための便法でもあるわけだから、それは十中八九『悪を困難に善を容易にする[原注12]』ことだろう。

こういったことはすべてたわごとに過ぎない……?とか、建築と人間の《行動》の間には関連性はない……?とか、いうのは《オブジェクトを消滅させよう。互いに影響しあおう》派の偏見として知られている。が、もし現在の政治体制には［どんな体制であれ］さし迫った解体の兆しはほとんど認められないとするなら、また同じようにオブジェクトも重要な物理―化学的な分解でも処置できないとするなら、このような状況に少なくともいくつかの譲歩を強いることを正当化しうるという議論の値打ちはありそうだというのを返答にかえたい。

要約すると、ここでは、オブジェクトがすたれるのを望みながらただ待っているよりは（実際、大量生産されたオブジェクトの豊富さはかつて例がない）、ほとんどの場合、オブジェクトを広く行きわたっている都市組織または母体に溶けこませる方向に持っていく方が賢明だろうということが提案されている。さらに、オブジェクトも空間の固定化も、それだけでは、も

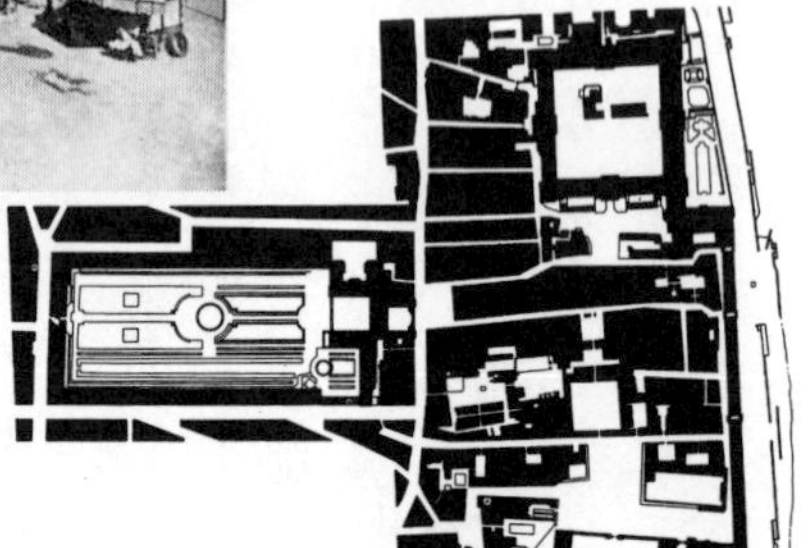

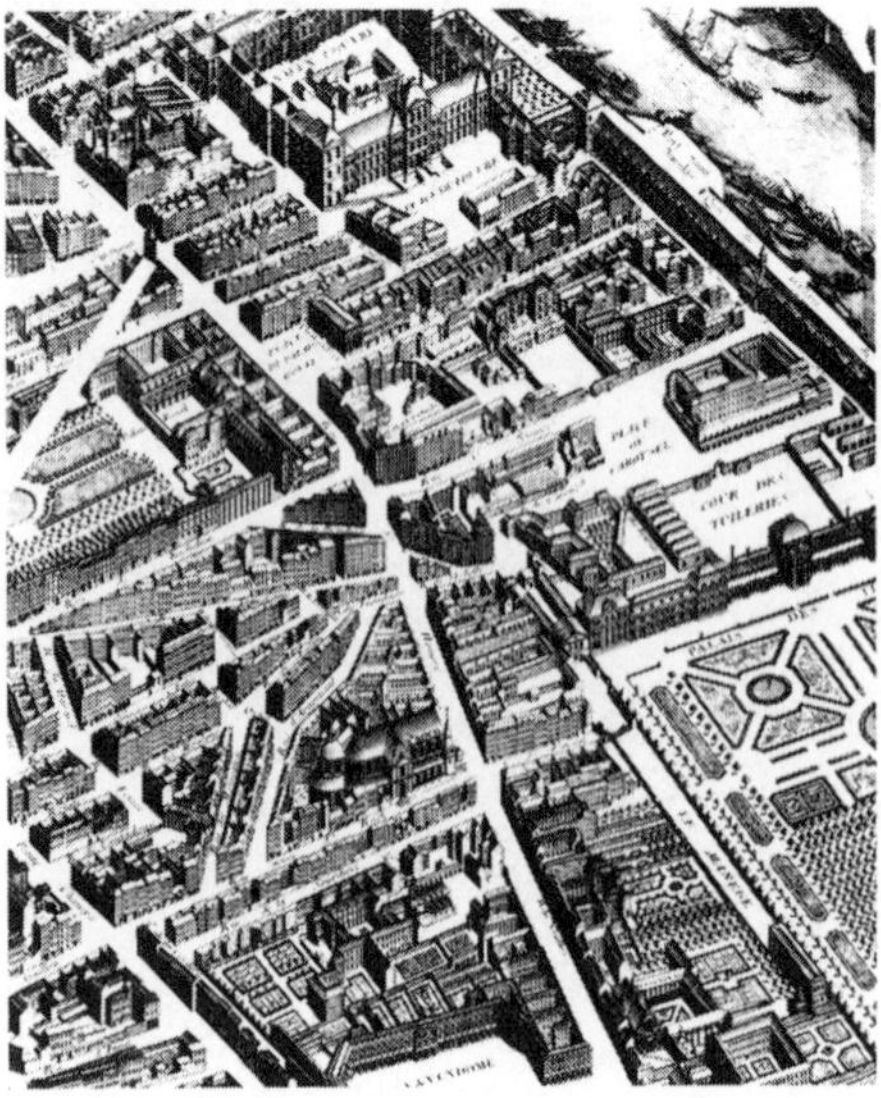

上：パリ、パレ・ロワイヤル中庭
中：パリ、ルーヴルとチュルリーとパレ・ロワイヤル、一七八〇年頃、〈図―地〉図
下：パリ、ルーヴルとチュイルリーとパレ・ロワイヤル、テュルゴーの計画図面より、一七三九年

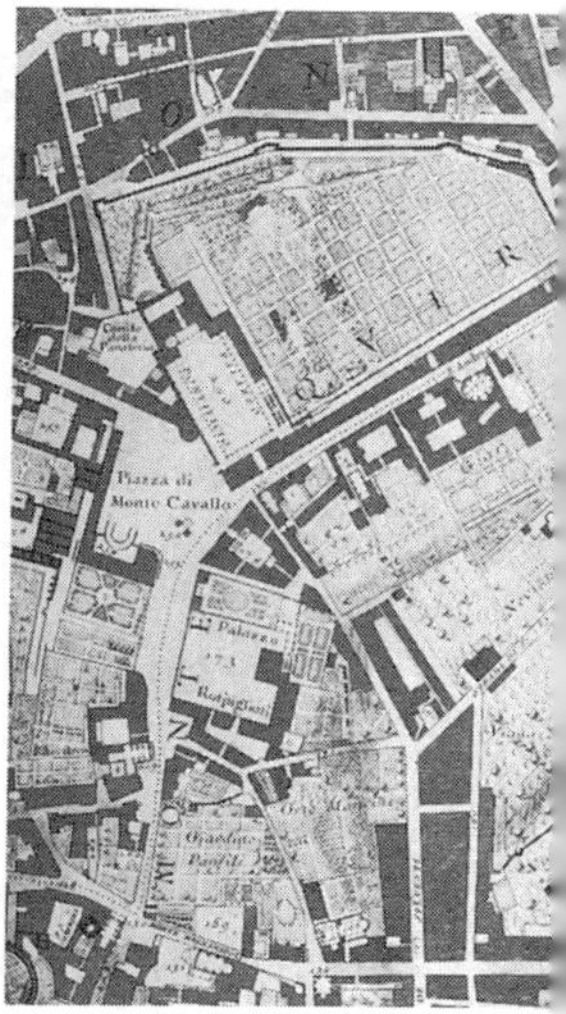

上右：クィリナーレ宮とその周辺、ノリによるローマ全図（一七四八年）より
上左：ローマ、クィリナーレ宮全景
下：ローマ、クィリナーレ宮とマニカ・ルンガ

ヴィースバーデン、一九〇〇年頃、〈図—地〉図

はや重要性をもっていないことにもふれている。一方は、まさに《新しい》都市の特徴だといえるし、他方は古い都市のものだ。だが、もしこういった二つの状況は超越されるべきものであって競い合うべきものでないとするなら、実現が望まれる状況というのは、建物と空間がともに不断の論争の上に成り立つ平等性として存在するような状況であると認識されなければならない。この論争の中では、勝利は敗れ去ることなくたちあらわれてくる構成要素のひとつひとつにある。〈密〉と〈疎〉の弁証法が状況として想像されるが、それは徹頭徹尾計画されたものと全く計画されていないもの、形式にのっとったものと偶然性の上に成り立つもの、パブリックとプライベート、国家と個人の共存を許容するものだろう。それは緊張した平衡状態が予想される状況である。われわれが考えられる戦略の基本例としてとり上げたのは、そのような論争のもつ可能性を照らし出すために他ならない。異種交配、同化、歪曲、挑戦、反応、強要、重合、懐柔、こういったものにはいくつもの名称があたえられるだろうが、いうまでもなく、そのどれもがある程度以上たちいって記述されることはありえないし、またすべきではない。しかし、もしここまで続けてきた議論が、都市の形態や物質的で無生物的なものを中心に展開してきたとしても、《大衆》も《政治》も除外されると仮定されたわけではない。実際、《大衆》も《政治》も今はもう注意を引こうと騒ぎ立てている。しかし、それらを考察の対象にすることはもはや延期の余地がないとしても、形態に関する規定もうひとつだけつけ加えておくのは悪くはあるまい。

ここで〈密〉と〈疎〉との間に仮定された論争は〈図〉と〈地〉に関していうと、最終的には、二つの型の間の論争に他ならない。そして、簡潔にいうなら、そのモデルはアクロポリスとフォルムに代表されるということができるだろう。

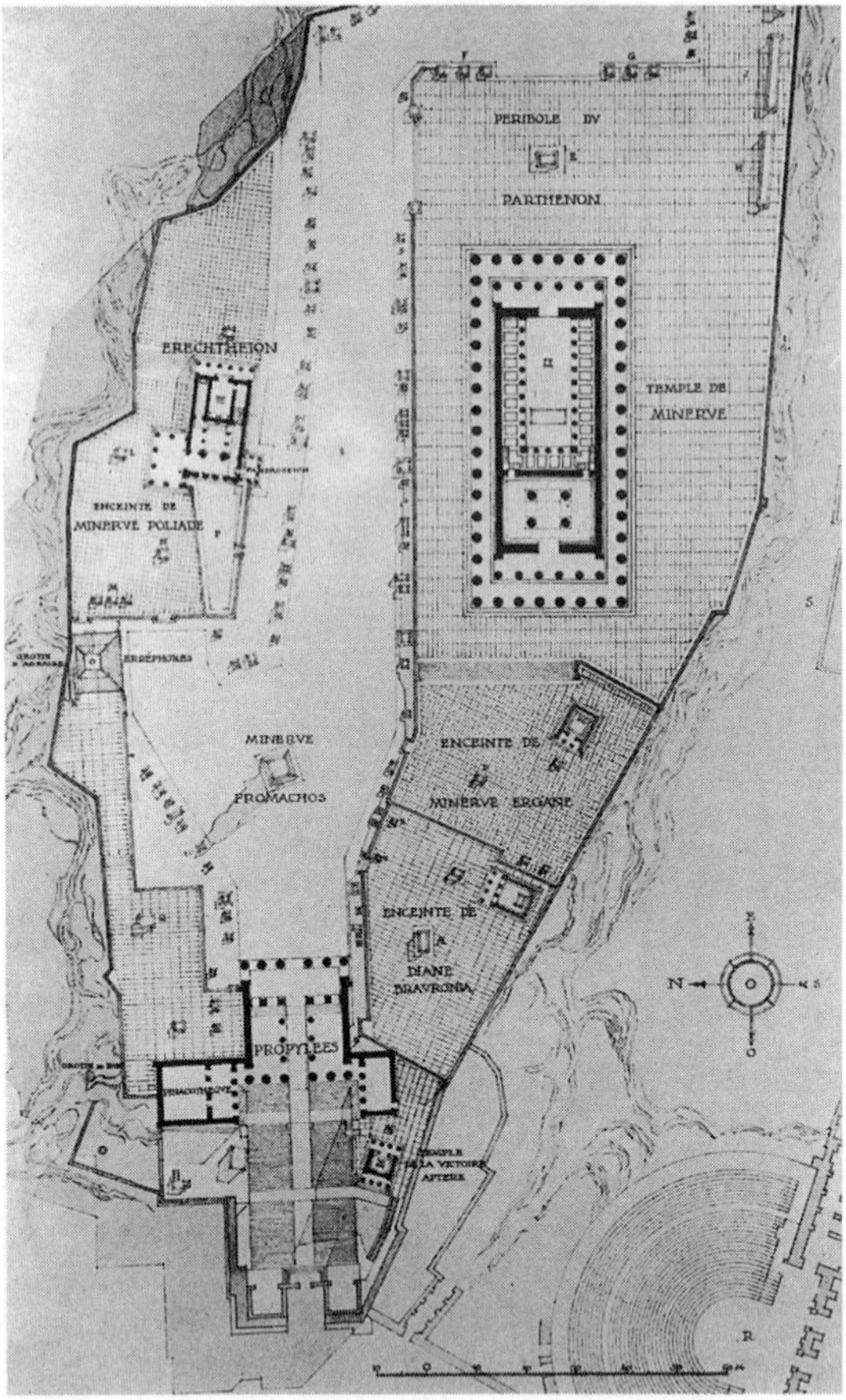

アテネのアクロポリスとローマの帝政期のフォルム

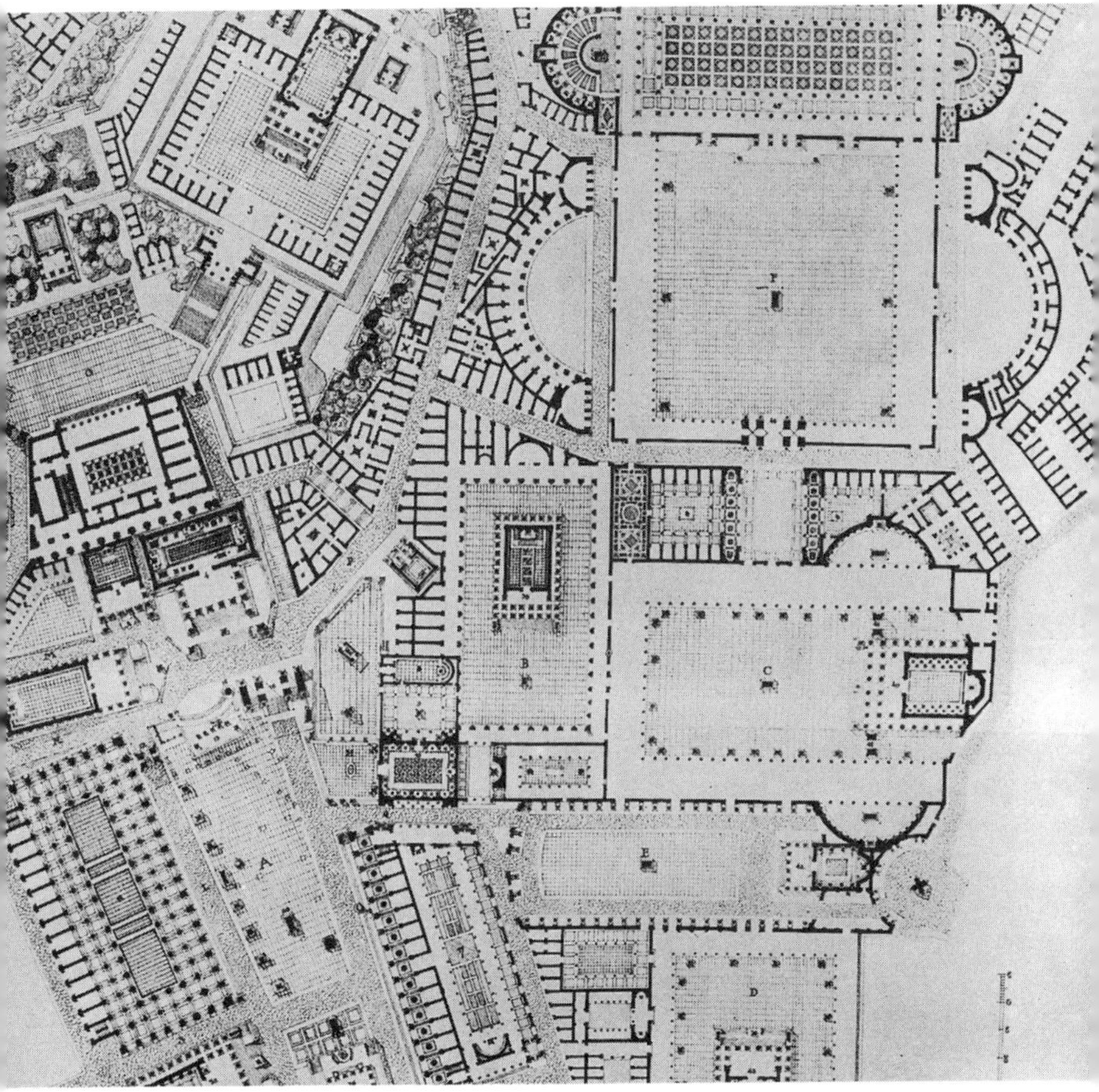

第四章　衝突の都市と《ブリコラージュ》の手法

……私が、成功を収めたあかつきには……美と真実の間にヨリ高次元の破壊しがたいきずなが結ばれ、われわれを永遠に確として結びつけるようになることが私の望みである。

ゲォルグ・ウィルヘルム・フリードリッヒ・ヘーゲル

……その間には巨大な割れ目が広がる。一方には単一の普遍性をもった宇宙の構成原理を理解し、信じ、また感じるという立場から、また自分たちの存在や発言はすべて重要な意味をもっているという立場から、ものごとをなべて単一の中心指向のヴィジョンや一貫性をもった明晰なひとつのシステムに関連づけようという人々がいる。また一方では、およそ無関係の、時には矛盾さえも含んでいるような、何か心理的また生理的な原因によって事実上関連性をどうにか保っているような、道徳原則や美学的な法則とは一切無縁に結びついた、さまざまな目標を追求している人々がいる。後者のライフ・スタイル、行動力パターンや彼らの好む考え方は求心的ではなく遠心的である。思想はばらばらで拡散していて、さまざまのレベルの間を動き回り、莫大な量の経験とオブジェクトの中からそのエッセンスを抽出しようとする。というのは、意識しているいないにかかわらず彼らが自分自身のうちにもっているものが、不変で……時に狂信的になることさえもあるような、単一の内的なヴィジョンに自分を任せてしまおうとするか、その反対に自分をそういったものから締め出そうとするからである。

アイザー・バーリン＊

＊ Sir Isaiah Berlin（一九〇九—九七）イギリスの政治哲学者・政治思想家。歴史決定論に関するE・H・カーとの論争は有名。

『総合建築の展望』というのが、ヴァルター・グロピウスが非常に広範な、大部分は短い文章から成るエッセイ集につけた題名である。

　この本は一九五五年に出版されたが、いうまでもなく当時は《総合建築》という主張は［文化の統合を旗印とする、ワグナー的な〈総合芸術 Gesamtkunstwerk〉の翻案であることは明らかなものとしても］不当なものとも奇矯なものとも見なされていなかった。思うに、一九五五年の時点では、《総合建築《トータル・アーキテクチュア》》は、すべてをコントロールするシステムでありながら、システムでないシステム、すなわち成長するシステム［《根もとからまっすぐに立ち上がってきた新たな成長》[原注1]］であり、おそらくヘーゲル的自由とヘーゲル的必然性とのコンビネーションであり、いずれにせよ原則からの発散とでも呼ぶべきものだったが、依然として賞賛に値する、望ましい可能性をもったものと考えられていた。だから、この本の中でそういった思想が《社会派》リベラリズムの隠やかな口調で語られるところに、疑いもなくわれわれは単一で全体論的なユートピア信仰の残照を目のあたりにしているといえるだろう。

　われわれは以前にユートピアの観念に対する二つの見解について述べた。内在的な思索の対象としてのユートピアと、外在的な社会変革の手段としてのユートピアがそれである。ここで、われわれは《総合建築》や《トータル・デザイン》という概念がすべてのユートピア計画案の中にどれだけ存在しているか、また必要とされているかを再確認しなくてはなるまい。ユートピアには選択の自由があったためしがない。トマス・モアのユートピアの住民は《善良であることしか選択の余地がなかったので幸福にならざるをえなかった》[原注2]し、道徳的な選択能力なしでも《善良さ》をもちうるという考えは、隠喩《メタファー》としても字義どおりの意味でも、理想社会のさまざまの幻想にともなってくることが多かった。

帝政期ローマ、ローマ文明博物館の模型より

建築家にとって、善良な社会の倫理性はおそらく、常に建物が明らかにすべきものであったのはいうまでもないことだ。実際、善良な社会は、ほとんど変わることなく建築家の第一の参照項目だった。というのは、他にどんなに支配力をもった幻想［古代、伝統、テクノロジー］が出現しても、そういったものは穏やかな気品ある社会秩序を何らかの方法で援助し教唆するものとして理解されるのが常だったからである。

　したがって、プラトンまではるばるとさかのぼることはしないとして、その代わりにもっとずっと現代に近い一四〇〇年代《クワットロチェント》（ルネサンス期）に手がかりを求めるなら、フィラレーテのスフォルツィンダにはそういったルールが完全に当てはまるような状況のあらゆる徴候が見受けられる。そこには、宗教建築、王の宮殿、貴族の邸宅、商館、一般の住居というヒエラルキーが見てとれる。十分に管理された都市という理念は、このような等級づけ［地位と職能の秩序づけ］として示されたことになる。

　しかし依然としてそれは理念の段階にとどまっていて、それをそのまま即座に実践することなどは問題外だった。というのは、中世都市は習慣と利害関係とのぬきさしならない核となっていたから、それに正面切って反対することは、いずれにせよありえないことだったからだ。その結果、新しさという問題は違反的な挿入行為（パラッツォ・マッシモ、カンピドリオ広場など）か、都市の外部でのポレミカルなデモンストレーション［都市のあるべき姿を呈示する庭園］のどちらかにその解を求めた。

　庭園を都市への批判としてとらえること［というのは都市が後に広く受け入れた批判だが］はその時点ではまだ十分な注目を集めるに至っていなかった。とはいえ、例えばフィレンツェ郊外にこのテーマを裏付ける庭園が数多く残っているのは事実としても、その最大の証言はヴェルサイユにこそ求められるべきだろう。ヴェルサイユは中世のパリへの一七世紀における批

上：ヴェルサイユ宮殿、鳥瞰写真
左頁：ヴェルサイユ宮殿、全体配置図

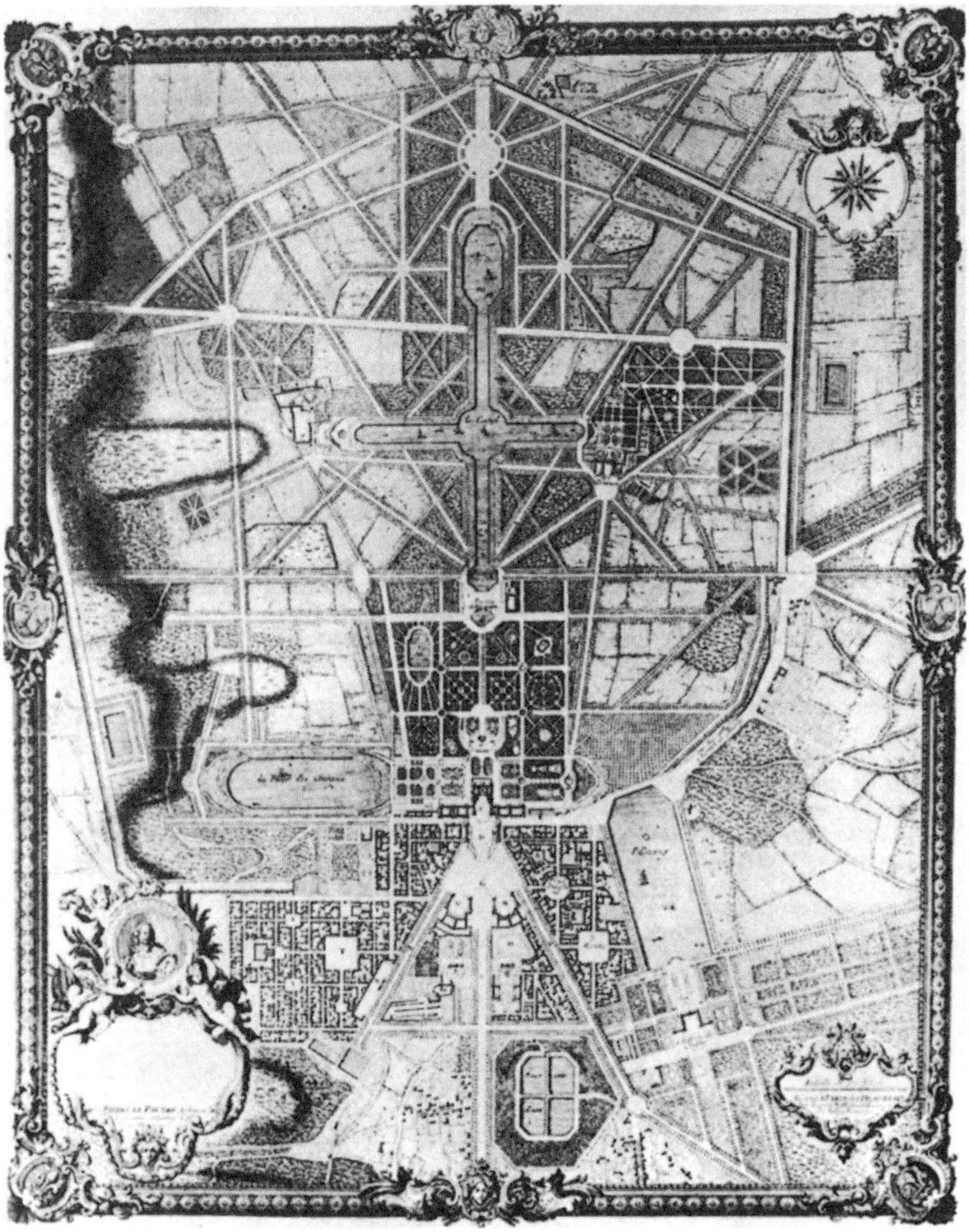

判といえるが、これは後にオースマンとナポレオン三世が大いに関心を寄せるわけである。

ヴェルサイユ宮殿の庭園が貴族社会のディズニー・ワールドだったかどうかは定かでないが、それはともかくとして、それは結局のところ一四〇〇《クワットロチェント》年代の理念を駆逐しようというバロックからの試みだったと解釈されるべきだ。この景色を目のあたりにするとき「それは壮大なという形容詞で修飾してもいまでもおかしくはない」、フィラレーテ流のユートピアの外形がどれほど完璧に樹木で模倣できるかを思い知らされることになる。しかし、ヴェルサイユ自体は反動的なユートピアとして解釈されるかもしれないとしても、プラトニックで隠喩的なユートピア「イタリアでは概してそう見なされている」が、ここではこのような文字どおり極端な状態にまで達していることにはさしずめ驚きを禁じえない。

さて、本文の趣旨からいって、ヴェルサイユと比較陳列されるべき構築物はというと、それは明らかにティヴォリにあるヴィラ・アドリアーナ（ハドリアヌス帝の離宮）にとどめをさす。というのは、もし前者をトータル・アーキテクチュアとトータル・デザインの代表例とためらいなく呼べるなら、後者は全体を支配する観念への糸口を徹底的におおい隠すことで成り立っているからだ。さらにもし、ここに示されているのが絶対権力の二通りの具現化だとすると、われわれとしてはいささか脱線してこう尋ねることを余儀なくされる。どちらがいったい「われわれにとって」より役に立つモデルなのだろうかと。

ヴェルサイユには曖昧さ、当惑がない。その倫理は高らかに宣言され、その宣伝は、フランス製品の多くがそうであるように、およそ拒みがたい。これこそトータル・コントロールであり、そのまばゆいばかりの電飾看板である。それは一般性の勝利であり、全体を支配する観念の細部への徹底であり、例外の拒絶である。ルイ一四世によるこの単眼的な演出と比べて、われわれはハドリアヌス帝に好奇心をいだく。ハドリアヌス帝はみるからに雑然としている上に

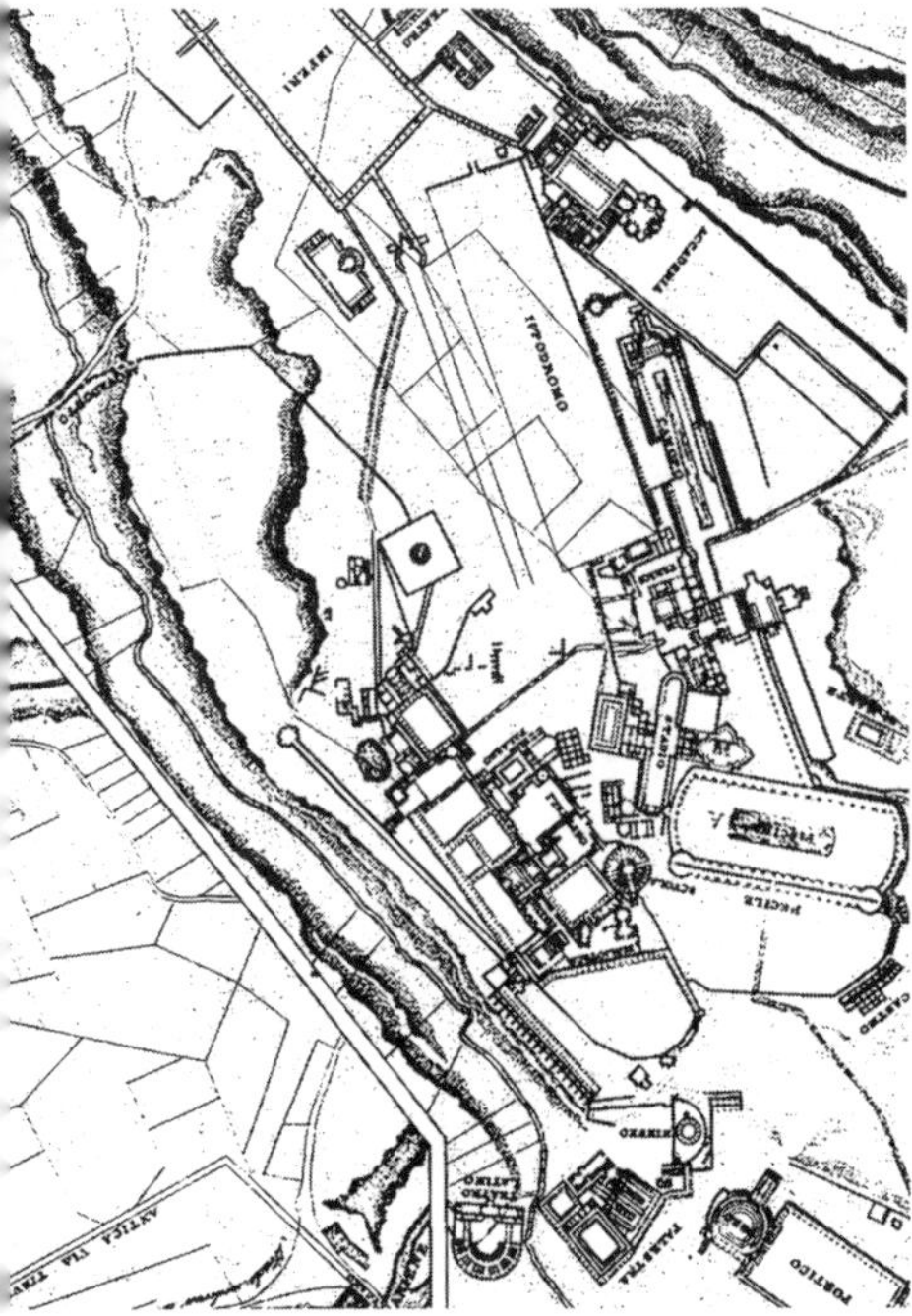

右：ティヴォリ、ヴィラ・アドリアーナ、模型写真
左：ヴィラ・アドリアーナ、ルイジ・カニーナによる復元平面図

気まぐれで、あらゆる《全体の統一性《トータリティ》》を反転したものを提案している。異種の理想型の断片を集積することだけが必要だったように見えるし、彼の帝政期ローマ（形態的にはむしろ彼自身の住居）に対する批判は抗議というより承認に近い。

しかし、もしヴェルサイユが完全なる一元的モデルであり、ヴィラ・アドリアーナが互いに無関係の情熱が全く未調整のままアマルガム化したものだとすると、そしてもしヴェルサイユのもつ粉砕された観念性はティヴォリの相対主義的に生み出された《断片の集合》と比較されるべきものだとすると、この比較をいったいどのように解釈すれば適切なのだろうか？　ヴェルサイユは専制の最終的な範例《パラダイム》であったこと、それはその目標を見失うことなく、かつまたながく保たれた完全な政治権力を前提としていること、ハドリアヌス帝がルイ一四世より専制的でないことはなかったこと、しかし、おそらくハドリアヌス帝は自分の専制を首尾一貫して表示することに対してルイ一四世ほどの強迫観念をもっていなかったことを明白な事象として挙げることができるだろう。……しかし、こういったことがすべて指摘できることは確かではあるにせよ、結局のところ、どれも啓発的であるとはいいがたいとするなら、この段階においてわれわれはアイザー・バーリンの助けを借りる必要に迫られることになる。

《キツネはたくさんのことを知っているがハリネズミは大きなことをひとつだけ知っている》。これは『ハリねずみと狐』の中でアイザー・バーリンが選び出し精緻に展開した言説[原注3]であるが、われわれのここでの関心の範疇に触れる部分があるので特にとり上げることにする。比喩的に把握し、かつまたあまり厳密には限定しないという前提の下で、ここに示されているものは二種類の心理学的な性向あるいは気質ということになる。その一方のハリネズミ族は単一の観念の卓越に関心をもち、もう一方のキツネ族は刺激の多様性に専念する。そして、歴史上の偉大な人物はその両者にほぼ等分される。プラトン、ダンテ、ドストエフスキー、プルーストはいうまでもなくハリネズミ族であり、アリストテレス、シェークスピア、プーシキンはキツネ族である。あくまで大雑把な分類ではあるが、バーリンの批評の対象が文学者や哲学者だったのに対して、このゲームの範囲を他の分野にまで広げることも許されるだろう。すると、ピカソはキツネでありモンドリアンはハリネズミだったという具合に、それぞれの人物になかなかぴったりと当てはまらないでもないことがわかる。さて建築に目を転じれば、解答はほとんど完全に予測可能である。パラディオはハリネズミ、ジュリオ・ロマーノはキツネ。ホークスモア、ソーン、フィリップ・ウェッブはおそらくハリネズミであり、レン、ナッシュ、ノーマン・ショーはほぼ確実にキツネである。現代にもっと近づけば、ライトは疑う余地なくハリネズミであり、ラッチェンスはそれと同じくらい歴然とキツネである。

しかし、このカテゴリー分けの結果をちょっと吟味してみると、近代建築という分野に近づくにつれ、両者間のバランスが均等であることが不可能になってくることに気づく。というのは、もしグロピウス、ミース、ハンネス・マイヤー、バックミンスター・フラーが優れたハリネズミ族であることが明らかとして、同じグループに属する建築家の誰をキツネ族と呼べるだろうか？　好みは明らかに一方に偏している。《単一の中心志向のヴィジョン》が優勢である。ハリネズミ族の卓越は認めざるを得ないが、もしキツネの性癖は倫理性とは縁がないし、したがって明らかにされるべきではないと時に感じられる場合があるとしても、ル・コルビュジエに特別の位置を与えるという仕事は依然として残っている。つまり《彼は一元論者か多元論者か、ひとつのヴィジョンをもつのか多数のヴィジョンをもつのか、単一の物質から成るのか異質の要素の合成なのか》[原注4]。

以上がバーリンがトルストイに関して問うていることである——この問いは、必ずしも的確なものでないのかもしれない、といいながらも、そして単なる仮のものだという条件つきで、バーリンは次のような仮説を提出する。

トルストイは生まれながらのキツネでありながら、ハリネズミであると信じていた。彼の天賦の才能や業績と、彼の信念とその結果としての自己の業績に対する彼自身の評価とは必ずしも一致するものではなかった。そして、その結果として、トルストイとトルストイの天才的な説得力にまるめこまれた人々は、彼の理想のせいで、自分たちが何をしていたか、また何をすべきかということに関していわば首尾一貫した誤解に陥っていたということができる。[原注5]

建築の分野に適用された他の文芸批評と同じように、この公式もなかなかよく当てはまるように思われる。それに頼りすぎるのは論外として、それが真実の一面を言い当てているのもまた確かなことである。ル・コルビュジエという建築家についてウィリアム・ジョーディ*は《機知に富んだ、衝突的な知性》[原注6]と呼んだが、この人物は精巧な見かけをもつ、プラトン的な純粋形態による建築を呈示し、同じくらい手の込んだように見える、経験的な細部意匠《ディテール》や、数多くのエピソードの持ち主としての人間像や、知的な引用項目、複雑な構成のスケルツォなどをともなっていっそう、われわれを韜晦の海に誘う。そしてまた、その一方で都市計画家としてのル・コルビュジエは、それと完全に相反する手法をとりすました顔で主張する。彼はプライベートな状況では一貫して用いた、弁証法的な手法や空間の相互貫入といった修辞を、規模の大きく、パブリックな性格の分野ではほとんど使わなかった。パブリックな領域は単純明快で、プライベートな領域は複雑精巧に。さらに、プライベート領域では偶発的なものへの配慮にも余念がないにもかかわらず、ひとたびパブリックという名の仮面をかぶると、そういった個々の具体的な事物とかかわることを、ほとんど英雄的なといえるまでに、軽蔑するという傾向は

＊ William Jordy（一九一七—一九九七）アメリカ人。ブラウン大学教授。"American Buildings and Their Architects"（一九七二）などの著書がある。

永く続いた。

しかし、複雑な住宅―単純な都市という図式が不自然なものに思われる（とりわけ、その逆もまた真であることに思い当たったときに）としても、ル・コルビュジエの建築とアーバニズムとの間の断絶を説明するのに、彼もまた対外的にはハリネズミの衣をまとったキツネの一例なのではないのかと考えられるとしても、これは余談の余談である。閑話休題《というわけで》、今日キツネは比較的存在しないという結論に達したわけである。この二つめの余談には後で、うまくいけば、また触れてみたいと思っているが、このキツネ―ハリネズミという余談を始めたのは全く他の目的があったからに他ならない。それは、ハドリアヌス帝とルイ一四世は独裁的な権力を背景として生まれつきの性癖に耽溺することを許されていたので、この二つの心理学的な類型

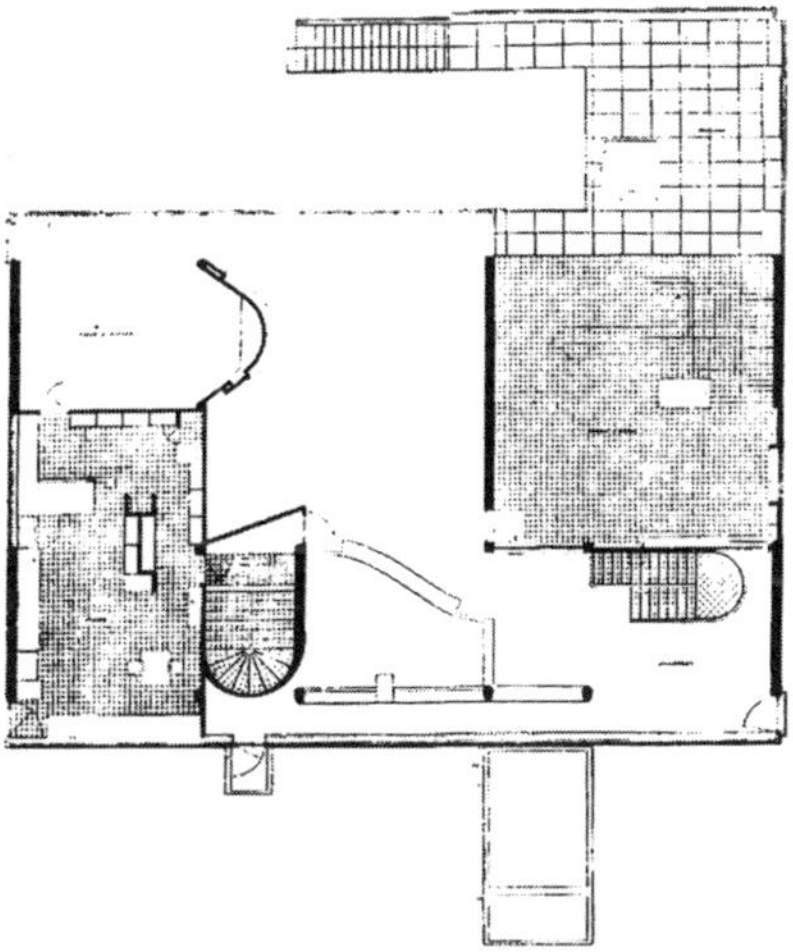

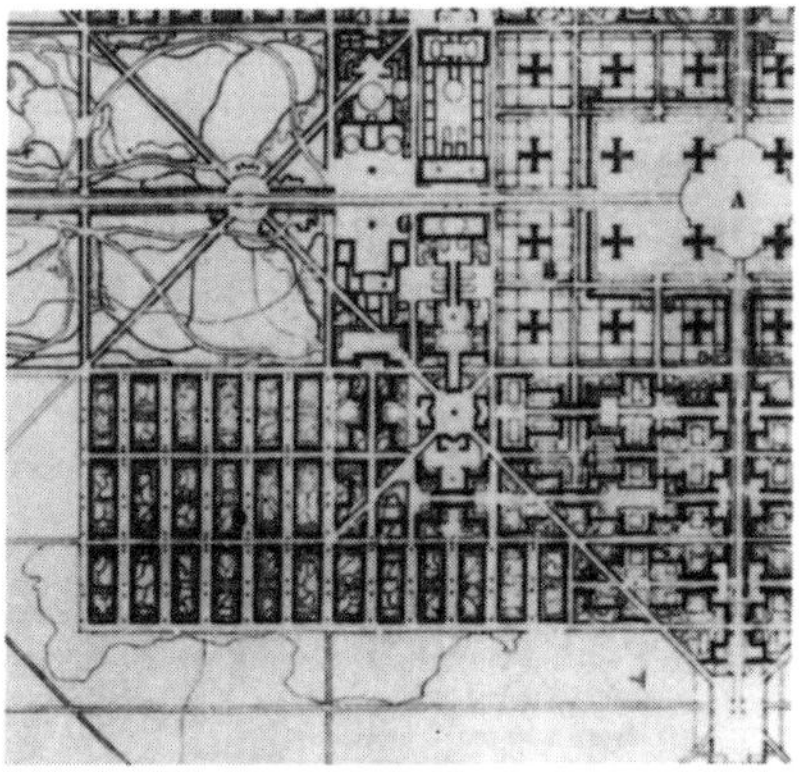

上：ル・コルビュジエ、ガルシュのスタイン邸、一九二七年、平面図
下：ル・コルビュジエ、三百万人の居住都市、一九二二年、全体配置図部分

のいうならば完璧な代表例として認定し、その後で、この二つの成果品［舞台装置の衝突的な集積と完全にコーディネイトされた陳列品］のうちのどちらかが現在、より有用な例となりえているかを検討してみることである。

　とはいえ、それはティヴォリとヴェルサイユのそれぞれに関する病理学的な観点に疑問をさしはさむというのではなく、それがともに日常的な規範の拡大誇張された例として有用なのではないかという点を強調したいだけなのである。というのは、もしこの二つが研究所の標本であったとしたなら［それ以上ということはあるまいが］、そこには異常なしと書かれた大きなラベルが貼ってあるに違いないが、それでもわれわれに二つの点について思考することを示唆する。ひとつは〈好み《ティスト》〉について、もうひとつは〈政治《ポリティクス》〉についてである。

　〈好み〉は、いうまでもないことだが、もはや真剣な考慮に値するような充実した内容のものではないし、おそらくいまだかつて、そうだったこともないのだろう。とはいえ、自己規制することのない今日の美意識はあたえられた二つの条件［ほとんど同規模の広大さをもつ］から選択することになると、ティヴォリのもつ、不連続的な構造や断片化された刺激素の集積の方に傾くであろうことにはほとんど疑いがない。同様に、《単一で中心志向の物の見方》に対する現在の良識派の見解が何であるにせよ、ヴィラ・アドリアーナに見られる多重の不連続性《ディスジャンクション》はいくつもの時代にわたって複数の人間によってつくられたものだという推論の裏付けとなっているが、分裂症的な性向と必然性という組合せの上に成り立つディスジャンクションが、政権がひんぱんに［そして慈悲深く］交代する政治体制に推賞されるに値するのは論を待たないであろう。というのは、ヴィラ・アドリアーナは、複数の政権による合成品であるにもかかわらず、すべての要素の《つじつまが合っている》からで、それがごく説得力に富んだ、利用価値の高い《つじつまの合い方》をしているので宣伝にこれ努めないわけにはいかないことになったという次第である。

これには議論の余地があるかもしれないが、ハドリアヌス帝はルイ一四世に対する評価と批判のひとつの根拠としてここでとり上げられたのである。ユートピアがプラトン的で暗喩的だったという時代背景にもかかわらず、純正なるハリネズミが文字どおりのハリネズミ的な表現に到達したという事実こそが、われわれにヴェルサイユに対する驚嘆の念をもたらしたのである。実際それを可能にした意志の力には感嘆する他はない。ルイ一四世は当時、いわば圧倒的に分の悪い賭けにくみしていたので、古典的なユートピア像が過去のものとなるや否や、彼のようなパーソナリティをもったハリネズミ型の人間が多く出現するようになった。ハドリアヌス帝は、名所旧跡への自身の記憶に基づきつつ、《ローマ》のミニチュア版すなわちノスタルジックであると同時に普遍的な混成品（それはローマ帝国が体現していたものでもあった）をつくりあげた。彼はすなわちフランソワーズ・ショエのいうところの《文化派》のひとりだったというわけである。それに対して（コルベールの助力を得た）《進歩派》のルイ一四世にとっては、現在と未来の中で合理化されうる部分だけが達成されるべき理念として抽出された。そして、コルベールに端を発する合理化の思想が、テュルゴーを経てサン＝シモンやコントに伝播していくのをみるにつれて、ヴェルサイユの予言したものの重さに気づくことになるのである。

というのは、合理的に秩序づけられた《科学的》な社会という神話がここに予見されているからであり、ここに一七八九年のフランス大革命の原因とおぼしきものがひとつ以上見いだせるとするなら、ルイ一四世の体現していたものが革命後にはきわめてヘーゲル的なものになったと想像する他はない。なぜなら、独裁制の歴史の中と、ユートピアの歴史の中とでは、ほぼ同じ議論が当てはまるように思えるからである。すなわち、機械的な合理性という分野では失敗に終わったなら、有機体の論理に駒を進めようというような。

しかし、合理性の機械モデルと有機体モデルの比較論は、一九世紀後半および近代建築にまで尾を引くものとなった。そしてそれはまたしても、この二つのハリネズミ的な要求が破滅への強迫観念によって増幅されたときに、活動主義のユートピアという神話にわれわれはたち戻っていくことになる。二つの世界大戦の間の時期がまさしくこれにあたる。この神話への嘆願の形式はいまではなじみ深いものとなった。すなわち、人類の歴史上未曾有の暴力的かつ急速な変化が引き金となって深刻な不適応、苦悩、疎外という状況を生じた。また、逼迫する破局が、おそらく不可避なものだという観測が道徳的かつ政治的な危機をもたらした。したがって、人類の秩序ある進歩を確実なものにし、精神と身体の健康を普遍的なものとして保証し、労働階級が経済的に略奪されることを回避し、さし迫った破滅を避けるためには、人類は、同じように必然的な、至福に満ちた運命の力にくみすることを企てなくてはならない。

大戦間の時期に流行した危機意識はそのようなものであった。手遅れになる前に、社会は、時代遅れの感情や思想や技術を払拭しなくてはならない。そして、そのさし迫った判決の日に備えるには、社会は白紙《タブラ・ラサ》の状態に戻されねばならず、建築家はこの交換の鍵となる人物として歴史上の主導権をあたえられる準備をしておかねばならない。なぜなら、人間の居住と営為を世界に建設する行為こそ新しい秩序のゆりかごにあたるものだからであり、それを正しく揺らすためには、建築家は自ら進んで社会の先頭に立ち、偏見をぬぐいさって、人間性を守るための戦いの前線兵士とならねばならないからである。

科学的であるという主張の御旗の下、おそらく建築家がこれほどまでに《政治》心理的な環境の中で作業したことはいまだかつてなかった。しかし、もしこのことはカッコに入れておくとしても、都市は完全に全体論的でかつ新奇な連続体という状況であり、科学的な発見と完全に喜ばしい《人間的な》共同体の成果であるという仮説が生まれたのはそういった理由［パスカル的な心の問題］によるものであった。それが活動主義ユートピアのトータル・デザインの思想を生んだ。それはおそらく、所詮、不可能なヴィジョンであり（未来をワグナーの音楽の状況に近似させることが可能か?）、まさにありえない発想であった。しかし人間性の喪失というもう一方の選択肢は、明らかにもっとまずい。そういった、心理―文化的な背景の中で近代建築とその思想が市場化され販売されていったのである。

過去五、六〇年の間、この新しい都市の出現を待ち望んできた人々（そしてその多くはすでに世を去ってしまっているにちがいない）にとって、その約束は［現状からも明らかなように］守られなくなりそうだということが歳月を追うごとに明らかになってきたはずである。あるいは、そういうようにすでに予測されていたかもしれない。しかし、トータル・デザインという思想は何かしらその経歴に汚点を残しており、たびたび疑惑の対象となってきたけれども、今日に至るまで都市論とその実践に際しての心理的な土台となってきていることは否めない事実である。そのような、科学主義と道徳的な熱中との組合せのもつ危険性はカール・ポパーによってはるか昔に［おそらく『科学的発見の論理』と『歴史主義の貧困』[原注7]において最も顕著に］批判されたものである。それゆえに、活動派のユートピアに対するわれわれの見解にポパーの思想が反映されているのは隠すまでもないことである。しかしもしポパーが、ずっと以前から、危険な修辞をもたらしうる状況と感じたものに対して関心を寄せていたとしても、彼の留保への努力にもかかわらず、トータル・デザインの思想は抑圧されるには至らなかった。実際、それがほとんど抑圧されなかった証拠には、過去数年の間に、全く文字どおりのトータル・デザインの思想の直系として新たに生み出された《システム》アプローチの変形やその他の方法論的な発見を挙げることができる。

右：ティヴォリ、ヴィラ・アドリアーナ
左：ヒルベルザイマー、ベルリン中心部の計画案、一九二七年

今日では、初期の近代建築に大幅に欠落していたといわれる《科学性》の点でも、きめ細かで広範囲にわたる方法論をもっているとすることができる。例えば、『形の合成に関するノート』[原注8]の中で述べられている操作の厳密性に思いを及ぼすだけで、ここで言わんとすることのイメージがわかるだろう。《クリーン》な情報を取り扱った《クリーン》なプロセス、要素に細分割され何度も清浄化された、すべてが（見かけだけは）健全で衛生的な世界。その一方で、この作業が選別し抑制するといった性格の作業であり、とりわけ物理的な作業である割には、作業の産物がプロセスに比べていや応なく見劣りするように見えるのはなぜか。それに関連したものとして、植物の茎やくもの巣やグリッドや蜂の巣パターンといった、六〇年代後半にごくはなばなしく登場した形態についても似たようなことがいえよう。この双方ともに、偏見や先入観を排除しようという試みに他ならない。つまり、この第一の場合においてもし経験上の事実は価値判断からは独立していて、最終的には探知できるものだと仮定すると、第二の場合ではグリッド状の座標系に同様の公平さがあたえられているということになる。なぜなら、緯線や経線のように、こういったものが、何らかの方法で、グリッドの間を充填していく作業の仕様を決定する際にありとあらゆる偏見［責任もついでに］をとり除いてくれることがどうやら期待されていたことがうかがい知れるからである。

しかし、究極的にニュートラルで偏向のない観察者という仮定がいわずもがなの虚構であることが明らかだとすると、またわれわれは自分たちをとり巻く現象の多面性のなかから自分たちの観察したいものだけを観察しているものならば、また、事実にかかわる情報量というものはわれわれの消化能力をはるかに凌駕しているのでわれわれの判断はどうしても選択的にならざるをえないとするならば、《ニュートラル》なグリッドに基づいた方法はなべて似たような問題に囚《とら》われることになる。グリッドは、すべてを公平に包囲するという実際上の不可能性に

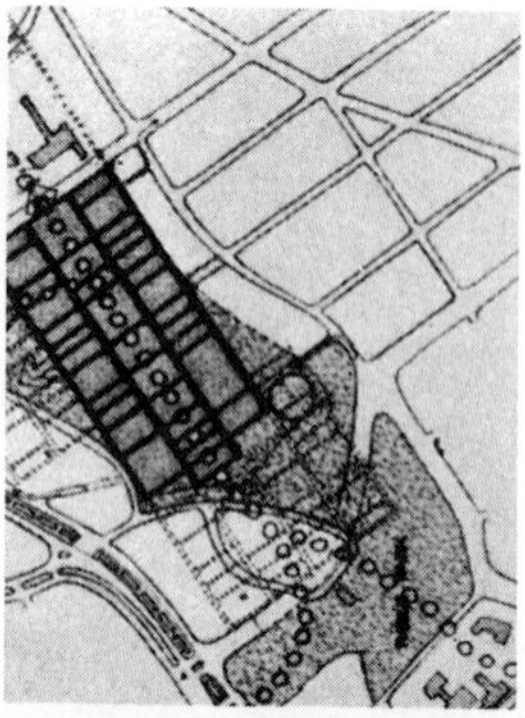

キャンディリス、ジョスイク、ウッズ。ベルリン自由大学、一九六四年、配置図

直面するか、その限界を設定することによってもはやニュートラルと呼べなくなるかのどちらかである。したがって、（事実や空間に関する）《方法論》や《システム》から生み出されるものは結局のところ意図されたものの逆でしかないことになる——一方の例では、プロセスはそれ自身イコンと化し、あるいは、他方ではプロセスは偏向した意見を偽装するための手段となる。

それは巧みに方向づけられた情報のもつ有用性を否定するものではないし、高度に組織化された現実という幻想を抱かせてくれる、自己発見的な方法の意味をなおざりにするものでもない。しかし、トータル・デザインというコンセプトをそのまま拡張してトータル・マネジメントとかトータル・プリント・アウトとする発想には、それに賛成してきた人々の間でもまたそれに批判的な立場の人々の間でも、それは疑わしい、実りのない企てなのではないだろうかという疑念がしだいに彷彿とするようになってきたことに留意しておきたい。そしておそらくその結果として、システム的と称するものに共通する、モノリスのもつ不快感やまたそれに関連してシステム的なものからきめ細かな対応、至近の状況への対処、ヴァイタリティなどが欠落していることに対して一連の反・手法《カウンター・プロダクション》とでも呼ぶべきもの、明確に定義不可能な拒否反応の症候群が現出した。

アド・ホッキズム*、（スイスのカントンを理想型とするような？）地方分権型の社会主義、タウンスケープのポップ・ヴァージョン、それにもっと建築家から離れたものとしては、何種類かのアドヴォカシー・プランニングといった発想がこの症候群に何らかの関連性をもっていると思われるが、それらのうちのあるものには明確に、またあるものは漠然とポピュリズムという戦略に基づいているから、それらのすべてを結び合わせている共通の糸＝意図を見いだすことができる。すなわち（それらがとって代わろうとし、あるいは修正をほどこそうとしてい

クリストファー・アレグザンダー、ある村落の構成図、一九六四年

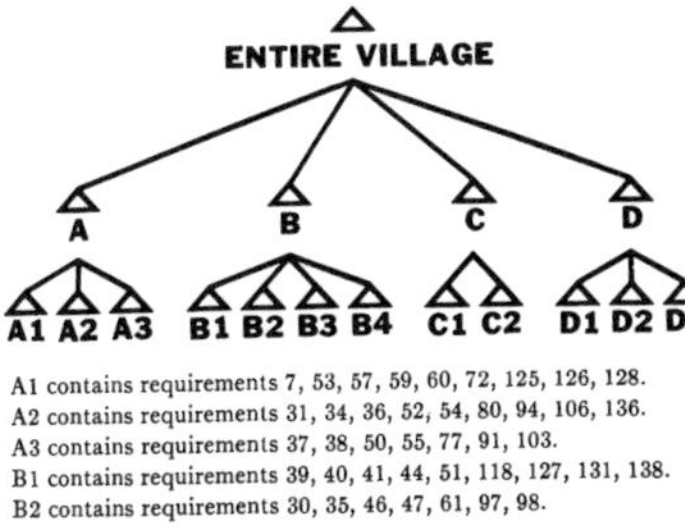
ENTIRE VILLAGE
A
B
C
D
A1 A2 A3
B1 B2 B3 B4
C1 C2
D1 D2 D3
A1 contains requirements 7, 53, 57, 59, 60, 72, 125, 126, 128.
A2 contains requirements 31, 34, 36, 52, 54, 80, 94, 106, 136.
A3 contains requirements 37, 38, 50, 55, 77, 91, 103.
B1 contains requirements 39, 40, 41, 44, 51, 118, 127, 131, 138.
B2 contains requirements 30, 35, 46, 47, 61, 97, 98.

* Adhocism　チャールズ・ジェンクスとナサン・シルバーによる同名の書物（一九七二）がある。日常生活において物事をアド・ホックに解決しようという態度のこと。例えば、ガラスびんをろうそく立てに転用するといったような。

るいくつもの《方法論》に関していうなら）、それらすべてが、多かれ少なかれ、大衆の好むものというとらえどころのない対象をごく積極的に取り扱っていることにある。また（不適切であると結論づけるに至った状況に関しては）こういったアプローチは、概して、空間でなく機会を、作品でなく行動を、固定された意味でなく可動性を、おしきせのデザインでなく使用者による選択を提唱する。

この単純化された議論をもう少し続けさせていただくことにしよう。上記のようなさまざまな試みによって、操作不可能なモノリスを分解しようという努力がなされたが、その結果、モノリスと同様に解決困難なジレンマをかかえこむことになった。というのは、完全なる大衆寄りの命令形の実行可能性には疑問の余地が大アリだからだ。大衆に大衆の望むものをあたえよが、社会学的に承認されたあるいは否定されたものかはともかくとして、政治的に見て完全に実行可能な教理であったためしはない。また、この問題点を考慮にいれていないという点において、修正主義者からの心底謙虚で、心やすまることの多い提案には、以下に述べる二つの非常に不愉快なる学説のどちらかまたは両方の痕跡を往々にして見いだすことになる。そのひとつは《存在するものはすべて正しい》という、全くもって吐き気を催すような考え方であり、もうひとつは《民の声は神の声》という、二〇世紀の歴史をひもとけばその反証には事欠かないことに誰しもが思い及びそうな仮説である。

建築界におけるポピュリズムの擁護者はなべて民主主義と自由とを擁護する。しかし、民主主義と法秩序とが往々にして矛盾するものであること、そして自由と正義とがしばしば対立するものであることを思索の範囲に含めることに関してははなはだ不熱心である。彼らは、具体的な罪悪と信じるもの（そしてほとんどの場合彼らのとり上げる罪悪が罪悪であることに異論はないのではあるが）に積極的に取り組む——すなわち、経済的な罪悪、様式上の罪悪、文化的なものの民族的なものの悪用に対して。しかし、彼は個々の具体的なものにあまりに囚われてしまうので（これはまあ当然といえば当然なのだが）、よりよい世界を希求する際に、具体的なものを補完する背景となるべきもの、すなわち法的なあるいは合法的な抽象といったものを、自由信奉者としてつまびらかにすることがおしなべてかなわないという結果を招くことになる。別の表現をするなら、ポピュリストは（これはタウンスケープ派にも往々にして見受けられることだが）、観念的な主題を避けようとするあまり、そうでなければ全くケチのつけようのない議論を台無しにしているといえる。また、ポピュリストは現在のマイノリティの問題に専ら関心をうばわれることが多いので、恵まれない階層が将来どのような苦境におかれるかといった問題にまで注意を向けることができにくい。寛大なあまり、ポピュリストは《大衆《ピープル》》という抽象存在に身を委ねることになる。そのうえ、多元論（ちなみに、これも使用する際の許容誤差を明確にすることなく用いられる抽象存在である）について述べながら《大衆》がどれほど多様なものなのかを認識しようとしないから、その結果として《大衆》の意志がどんな場合でも、その構成要素はいかにお互いの保護を必要としているかを知る由もない。今日に至るまで民の声が少数派の声であったためしはない。また、存在するものはすべて正しい（そして教育によらない、素朴な判断こそすばらしい！）という命題に関しては、それは社会学的な熱吸収材であり、革命の熱気がふきこぼれないようにともくろまれた、まさしく怪物的な保守派の企みであるがそれ以上のものではありえないと述べるにとどめたい。

　したがって、われわれにはここでの議論をこれまで何度も取り沙汰された、サイエンス・フィクション派とタウンスケープ派の対立という二元論の一例である、として方向づけようという意向はないにもかかわらず、この二つの立場の顕著な例に再び直面してしまっていると気づくに至る。すなわち、抽象的ないわゆる科学的理想主義と具体的ないわゆるポピュリズム的経験主義との対立。その主張が何であれ、具体的な対象を取り扱うことのできない精神姿勢と、その必要性がなんであれ、一般性を取り扱うことに極端に消極的な精神姿勢という二つの立場がここに見いだされる。しかし、人間精神になぜこういった区分が生じるのかと考えさせられる反面、ハリネズミ的な建築理論をそのハリネズミ性ゆえに糾弾するキツネであるはずのポピュリズム修正主義者が、いつしか自分自身が別のハリネズミになってしまっていることは見逃すわけにはいかない事実である。《大衆》の優越を主張する立場からも、《方法》や《観念》に固執するのと結果としては同じくらい堪えがたいモノリスがつくりだされてしまうように見受けられるのは不幸な現実である。

しかし、これまでにわれわれが抽出してきたのが人間精神が選択可能な二つの監獄だったとすると、そしてそのひとつは電子制御装置つき要塞であり、もうひとつはそれに対して思いやりを運営の原則とする開放型の刑務所であるということができるとして（そしてわれわれが研修するなら是非後者の方でおこないたいとつけ加えさせていただくとして）、このどちらかの体制にも、自由という衣をまとった監禁状態が見え隠れすることは否めない事実である。そして、それは主として未来に対する見解の中に見いだされる。この両者の未来に対する見解はおよそ一致している。

未来は現在という子宮の中の極度にデリケートな胚であるとする発想はよく耳にするところである。また、その取扱いには非常に注意しないことには、流産どころかもっと最悪の事態に至りかねないというのも耳に親しい。実際、未来の自然分娩を確実なものにするためには、現在のすべての心理上生理上の障害物をとり除かなくてはならない。これを、軽薄な言いまわしをお許しいただくとして、《スポック博士の未来理論》と名づけさせていただくとすると、建築家が社会学者に文化的な産科医の資格を授与したのは、多分この理論に基づく処方箋に従ってのことなのであろう。

人口に膾炙《かいしゃ》したこの神話が危機感に支配されているのは明らかである。とはいえ、もしそれを、ハンネス・マイヤーやレイナー・バンハムのお気に入りの、建築家は時間とテクノロジーを媒介とする競技に参加している運動選手であるという男性的な規定に対して、同じ思想の女性形としての表現ということができるかもしれないが、いずれの場合にも未来は、弱々しい、可能性という表現によるか、あるいは強気の、成長という表現によるかにかかわらず、現在を威圧するエレメントとして登場する。すなわち、未来は、おそらく絶対的な価値をもつものとして君臨する。そして、その出現を妨げる術がない以上、真剣かつ《責任ある》態度がわれわれに課せられることになる。

さてそういった幻想（を逐一説明するにはもはや及ぶまい）は歴史的決定論の低次元のレベルでの反映ということになるが、そういったヘーゲル思想の《リーダーズ・ダイシェスト》版とでもいうべきものが、今世紀初頭に建築設計や都市計画に携わる人々の間にあまねく信奉されていた。「未来が出現しなくなるのを防止するには何をしなければならないか？」という全くもって風変わりな疑問に答えるために、建築界の自称インテリたちが、これほどウンチクを傾けた例はいまだかつてなかった。

しかし、以前においては（未来は、放っておいても自然に何とかなるものだと考えられていたので）、このような疑問が頭をもたげてくるようなことがほとんど皆無だったとして、今日では、それは一段といりくんだ前提条件と密接に関連している。例えば、社会はさえぎられることのない植物的な連続体であるという概念、すなわち社会は生物学的また植物学的な存在であるという概念、すなわち社会は注意深く、たゆまぬ養育を必要とする動物あるいは植物のようなものだという概念。そして、この社会を組織体とみる考え方が結局のところ歴史的にその起源をもつものであるとし、またその一九世紀における見直し作業についてはすでにこの本で述べられたことを確認していただくとして、さらにまたそれが時に社会のメタファーとして便利なものであるのを認めるにやぶさかでないにしても、それを字義どおり解釈するとそこには《私たち》と《彼ら》の存在を依然としてはっきりと示している。なぜなら、動物には餌を与えなければならないし、植物には水をやる必要があるからである（さもなくば、何を必配するのか?）。したがって、社会は有機体であるとすると、それは、実際上、何となく飼育・栽培されたものとしての、あるいは家父長的温情主義の様相を示すことになる。建物は成長という挿画のままに増殖する（ちょうど植物園の珍種の標本のように）。そして《大衆》は、単に《大衆》であり続けることによって、思考でなく行動によって自己を表現することを試みながら、豊かな生育というドラマに光彩を添える。しかし、いずれにせよそれは巧妙に構成された庭園（あるいは動物園）なのであって予期せぬ出来事に出くわすことはありえない。

ヘーゲルによる弁証法という概念が、これほどまで矮小化され、いわば飼い馴らされた状況に追いこまれたことは驚きといえば驚きである。そこでは成長は即座に本質的な成長と見なされ、単なる寸法の変化が本質的な変化として読み取られてしまう。成長と変化は同じものと誤って理解されていることが多いが、実はモビリティの全く異なった部分を表現しているのである。だから、社会や文化の概念を成長（すなわち変化）という観点からのみとらえることは、それらが共に儀式と議論から生み出されたものであるというヨリ本質的な状況を歪曲していることになる。未来を現在と異なったものとする（そしてそのことによって変化を確実なものにする）観念や未来に対する観念は、《成長》するものではない。そういった観念の存在形態は動物的なものでも植物的なものでもない。矛盾や議論や意識といったものがその存在の条件となる。しかし、もしそれが毀誉褒貶《きよほうへん》の熱気［または冷気］や意見の衝突から生み出された場合であっても、われわれの伝承するところの歴史的決定論の残滓《ざんし》があるかぎり、そんなに単純明快なものを無条件に承認するはずはないのだ。

そして、当然のことながらそれは正しい。というのは、もし世界が始まった時からすべての観念は（ちょうど蕾が花ひらく瞬間を待っているように）内在しているものだとし、と同時に、すべての知識は到達可能だ（これこそ《方法論》の原理に他ならない）とするなら、未来に対する観念という刺激的な問題は論理的に消滅してしまうことになるからだ。それは単純なことで、そうなればわれわれはそういった観念を直観的に知る以上に認識してしまえることになるので、未来に対する観念というものは存在しないことになる。また、その結果、社会的で文化的なモビリティという《法則》によって現状から未来を容易に推測することができるようになる……しかし、《歴史》と未来は共に専制的であるにもかかわらず逆説的であり、かつまた、すでに文中でも述べたことだが、世話を必要とするものとして意識されているのが常である。それゆえ、トータル・デザインという品種のために自然を養育する必要性は静かに、しかしたゆむことなく唱えられ続けたのだ。

さて、おそらくこのあたりでユートピアと千年王国という教義から最終的に訣別する段階に到達したのではないだろうか。しかして、それに代わる新しい秩序は徐々にそしてひそかに導かれなくてはならないし、強制でなく啓蒙というテクニックが用いられることになる。究極の到達地点までの道はすでに示されている。そしてまた、文化の担い手が、えてしてしだいに抑圧的になり同時に旧弊なものへと転じていく中で、われわれとしては依然として記憶に親しい自由意志という理念を幻影にすぎないとして捨て去るのにやぶさかではないにせよ、それこそが自由主義に根ざした完璧性に至るための合理的な方法をもたらすものであるという信念によって心なぐさめられるものも、また事実である。

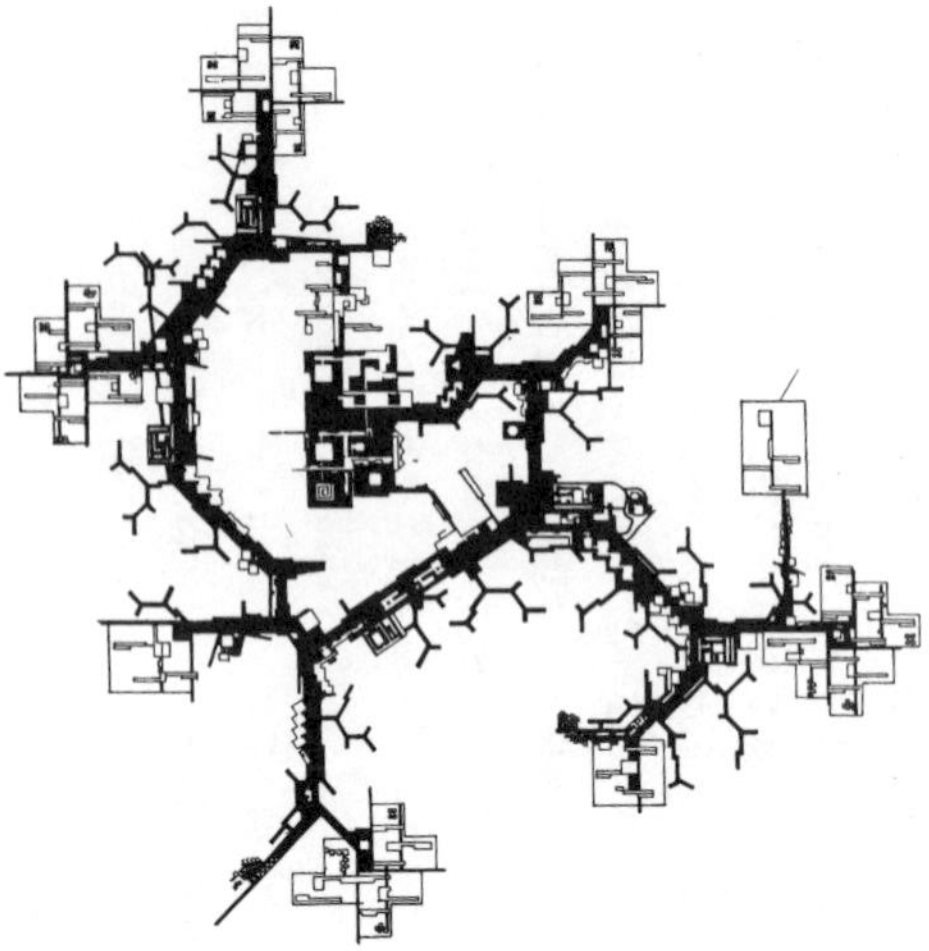

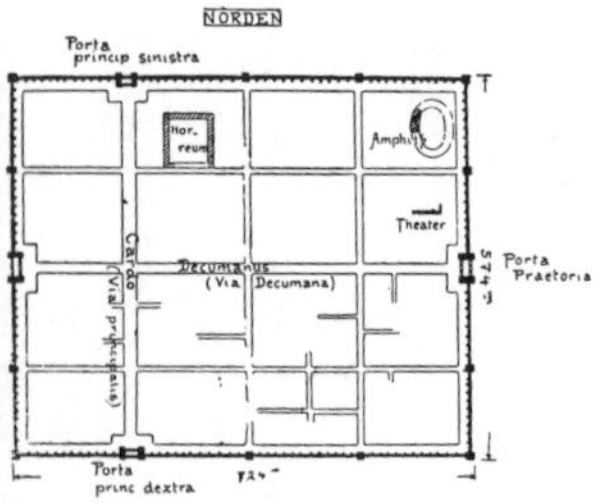
NORDEN
Porta princip sinistra
Horreum
Amphit.
Theater
Cardo (Via principalis)
Decumanus (Via Decumana)
Porta Praetoria
574
Porta princ dextra
724

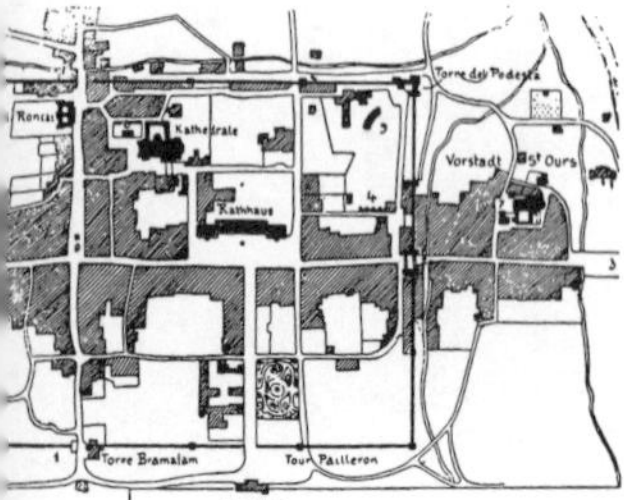
Roncas
Kathedrale
Torre des Podestà
Rathaus
Vorstadt
St Ours
Torre Bramafam
Tour Pailleron
Bahnhof

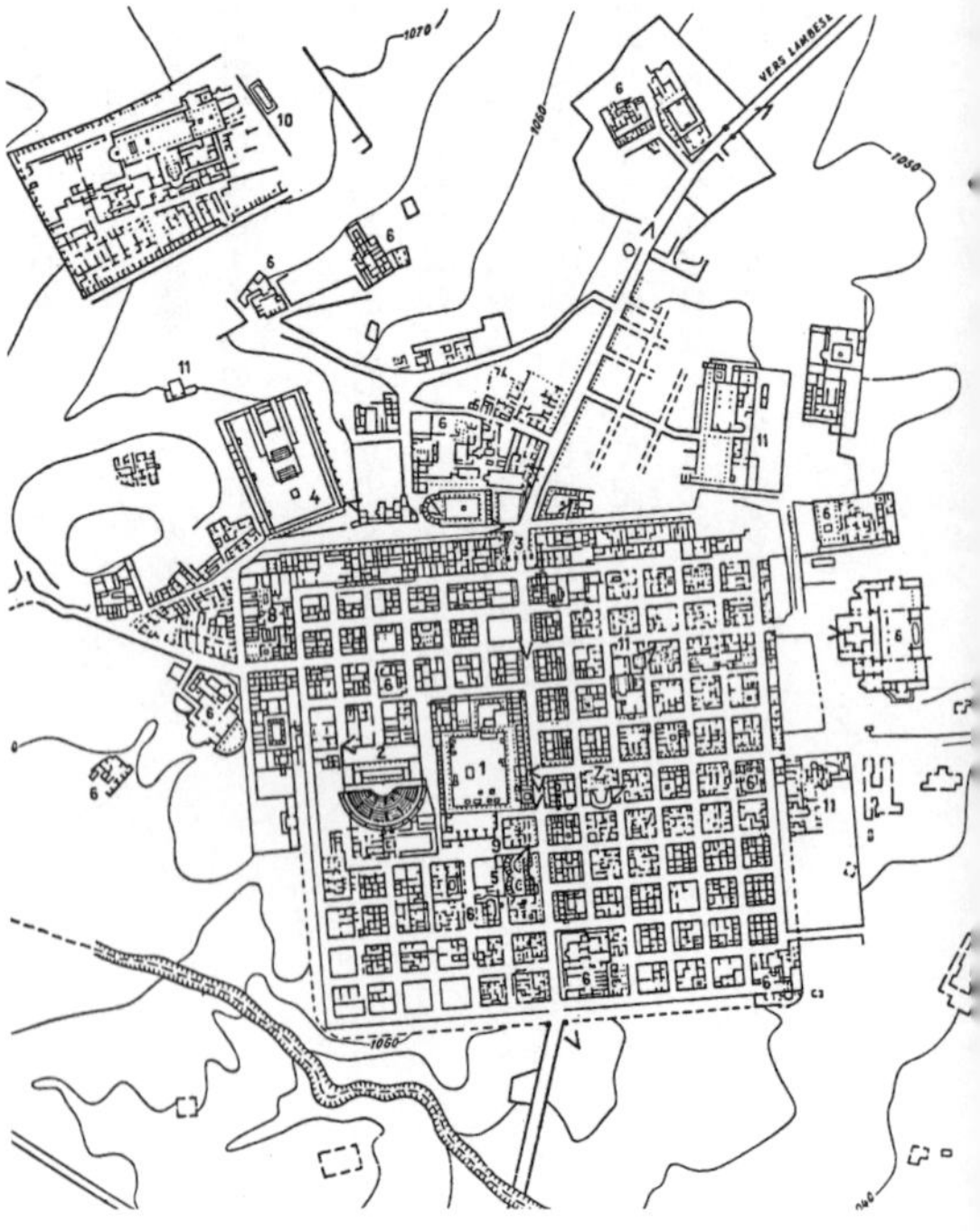
1070
1060
VERS LAMBESE
1050

これには極論のそしりを受けるかもしれないが、私はここで誇張しすぎているつもりはない。なぜなら、現代の建築およびアーバニズムのさまざまな理論をひとたび精察したことのある者なら誰しもわれわれがここで描いた建築とアーバニズムのポートレイトと大同小異のイメージをもっていないはずはないからである。政治に干渉されないという仮定に基づいた《成長》。常に《トータル》な、トータル・デザインそしてトータル・ノンデザイン。中立的で自然な（というタテマエの）グリッドの中の自由。健康で独立した（と想定された）《大衆》の自主性に対する盲目的な信頼。《科学》と《運命》という奇妙な組合せ、権力という幻想と独立という幻想との衝突あるいは不思議な共存。デカルト座標系の中で、望むらくは裸のままでとびまわる（というスーパースタジオのユートピア）か、もしくは、スラム街で社会観を変えるような体験をするかという選択の可能性。こういった仮説のもたらすところはほとんど見るべきものがなくまたグロテスクでさえある。

しかし、屋上に屋を架する虞れなきにしもあらずではあるが、ここで診断／分析から予後／予測へと筆を進めることにしよう。以下に展開される議論では、現在あまねく信じられている、偏向した物の見方の撤回あるいは少なくともその一時的な停止を求めることとする。また、歴史または科学的な方法をトーテム的な崇拝対象としてしまうといった傾向を幻想と想定することと、政治的なプロセスはおよそスムーズなものでも予測つきやすいものでもないと容認すること、なかんずく、すべての建物は建築作品たりうるし、そうならなければならないという、捨てがたい偏見と訣別すること［この偏見はどうにも修正しようがない、とりわけその発展形が正に裏返しとなっている状況（すなわち、すべての建築作品は消滅すべきである）においては］も議論されるだろう。

建築界からの業界としての言い分はともかく、すべての建物は建築作品とならねばならない

右頁上：有機的成長という幻想――キャンディリス、ジョスイク、ウッズ、トゥールズ・ル・ミレイユ計画、一九六一年
右頁下：矛盾と議論から生み出された成長
右：アルジェリアのティムガドのローマ植民地とその派生物
左上：アオスタのローマ植民地
左下：一九世紀初期のアオスタ

という要求は、その逆の要求が無茶苦茶なのと同じくらい、非常識きわまりないものである。建築術（または、のようなもの）の存在をおびやかしている苦境とは何かをもしここで明示することができるとするなら（自転車小屋からリンカーン大聖堂までを包含しようという図式に単純なものはありえないのではあるが）、建築と建物とは文学とスピーチの関係とよく似かよったところがあり、建築は建物に関連する社会的な制度であると規定できよう。このどちらのケースでも公共の所有物を媒体としているが、スピーチは必ず文学に近似しなければならないという考え方はどうにも不条理であり、実際上実行不可能と思われるけれども、建物と建築の関係についても同様のことが言えるのではないか。この二つが完璧に同じものでなければならないとする主張には必要性も目的も見いだせない。文学と同様に、建築は識別性をもった概念なので、その周縁的な部分とは活発に交流する可能性をもっているが、必ずしもそうしないといけないわけではない。したがって、洗練されたあるいは情熱的な語の連鎖様式《モード》が存在するからといって、何人《なんぴと》も決定的な敗者になるわけではないことが明らかなように、並列的な行為の価値は少しもそこなわれるような筋合いのものではない。

しかし、《単一で中心的なヴィジョン》は自己の正当性に対する意識でこり固まっているので、そのもたらした緊急事態においてはこれほどまでに明白な事実をも認めはしないだろう。また、建築家が救世主と科学者、モーゼとニュートンを兼任するという、一人二役の演技のもたらした結果の責任は回避しえないだろう。救世主と科学者を建築家が演ずることの正当性は（モーゼのように）山での《歴史》との遭遇によって証明されねばならず、また（ニュートンの場合のように）《事実》の、それ以上でもそれ以下でもない、観察によって導き出されねばならなかった。

しかし、小さなものさしや天秤やレトルトをもった一八世紀の自然主義哲学者と建築家を同一視する神話（この神話は、そこにいま一歩サエない上に血筋もあやしい、都市計画家という建築家の従弟が付加された後では一段と荒唐無稽なものになってしまったのだが）をここでは「野性の精神」と関連づけ、また《ブリコラージュ》が具現するさまざまなものと結びつけてみることにしたい。

クロード・レヴィ＝ストロースは以下のように述べる。「《原始的》科学というより《第一》科学と名づけたいこの種の知識が思考の面でどのようなものであったかを工作の面でかなりよく理解させてくれる活動形態が、現在のわれわれにも残っている。それはフランス語でふつう《ブリコラージュ（器用仕事）》とよばれる仕事である[原注9]」。そしてレヴィ＝ストロースは《ブリコラージュ》とそれに対する科学のそれぞれの目標について、また《ブリコルール》とエンジニアのそれぞれの役割に関して広範なる分析をおこなう。

《ブリコレ bricoler》という動詞は、古くは、球技、玉つき、狩猟、馬術に用いられ、ボールがはね返るとか、犬が迷うとか、馬が障害物を避けて直線からそれるというように、いずれも非本来的な偶発運動を指した。今日でもやはり、ブリコルール bricoleur（器用人）とは、くろうととはちがって、ありあわせの道具材料を用いて自分の手でものを作る人のことをいう[原注10]。

ここで、以下に述べる議論の重点をレヴィ＝ストロースの見解に費やす意図のないことをあらかじめお断りしておかなければならない。われわれの主眼とするところはむしろ、少なくともいくつかの点では有用と思われる存在証明を推進することで、例えばル・コルビュジエをハリネズミの変装をしたキツネと見なそうと試みる際に、同じようなカムフラージュの試みに気づくことになる。すなわち、エンジニアのふりをした《ブリコルール》である。「エンジニア

ローマ、ヴィラ・ドリア＝パンピリ、庭園内建物の窓回り詳細

は時代の道具を開発する……エンジニアの仕事は健全で男性的、活動的で有用、バランスがとれている上に人を幸福にする……エンジニアは自然法にのっとった数学的計算によって建築を生み出している[原注11]」。

これは初期近代建築にほとんど典型的な言説だが、それにはまた初期近代建築に共通する偏見が顕著である。これをレヴィ＝ストロースと比較してみると、

《ブリコルール》は多種多様の仕事をやることができる。しかしながらエンジニアとはちがって、仕事の一つ一つについてその計画に即して考案され購入された材料や器具がなければ手が下せぬというようなことはない。彼の使う資材の世界は閉じている。そして《もちあわせ》、すなわちそのときそのとき限られた道具と材料の集合で何とかするというのがゲームの規則である。しかも、もちあわせの道具や材料は雑多でまとまりがない。なぜなら、《もちあわせ》の内容構成は、目下の計画にも、またいかなる特定の計画にも無関係で、偶然の結果できたものだからである。すなわち、いろいろな機会にストックが更新され増加し、また前にものを作ったり壊したりしたときの残りもので維持されているのである。したがってブリコルールの使うものの集合は、ある一つの計画によって定義されるものではない。（定義しうるとすれば、エンジニアの場合のように、少なくとも理論的には、計画の種類と同数の資材集合の存在が前提となるはずである。）ブリコルールの用いる資材集合は、単に資材性［潜在的有用性］のみによって定義される。ブリコルール自身の言い方を借りて言い換えるならば、「まだ何かの役に立つ」という原則によって集められ保存された要素でできている。したがって、このような要素のうちのいくらかは、なかば特殊化されていることになる。すなわち、ブリコルールがあらゆる業種の道具と知識をそろえなくても使えるものという点では十分特殊化されているが、各要素が明確な一定の用途に限定されるほどではない。要素のそれぞれは、具体的で同時に潜在的ない

ブリコラージュ
ローマ、ヴィラ・ドリア＝パンピリ、庭園内建物全景

くつもの関係の集合を代表する。それらは、《操作媒体《オペレーター》》である。しかし、同一のタイプに属するものならばどのような操作にも使える操作媒体《オペレーター》である。[原注12]

ここでのわれわれの目的を満足するためには、残念ながらレヴィ＝ストロースからの引用は簡潔というわけにはいかなかった。というのは、《ブリコルール》は《臨時雇いの何でも屋》でもあるわけではあるが、それ以上の存在であることもまさしく疑いを容れないところなのである。「周知のごとく、美術家は科学者と《器用人《ブリコルール》》の両面をもっている[原注13]」。しかし、芸術的創造が科学と《ブリコラージュ》の中間に位置するものだとしても、それは《ブリコルール》が《後衛》だということを意味するわけではない。「《器用人《ブリコルール》》が人間の製作品の残りものの集まり、すなわち文化の部分集合に話しかけるのに対し、エンジニアは宇宙に問いかけるといえるかもしれない[原注14]」。とはいえ、ここでわれわれがエンジニアとブリコルールのどちらが優れているかを問題にしているのではないということを確認しておきたい。すなわち、科学者とブリコルールは「手段と目的に関して、出来事と構造にあたえる機能が逆になる。科学者が構造から出来事を作る（世界を変える）のに対し、器用人《ブリコルール》は出来事から構造を作る[原注15]」。

しかし、われわれはといえば、現在の支配的な通念である、等比級数的に精密度を高めつつある《科学》からは遠くとり残された位置にある（科学は高速モーターボートで、建築とアーバニズムはその後を引きずられて行く初心者の水上スキーヤーのようなものだ）。その代わりに、われわれは《ブリコルール》の《野性の精神》とエンジニアの《教化された》精神との対立という図式だけではなく、この二つの思考のモードが連続性をもった発展段階の上に位置づけられるものではなく（すなわち、エンジニアは《ブリコルール》の完成されたものではなく）、実はこの二つの思考は共存する必要性をもち、かつ互いに他を補完しあうものだ、という示唆に富んだ指摘を手にした。言い換えるなら、ここでわれわれはレヴィ＝ストロース言うところの《知覚の中心にある論理的思考》にほとんど到達しようとしているように思われる。

他のルートをたどる手だても、もちろん考えられなかったわけではない。カール・ポパー[*1]によったとしても、ほとんど同じ地点に到達できたろうし、ユルゲン・ハーバーマス[*2]に従ったとしてもこれと似かよった結論に導かれたことだろう。われわれがこの議論を進めるに際してレヴィ＝ストロースを選んだのは、レヴィ＝ストロースがその論述の中で作ることに重点をおいていたからで、建築家が自分自身に当てはめることが大いに可能であると判断したからである。もしわれわれがプロフェッショナルとしての自尊心《アムール・プロプル》や広く認知されているアカデミックな理論などからの束縛から解放されることができるなら、《ブリコルール》として表現されている内容こそ、建築家やアーバニストの《現実生活》でのあり方や行為を《方法論》や《システム思考》といった幻想に由来するものに比べて、ずっと正確に記述していることを理解するだろう。

実際、《ブリコルール》としての建築家というのは、今日において、ハマり役すぎるのではないかと心配する向きもあるかもしれない。何しろそれによって、フォルマリズム、アド・ホック主義、タウンスケープの模造品、ポピュリズムなどのほとんどが御墨付をもらえることになるのだから。しかし……ブリコルールの野性の精神！　エンジニア／科学者の教化された精神！　この二つの条件の相互作用！　ブリコルールと科学者の双方の資質を兼ねそなえたアーティスト（建築家）！　といった論理的な展開によって、ブリコルールとしての建築家に対する疑念は軽減されるのではないだろうか。とはいえ、ブリコルールの精神がアド・ホックなものを必ずしも無差別に保証するわけではないとしても、エンジニアの精神は建築は広い意味での科学として（理想的には物理学のように）統一されるべきだという考え方を支持するはずで

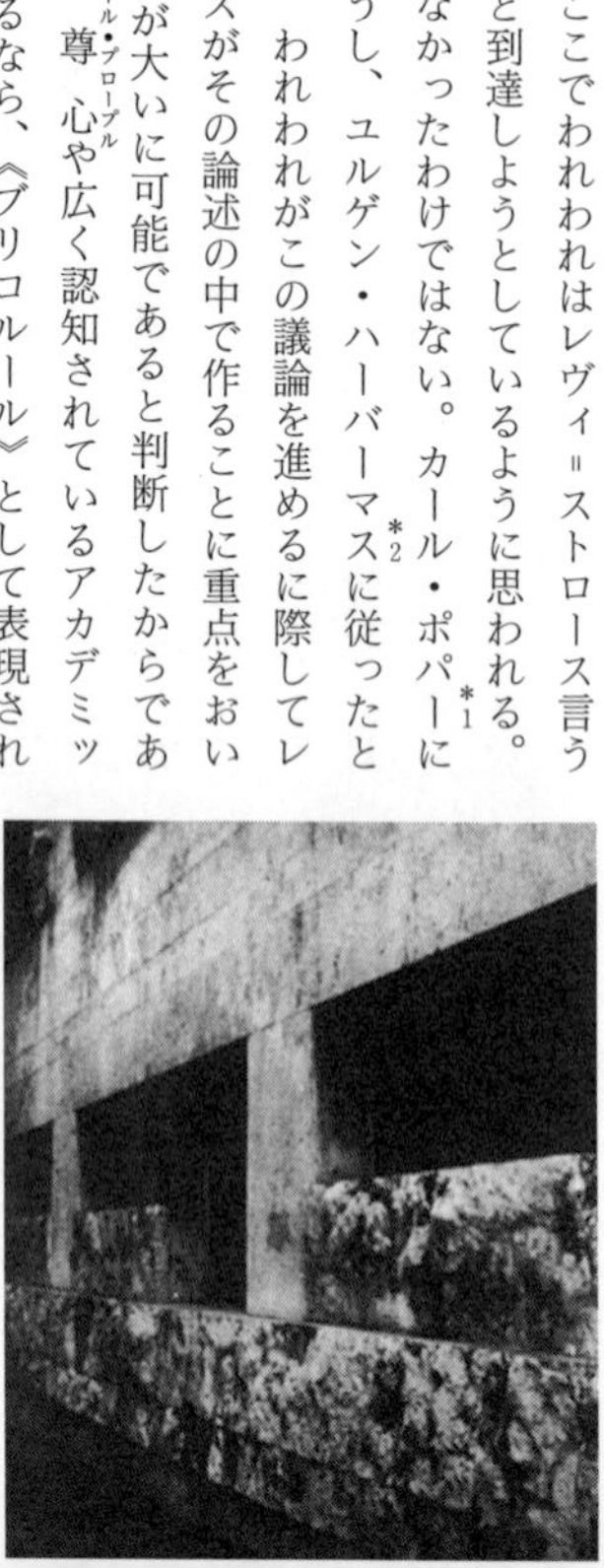

模倣というブリコラージュ
ルイジ・モレッティ、ローマ、カサ・デル・ジラソーレ、部分詳細

＊1　Sir Karl Raimund Popper（一九〇二―九四）オーストリア生まれのイギリスの哲学者。

＊2　Jürgen Habermas（一九二九―）ドイツの哲学者・社会学者。フランクフルト学派の戦後世代を代表するひとり。

ある、と想像するのは必ずしも正しくないということを強調しておきたい。したがって、レヴィ＝ストロースによる《ブリコラージュ》の概念（は顕在的に科学と包含する）をここでポパーによる科学の概念（は《方法論》を否定する）と関連づけてみることにすると、この議論をいま少し限定的な観点からとらえることができるのではないだろうか。なぜなら、建築という行為は常に何らかの点で、（意識されているにせよ、いないにせよ）物事を善くしていこうという改善作業に関わり、物事はどうあるべきかを問題とするので、どうしても価値判断に左右されることになるため、建築は現在陥っている苦境から、科学的な方法では決して脱出できないからで、いわんや、単純な経験に基づいた《事実》を取り扱う理論をや。建築に関してもしこれが正しいとすると、アーバニズム（はものごとの有効性さえ問題としない）に関しては、問題解決の手段としての科学的な方法という問題はいっそうキビシイものとなる。なぜなら、もしすべてのデータの完璧な集積に基づいた《究極の》解決という発想が、誰しもわかるように、認識論上の幻想にすぎず、情報のいくつかの側面は、いかにしても認識不可能あるいは表現不可能であり、《事実》の在庫管理は、変動や廃盤のために完全ということがありえりえないとするなら、ここでまさしく、科学的な都市計画への期待は、実際上、科学的な政治への期待と等価であると指摘することができるからだ。

都市計画が、都市計画決定のための政治機関が構成される政治社会より科学的でありうるはずもないとして、政治または都市計画に関して何らかの行動が必要となる前に十分な情報を入手する手だては一体あるのだろうか。このどちらの場合にも、問題が将来、理想的な形で定式化されるのを待ってからその実行／解決を画策することが許される筋あいではない。したがって、未来にそのような理想的な定式化がなされるかもしれないという可能性がまさに現在の不完全な行動の結果としてもたらされるとするなら、《ブリコラージュ》の役割には政治と共通する点が多く、都市計画はもっと《ブリコラージュ》をとり入れるべきであるからして、《ブリコラージュ》の意義をいま一度だけ強調しておくこともあながち意味のないことではあるまい。

実際のところ、もしわれわれが科学の方法と《ブリコラージュ》の方法とが共存する性質のものであり、またその二つが共に問題への取り組み方の姿勢を示すものであることを認めるにやぶさかでなく、さらに（これには多少の困難がともなうかもしれないが）、《文明》の精神（論理的な一貫性という仮定の上に立つ）と《野性》の精神（連想による飛躍に基づいた）とに等価の価値を認めることをいとわないとするなら、科学と並行して《ブリコラージュ》の再評価を模索する中で、真に有用な、未来への弁証法に至る方法がここに準備されていると想定することもあながち不可能ではないだろう。

真に有用な弁証法とは？[原注16] それは一言でいうと、競合する力の間に生ずる軋轢、すなわち厳しく想定された権利というほとんど本質的な矛盾、あるいは他の主張する権利に対して疑念をもつことが正当であるという発想のことである。そこから現在あるような民主主義の手続きが生み出されてきた。とすると、そこからの必然的な結果にはありきたりで平凡なもの以上を期待しても無理というものであろう。もしそれが事実とするなら、もし民主主義が自由に対する熱い信念と疑念をもつことの正当性の上に成り立つものだとするなら、したがって、民主主義とは本来異なる見解が衝突しあうものとして認められうるとするなら、なぜこの競合する（ガラス張りの）力という理論に、いまだかつて考案されたことのなかったような、完璧なまでに包括的な理性の都市の確立を委ねることはありえないのだろうか。

それに対しては、これ以上のものはありえない。すなわち、科学的な確実性とされるものを根拠とする理想的な管理体制に代わるものとして、個人レベルにも公共レベルにも、解放に対する願望がある（ついでながら、この願望には管理体制からの解放も含まれる）。もしこれが現実の状況であり、権利と権利の衝突や相反するものの間の恒久的な論争なくしては、そこに何の成果も見いだしえないものとするなら、なぜこの弁証法的な苦境を実践面だけでなく理論面でも受け容れようとしないのか？　参照すべきものは、またしてもポパーであり、公明正大なゲームをおこなうという究極の目標である。そのような批評家的な視点からすると、どこでも容易に入手可能な、安易な一般化という点からではなく、問題点を明瞭化するという点から、異なった意見の衝突は歓迎されるべきものなのである。（なぜなら、相互疑惑から生じた戦場では、自由の果実が矛盾という血によって強いられたものであるのは、常に非常にありうることだからだ）しかして、そのような、動機が衝突しあう状況が識別可能なものであるばかりか、是認すべきものであるとするなら、なぜ試してみないのか？　と発言したくなるのもむべなるかなということになる。

上記の提案は、（パブロフの犬のように）ほとんど自動的にわれわれを一七世紀のローマの状況へと導くことになる。すなわち、パラッツォと広場とヴィラの衝突へと、また負荷と適応の溶融状態へと、また志向の集中的かつ弾力的な共存へと。あるいは閉ざされた構成系と、系と系の間のアド・ホックな充塡物とのアンソロジーへと。それは、理想型の弁証法であると同時に、都市組織内に置かれた理想型の弁証法でもある。このように一七世紀ローマ（トラステーヴェレ、サンテウスタッキオ、ボルゴ、カンポ・マルツォ、カンピテッリなどの地区がおのおのの独自性をもった完璧な都市）への考察はその過去形に対しても同じような解釈の可能性を与えてくれる。そこにはフォーラムとテルマエ（大浴場）とが相互依存し、独立し、多様な解読の可能性を秘めつつちりばめられている。そして、いうまでもないことだが、その帝政期のローマはわれわれにはるかにインパクトを与える。帝政期ローマは、後期バロック期のローマと比べて、唐突な衝突、鋭いディスジャンクション（不連続性）、セット・ピース（都市装置）の巨大さ、はげしく差別化されたマトリックス（都市組織）、一般的にいって《良（常）識的な》規制に囚われないことのどの点をとってみても、《ブリコラージュ》的なメンタリティの最も顕著な例となっている。そこかしこのオベリスクやコラム、別の場所の彫像の列といったディテールに至るまでこのメンタリティははっきりと示されている。ついでながら、かつて歴史家はどの学派に属する場合でも（実証主義者なら無論のこと）古代ローマ研究に精力的に貢献したのに対し、ギュスターブ・エッフェルの先達である一九世紀の技術者たちが、どうしてか不運にもその途を閉ざしてしまったという事実に思いを馳せるのもまた一興である。

かようにしてローマは、帝政期のものであれ法王治世のものであれ、ハード面からもソフト面からも、社会工学とトータル・デザインによるアーバニズムの失敗例に代わりうる一種の都市モデルとしての地位を与えられた。というのは、ここに見られるものが、あるひとつの特定の地形と、互いに全く無関係ではないとはいえ、ふたつの特定の文化の産物であることは認めざるをえない事実であるとして、それが普遍性をもった、ひとつの議論のスタイルにまで到達していることもまた確かなところだからである。すなわち、視覚的な形状の点からいうと、衝突の場と都市組織間の充塡物の、最も印象的な実例をローマはその地形と政治形態によって生み出すことができたが、同様の、ただしローマほど顕著ではない例を見つけるのはさして困難なことではない。例えばローマは［もし、そういうふうに見ようと思えば］ロンドンを押し縮めたものであると考えられなくもない。もっと広大な地形を与え、セット・ピース（都市装置）の規模を拡大しそのインパクトを希薄なものに変えるなら（トラヤヌス帝のフォルムをベルグラヴィアに、カラカラ浴場をピムリコに、ヴィラ・アルバーニにはブルームスベリーを、ジュリア通りにはウェストボーン・テラスをそれぞれ置き換えるなら）帝政期と法王期の《ブリコラージュ》作品は、その一九世紀版へと、そして多少なりともそのブルジョワ版へと変容をはじめる。土地は、私有地《エステート》の形態をおよそ反映して合理的に碁盤の目状に分割された部分とその間に発生する河川の流域や家畜道などの反映である、混乱またはピクチャレスクな状況、もともとは自然発生的なＤＭＺ（非武装地区）群とでも呼ばれるべきものだが、カオス的な価値を呈示することによって秩序の美学を教化することに貢献している状況、の集積されたものとなる。

このローマ＝ロンドン・モデルは、もちろん、ヒューストンやロサンゼルスのような都市についても十分に都市解析の手段となりうるだろう。それはその土地を訪れる人の気分の問題といってもよい。すなわち、風変わりなものを求める人は、おそらくその期待を裏切られることをしないだろうし、遠い未来のイメージを探す人は、たいてい見つけ出せるものなのである。同じように、ひとつのモデルからの影響に興味をはらう人は、その痕跡を造作もなく発見できる――そういうことなのだ。ヒューストンにしてもロサンゼルスにしても場としての内的な結合性が希薄であり、都市組織間の充填物を特定するのが困難なのは言わずもがなのことではあるし、個々に体験してみる以外にその存在を知るすべがないとしても、おそらくここでもっと重要なのは、この両都市にローマの《ブリコラージュ》的な状況に復帰しようという傾向が見られる点にある。それは、単にある物事がローマに起源するから必ずよいはずだなどと主張しようというのではないし「そんな妄想やオブセッションからはわれわれは自由である」、また、ある物事がローマのポップ・ヴァージョンだから価値があるはずだ、などと主張する意図があるわけでもない。そうではなく、例えばヒューストンの場合なら、グリーンウェイ・プラザ、シティ・ポスト・オーク、プラザ・デル・オーラ（スペイン風ティヴォリ！）、ブルック・ホローなどに言及することであり、ロサンゼルスの場合でそれに近いものを挙げるなら、ロー

次頁（見開き）：帝政期ローマ、ローマ文明博物館の模型

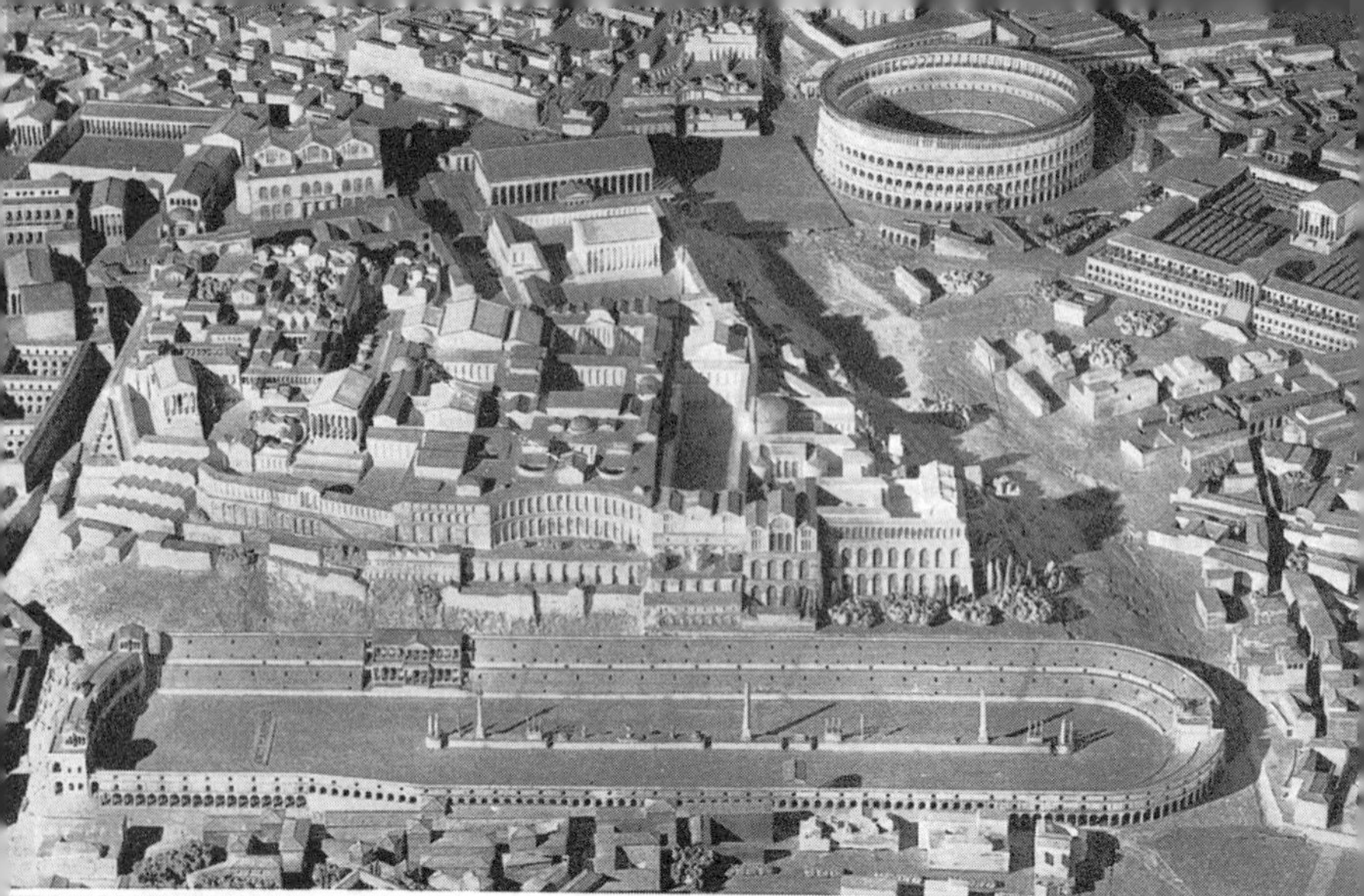

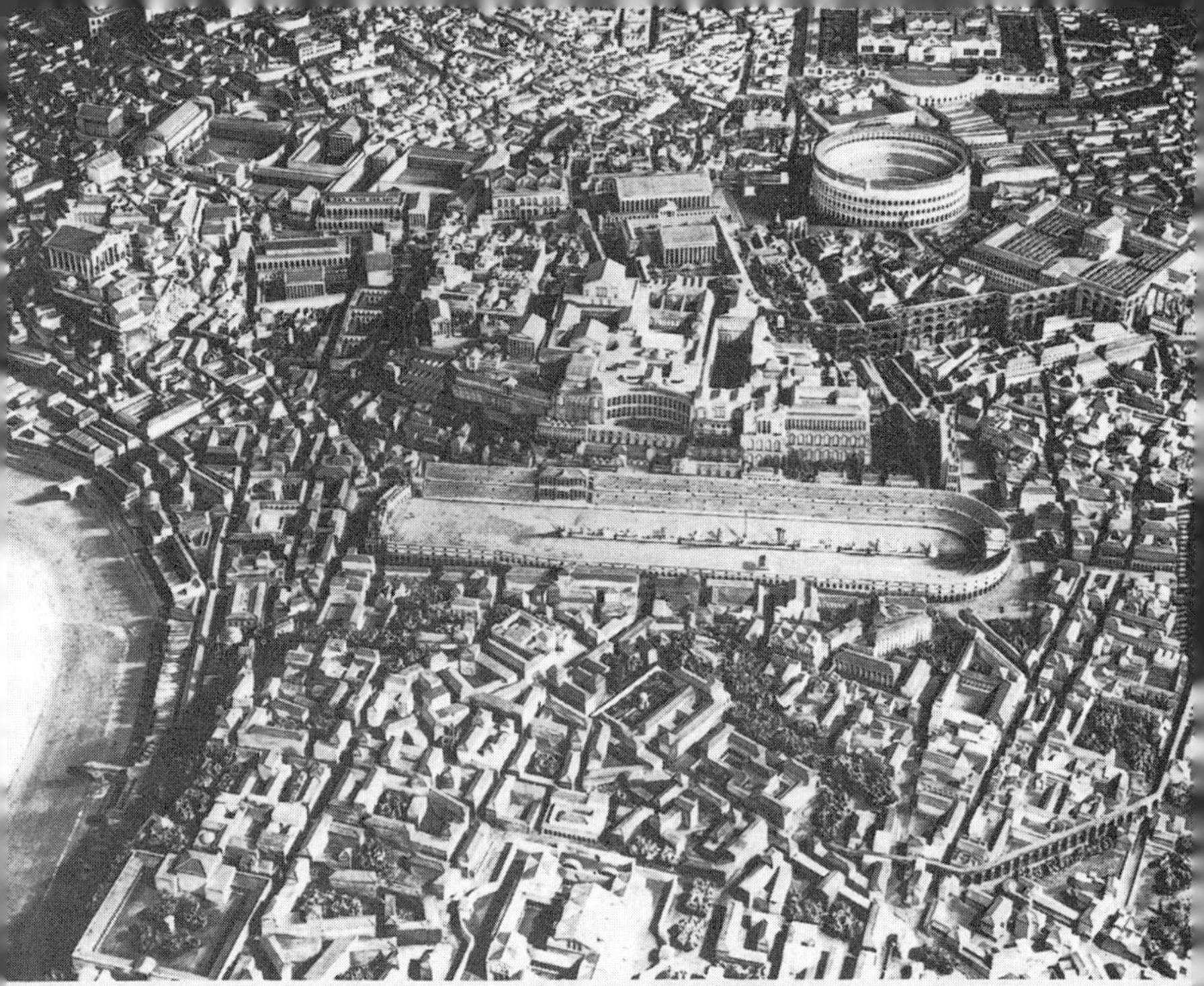

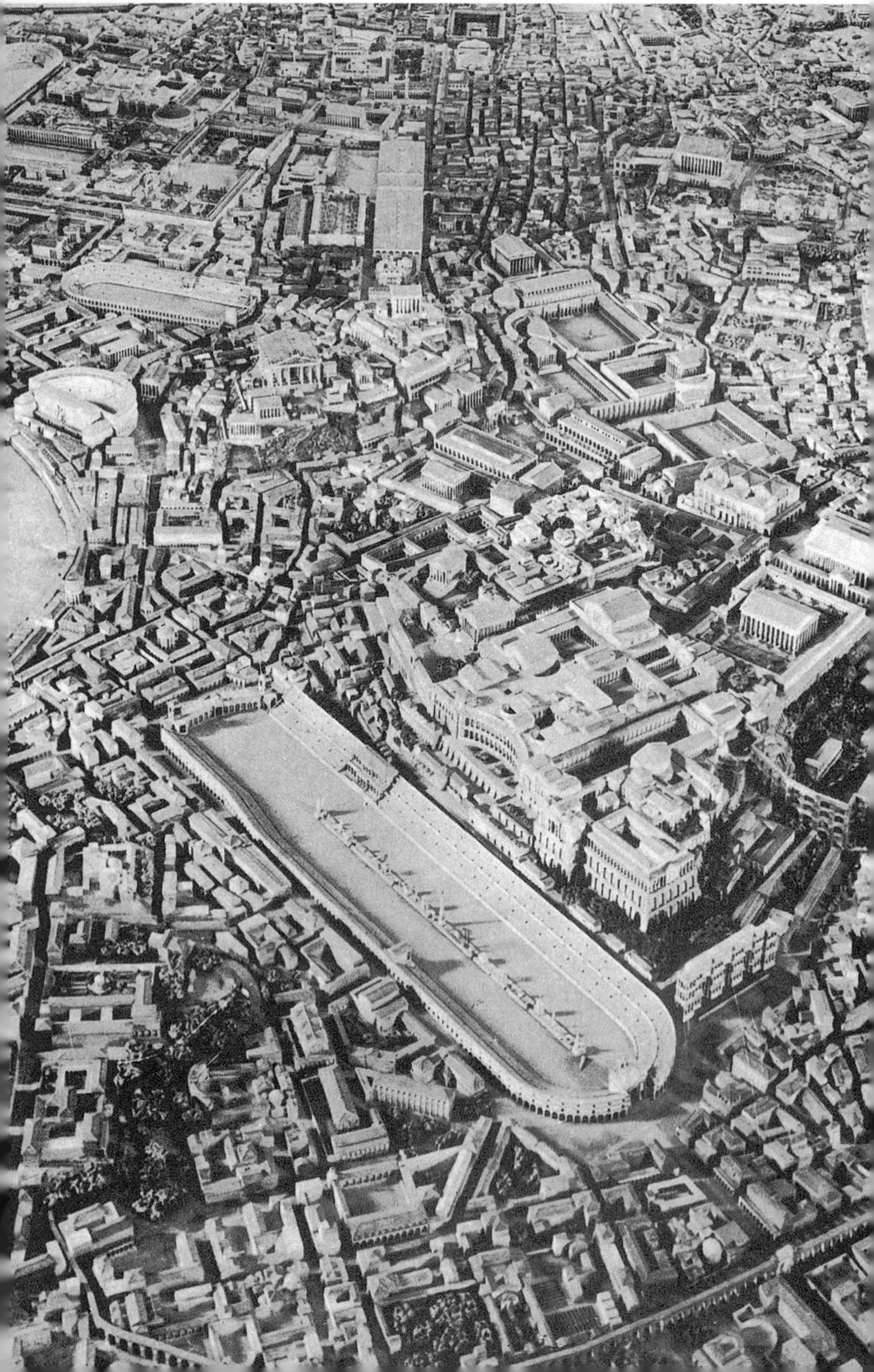

一七世紀ローマの都市組織――ブファリーニによる都市図、一五五一年

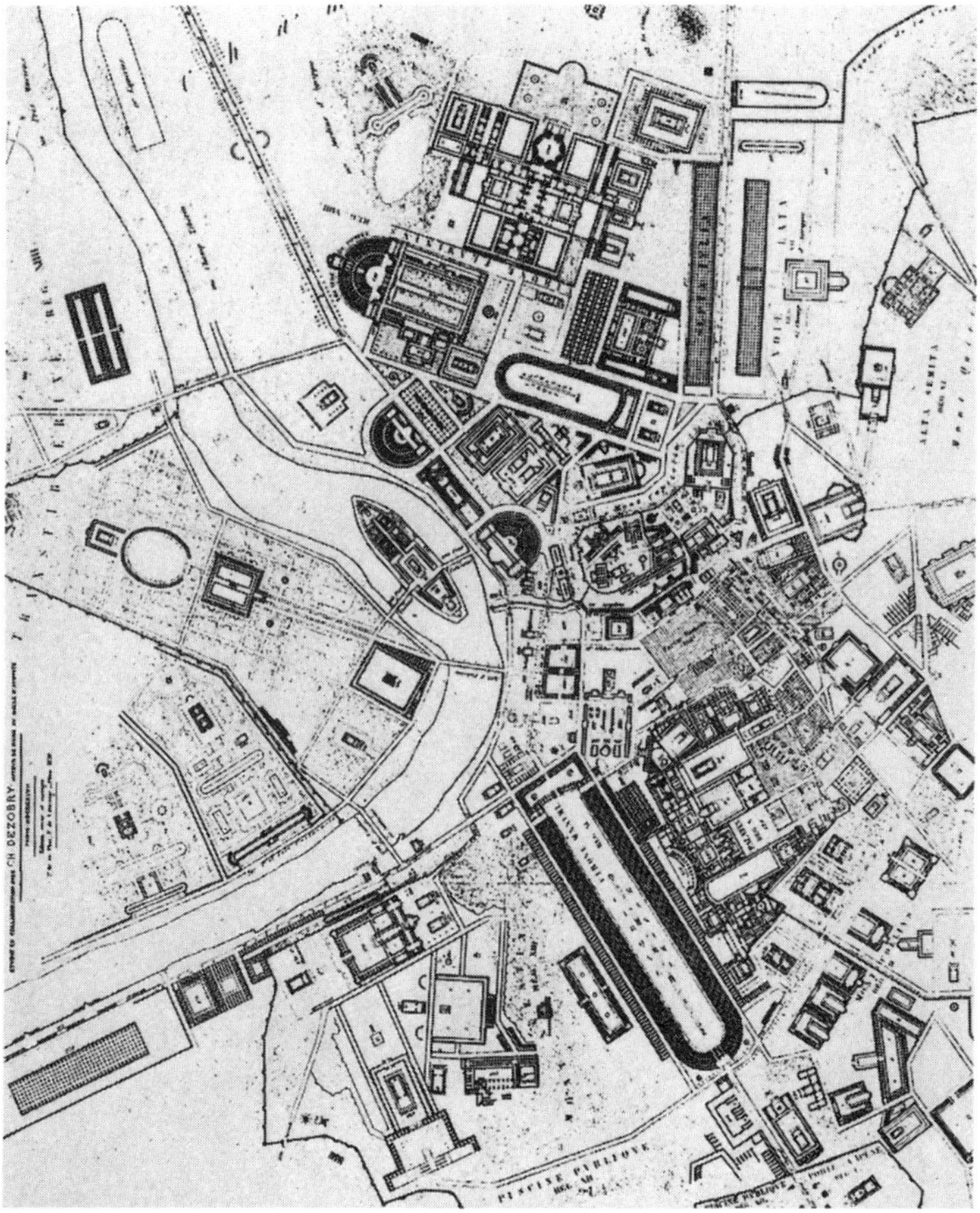

帝政期ローマ、カニーナによる復元予想図、一八三四年頃

カルなショッピング・センターということになるだろうか、いずれにせよそういったものが根本的には同種のものとは言いがたいとしても（あるものは、《モダン》的であり、あるものはネオ・コロニアルであり、あるものはコルドバのイメージをその源としている）、すでに偉大な古代の都市装置と等価のものとして認知されているのではないだろうか。

拡散あるいは、自動車交通によって可能となった爆発的なパターンによって何かが失われた可能性があることは、われわれも、また誰しもが肯ずるところであろう。そこでは〈衝突〉も、われわれが望むほど、はっきりとした明白なものではなくなっている。また、ここに高速公共鉄道網を（石油が消費しつくされた後で？）敷設することが現状を大幅に改善すると信じているわけではないにせよ、《ブリコラージュ》の発展の一環としては歓迎したいと考える次第であるし、近年くつわをならべるポップ愛好家たち（ポスト・マルクス主義者でポスト・技術至上主義者のバンハム氏であるとかポスト・エリート主義者のヴェンチューリ氏など）も、無意識のうちに、同じ危機感をもったのではないかとひそかに想像してみたりするのである。

とはいえ、これはほんの憶測にすぎない。さて、同じパラダイムの変化形としてのローマ、ロンドン、ヒューストン、そしてロサンジェルスに拘泥しているのはこれくらいにして、いま一度、幸福のデカルト座標系、平等と自由のニュートラルなグリッド世界に立ち帰ってみるのも一興であろう――この参照すべき例としてはマンハッタン以外にはありえまい。

> 約二〇〇ブロックにおよぶ街区が計画された。そのそれぞれは厳密に二〇〇フィート幅に定められた。したがって、建物の敷地が求められた場合、眺望に違いはあるものの「数会か溶鉱炉かオペラハウスかおもちゃ屋かというように」、このブロック内のどこかが他のよりよいということでは計画上ありえない。[原注17]

しかし、すべての絶望的な意見がそうであるように、フレデリック・ロー・オルムステッド*による見解も一〇〇パーセント真実というには至らなかった。なぜなら、マンハッタンにグリッド状の網を広げる作業によって、各地区のディテールを消し去りながら同時に卓抜した土地のマーケティング活動が展開されたことは確かとしても、その作業が完了することはありえなかったからであり、またグリッドは戦闘的なまでに《ニュートラル》であり続けているのに対し、グリッドの長所は最もおおまかなレベルかごく卑近なレベル（連続するウォーター・フロント、セントラル・パーク、ロウアー・マンハッタン、ウェスト・ヴィレッジ、ブロードウェイ……）でしか見いだしえない上に、そういった状況にもかかわらず特異な凝固作用の徴候がそこかしこにあらわれ、発達の兆しをみせているからである。［モンドリアンにははっきり見えていたことだが］状況もそうではなかった、すなわち完敗。変化に富み、また偶発的でもあるイベント発生のためのエネルギー満点の足場を提供しているという点で、ニューヨーク・シティは、都市全体をおおうグリッド網という考え方に最良の口実をあたえているともいえるが、そのグリッドがもたらす満足感は、おそらく、基本的にコンセプチュアルで知的なレベルに位置するのではないか。場はここでは無限に拡張されて、政治からも知覚からも解放されているように思われる。したがって、おそらく単なる勘のようなものと必然的な存在とを制度化していく試みの中で、《民主的なニューヨーク像とは》[原注18]というような提案が出てきたのではないだろうか——それは、非現実的なまでに集中化された政治体系、カントン型政治への要望であるが、興味深いことには、純粋に都市形態学的な分析の結果ともよく符合するものとなっている。

どうもつじつまが合わないように思われるのだが、建築界の最近の傾向としては、このような提案にとみに好意的である。なぜつじつまが合わないのではないかというと、例えばカント

* Frederick Law Olmsted（一八二二—一九〇三）アメリカの造園家。ニューヨークのセントラルパークなど数多くの公園を設計した。

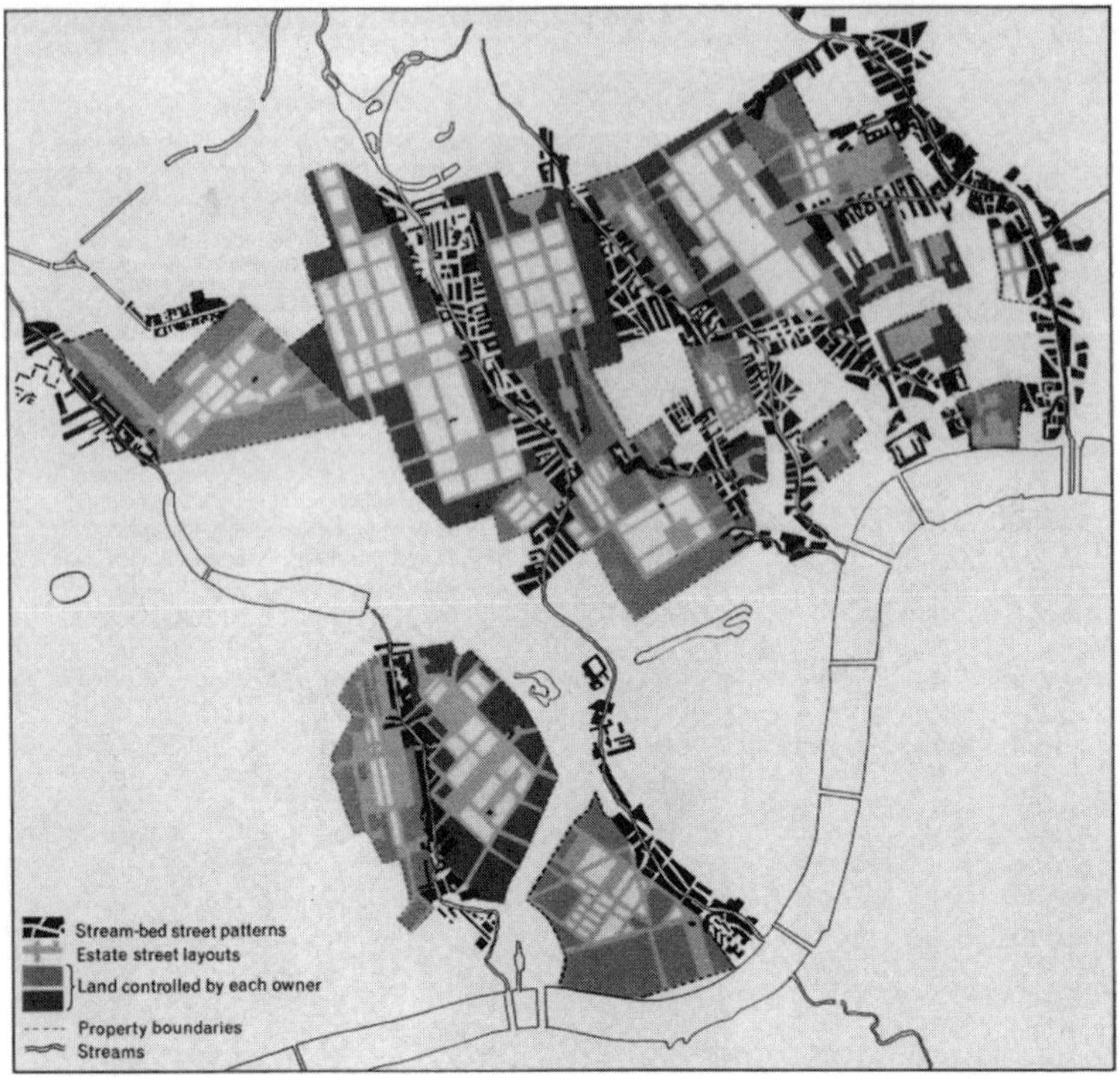

グラハム・シェーン。ロンドン中心部のフィールド・アナリシス、一九七一年
図内凡例（上より）
①河川流域地区内道路パターン
②大規模私有地内道路レイアウト
③私有地
④敷地境界
⑤河川

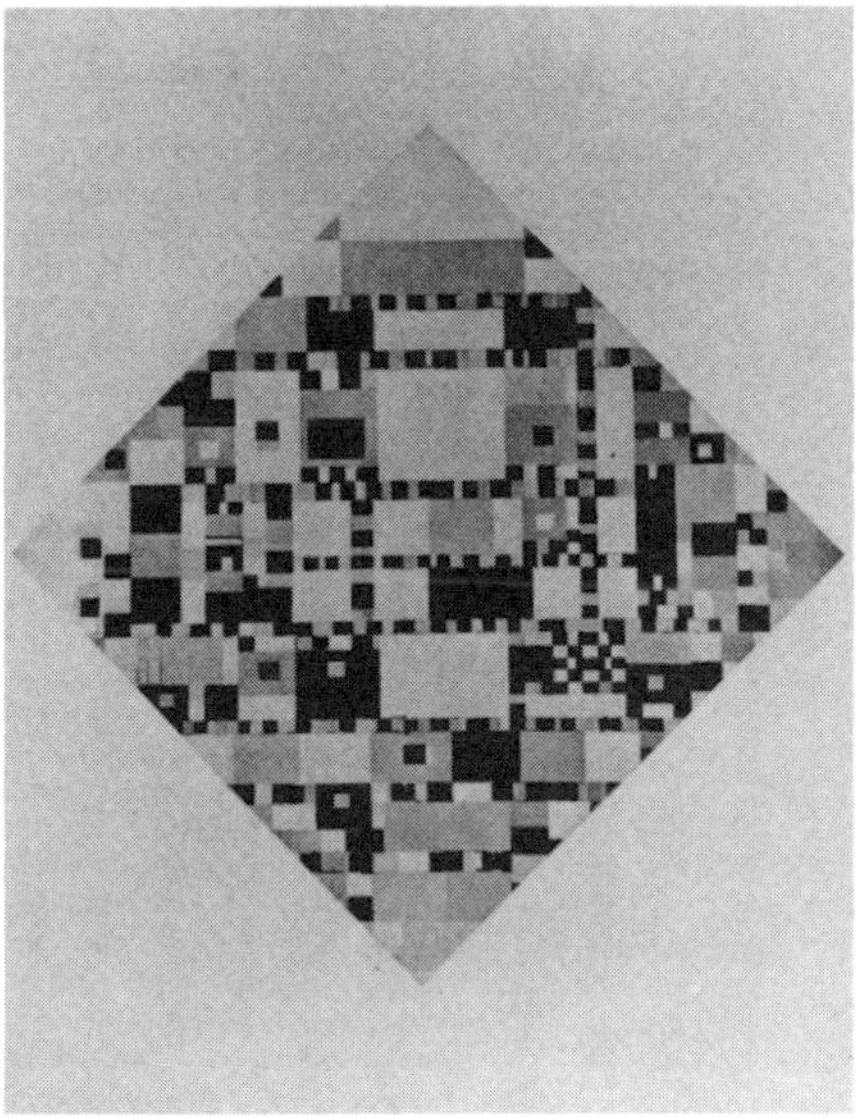

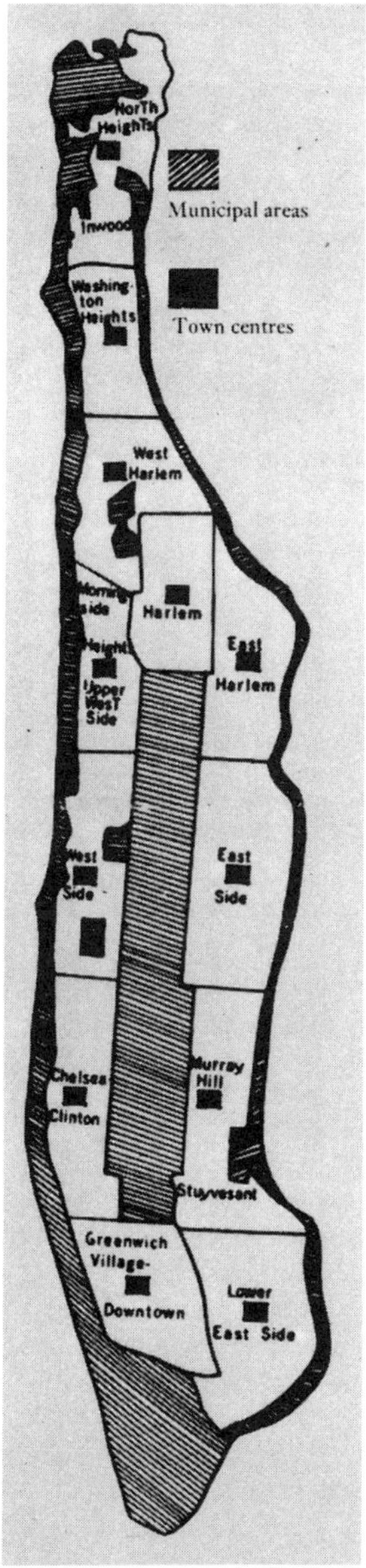

右：マンハッタン島の民主的な政治区分はこうなる、一九七三年
図内凡例（上より）
①市所有地
②タウンセンター
上：ピエト・モンドリアン、ヴィクトリー・ブギ・ウギ、一九四三—四四年

ン化がいかに民主的なものに見えようとも、建築家はトータル・デザインの幻想にあまりに長く毒されてきたので、その偏見から逃れて、カントン化のようなオルタナティブな提案の目ざすものを支援していくことはもはや不可能になっているからなのである。トータル・ポリティックスに対しては、その展望を問題視する動きが起きているが、反・トータル・ポリティックスの具体的《フィジカル》な副産物とその展望に関しては依然として不信と無関心が支配しているように思われる。別の言い方をするなら、政治においては、有限の複数の場の存在（相互に作用し影響を与えあうが、究極的な侵害行為からは保護されている）が、有益かつ望ましいものとして再評価されているが、この状況は知覚の言語には、まだ十分に翻訳され伝幡していないようであり、その結果として、空間的あるいは時間的に有限の場に対応する物をつくりだす作業は、またしても、未来への障壁として、またオープン・エンドの自由に対する危険きわまりない妨害行為として、とりわけ、疑惑の対象となりがちとなる。

この議論の結末がどうなるかということはさして重要ではないし、運営手段として完全に統合された世界社会を夢みる人々になんら確信を与えるものでもない。世界社会は、いわば性善説と科学的な世知との組合せの上に成立するもので、そこではメジャー、マイナーの区別なくすべての政治体制が消滅してしまうことになっている。われわれはこの議論のもつ説得力を認めるにやぶさかではない。しかるに、われわれはまた次のように反論せざるをえない。すなわち、理想的でオープンに解放された社会があったとして、それがこういう具合にしてつくられたはずはないし、開かれた社会の成否はその各部分の複雑性と社会内のグループ間の競合する利害関係によるもので、この利害関係の図式は必ずしも論理的である必要はないにせよ、全体的にいって、互いを監視しあうだけでなく、個人と集団による権力の間の保護膜としても機能するようになっている。なぜなら、半ば統合された全体と半ば分離された部分との間の緊張関係が、常に基本的に不可欠な問題であるはずだからであり、分離された部分なくしては、《開かれた社会》は自由平等の原理にもかかわらず、博愛に根ざした強迫［相性、チーム名入りのスエットシャツ、集団力学、心地よい疎外感の喜びをもたらす革命的な共同体、イエス協会、ラムダ・カイ（自治寮）、年次総会、同窓会などなど］が必ずや再発することは想像に難くない。

この問題にはもっと身近でずっと直接的な実例を挙げることができるだろう。すなわち、統合とか分離といった言葉は（政治的にも認識論からいっても）、アメリカの黒人社会の苦境を正しくそのまま体現するものなのである。かつて、そしていまだに統合の夢は存在し、同様に、かつて、そしていまだに分離・差別という理想も存在する。しかしここで重要なのは、この二つの理想が共に適切なもの、不適切なものを含めた実にさまざまな議論によって支持されていることではなく、ひどい不公正が徐々に改善されると、それまで外部につくられていた障壁が、今度は内部から再構築されることがあるという事実である。というのは、理想的な、開かれた社会という幻想を持続させることができるとしても（ポパーのいう《開かれた社会》は、彼の否定する《閉ざされた社会》と同じように虚構にすぎないのかもしれない）、リベラリズムの理論に基づいた抽象的で普遍的な目標が何であれ、アイデンティティの問題がそこに大きく立ちはだかる。このアイデンティティの問題は、ある特別のタイプの吸収または消滅という問題と密接に関連するが、そういった問題は単に一時的なものかどうかはまだ誰にもわかっていない。なぜなら、自由、平等、博愛というのは必ずしも経験則に根ざした順序ではないからで、経験的にはむしろその逆の順となる。つまり、博愛＝友情を礎とする秩序の問題。すなわち、平等であり同一の志向をもった集団が、集団全体として自由を獲得する力をもつと仮定する共同幻想。キリスト教、ヨーロッパ大陸のフリーメイソン、大学組織、労働組合、婦人参政権、ブルジョワの特権などなどの歴史はすべてそれを裏付けるものである。それはまた開かれた場という観念と閉ざされた場という事実の対立の歴史でもある。この閉ざされた場が連続的に崩壊することによって真の解放が促進されたという点で、近年のアメリカにおける黒人に対する差別撤廃の歴史はとくに啓発的なもので（あると同時に、その攻撃的かつ防御的な立場の双方がまさに《正しい》ので）、苦境のひとつの古典例［あるいは代表的な古典例］として引用することになった次第である。

さてそろそろ議論を集約する時が訪れたようである。この議論が、運命予定説対自由意志という神学上の両極端に関連するものであることは間違いない。また、同じくらいはっきりしているのは、保守的でありたいという欲求とアナーキーな衝動とを併せもっていることである。政治的な領域がある一定レベル以上に拡張されることは前提とされるべきでもないし、望まれるべきでもないと考えられるが、それと同じように、《デザイン》の領域が過度に拡張されることにも疑いの目を向けなければならない。しかし、トータル・デザインが否定されるからといって、いきあたりばったりな方法のみが広まることを期待しているわけではない。そうではなく、経験がそして理想がそれぞれ何であるにせよ（さらにそれぞれの立場は、反対の立場に働きかけようという知的な情熱ないしは私利私欲のために往々にして歪められるのだが）、私たちが続けてきた議論では、この二つの両極の間の、双方向の議論の可能性と必要性を説くものである。ある意味では、それは形式主義のそしりを受けかねない議論であるが、しかし、そこにある程度の形式主義的な特徴を含みもっていることも、全く故《ゆえ》ないことではない。

「民主政治の時代に生きている人間は、形式の有用性を容易に理解できない」というのは一八三〇年代初期に書かれたアレクシス・ド・トクヴィル[*]の文章であるが、この文章の中で彼は続けて、

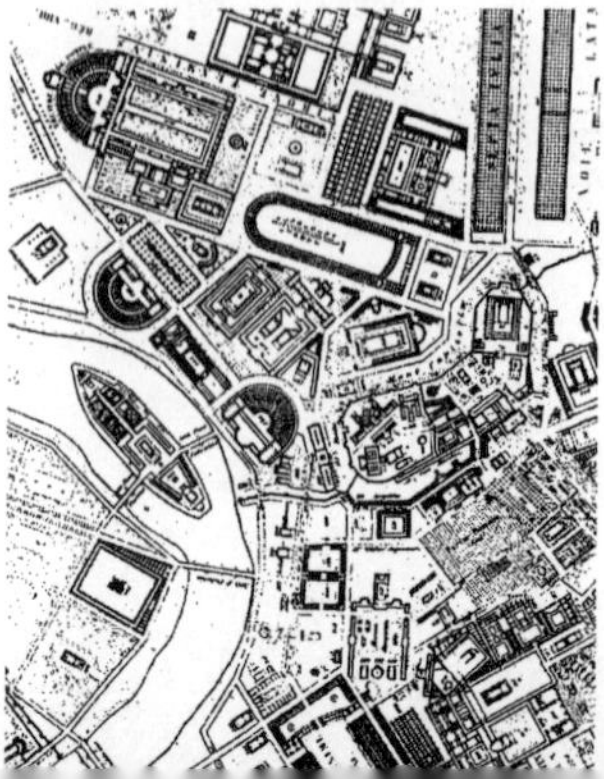
帝政期ローマ、カニーナによる復元図部分詳細、一八三四年頃

* Alexis de Tocqueville（一八〇五―一八五九）フランスの政治学者・歴史家・政治家。一九世紀前半の正統的自由主義の代表的思想家。

しかし、民主政治下の人間が形式に対して示す、この反発こそが、形式を自由のためにきわめて役立つものとしている。というのは、形式の主たる利点は何かというと、強者と弱者、統治者と人民の間の障壁として機能し、一方を遅らせることによって他方に自身を点検する猶予をあたえることにある。政府がヨリ活動的で強力になり、個人が怠惰で無力なものになるに比例して形式の重要性は増してくる……これは注目に値する。原注19

形式に関する理論としては甚だしく実用的なものではあるが、上の引用がいまだに、少なくとも、いくらかの注目には値するとするなら、このような文章の後で政治と認識の類似性を、もう一度だけ、提言しておきたい。

最後に、ヘーゲルの《美と真実の破壊不能なる絆》よりも、永遠の調和、未来の統一といった観念よりも、われわれは意識と昇華された矛盾の間に相互補完的な可能性を見いだす道を選びたい。そして、もしここにこそキツネと《ブリコルール》に緊急の必要性があるとするなら、彼らの解決しなければならない仕事は世界を民主政治にとって安全なものにしていくこととは無縁であると考えておかなくてはならないとつけ加えておくべきだろう。それと完全に違うわけではないが、それではない。仕事とは、隠喩や類推思考や多義性の大量注入によって都市を（しかして民主政治を）安全なものにしていくことにある。科学主義が標榜され自由放任主義が顕著な当世ではあるが、このような活動こそ真の《デザインによるサバイバル》を可能にすると信じて止まない。

第五章　コラージュ・シティと時の奪還

一言でいうなら、人間は自然／本性をもっていない。彼にあるのは……歴史である。別の表現をすると、事物にとって自然／本性にあたるのは、人間によっては歴史、なされたこと、にあたる。人間の歴史と《自然》の歴史とが、唯一根本的に異なる点は、人間の歴史はもう一度最初から始めることができないことである……チンパンジーやオランウータンと人間を区別するのは、厳密な意味での知性として知られているものではなく、記憶の容量の差である。毎朝、動物たちはあわれにもその前日の出来事のほとんどすべてが忘却のかなたに去ってしまっていることに直面しなければならない。したがって動物の知性は経験に基づいて判断を下すことがほとんど不可能である。同様に六〇〇〇年前のトラと今日のトラとの間には何らの差違を認めることができない。それぞれのトラは、自分の前に一匹のトラも存在しなかったかのごとくして、トラの一生を始めなくてはならない……過去からの連続性に終止符を打つことは、人間をさげすむことでありオランウータンを剽窃することである。

ホセ・オルテガ・イ・ガセット

それは、あなたが探究の系図とでもいうべきものを探し出し、それをさらに展開させようと試みることを意味している。この探究の系図こそが科学の初期の発展全体の基盤である。すなわち、あなたは科学の伝統と出会ったことになる。非常に簡明かつ決定的な点なのだが、合理主義者には必ずしも十分に理解されていない点がある。それは、われわれはゼロからスタートすることはできないということである。われわれは、他人《ひと》が自分たち以前に科学で成し遂げたことを利用せざるをえない。もしゼロからスタートするならば、われわれが死ぬ時になってもアダムとイヴ（あるいは、もしお望みならネアンデルタール人程度といい直してもよいが）が死んだ時のレベルを越えられてはいまい。科学では、進歩することが目標であるが、そのためにはわれわれの先達の肩を借りることをいさぎよしとしなくてはならない。われわれはある程度の伝統は受け継いでいかなければならない。

カール・ポパー

この章では、有形の構築物の〈衝突〉についての考察からさらに歩を進めて、心理的な〈衝突〉と、ある程度まで、時間軸上の〈衝突〉について考えてみることにしたい。〈衝突〉への志向をもつ都市は、どのような体裁をとって実現されるとしても、またひとつの図像《イコン》であることは明らかであるが、それは歴史的な過程と社会変化に関するある一定の態度を表示する政治的な図像《イコン》といえる。ここまでは誰しも納得のいくところであろう。しかし、もし衝突都市がいままでの議論に見られるように、図像への志向を全くの偶然によってくつがえすものであるとすると、象徴性あるいは機能に関する疑問がここで徐々に表面化することになる。

　事物が見かけどおりのものとして存在することは心理的な必然性をもつ、とする考え方があるが、その逆こそ真であるとする考え方もありうるわけで、その立場からすると事物は決して事物がそう見えるところのものではなく、現象は常に本質を偽装する。ある思想によれば、事実とはたやすく検証可能で具体的で常に簡潔に表現できうるものであるが、他の思想においては、事実とは本質的にとらえがたいものでその厳密な意味での記述は不可能である。事物の定義を手がかりとして理論構築する知性もあれば、事物の解釈によって啓発される知性もある。しかし、そのどちらもが経験主義的な理解あるいは理想主義的な幻想だけに塗りつぶされてい

上：ローマ、パンテオンのオキュルス
下：マンダラ

ないならば、それぞれの性格づけにことさら手間どる必要はあるまい。このふたつの精神状況はすでに十分おなじみのものであるからである。そして、もしそのうちの一方の立場を偶像破壊主義と呼び、他の一方を偶像崇拝主義と命名するのはあまりに単純明快である（しかも正確さを欠くところがある）としても、そういった程度のごく初歩的な区分こそここでの提案の趣旨なのである。

偶像を破壊することは義務であり、義務とされねばならない。神話を排除し、意味の複合体の肥大化を抑制することこそわれわれの義務に他ならない。とはいうものの、世界を息がつまるほどの参照性から解放しようというゴート人的あるいはヴァンダル人的な努力に共感するのは誰しもごく当然のことであるが、そういった試みはなべて［そのそもそもの意図という点において］結局のところ無意味であることを識ることになる。それは、ある限られた期間の間は意気の昂揚や自己満足、あるいは甲状腺機能亢進症の興奮状態をひき起こすかもしれない。しかし、長い目で見れば［誰しもよく知っているように］そういった努力は単にもうひとつの偶像《イコノグラフィ》を生み出すのに寄与するだけなのである。というのは、人間の所作が、意味内容から完全に解放されることはないとするエルンスト・カッシーラーと彼のあまたの信奉者の言[原注1]に従うならば、神話を玄関から追放するための住民運動を繰り広げると、運動を続ける間にも（そして運動しているからこそ）神話は勝手口から涼しい顔で入って来てしまうことを結局認めざるをえないことになるからだ。合理性を盾にとる方法もある。理性は常にまさしく合理的である［それ以上でもそれ以下でもない］と主張することはできる。しかし、ある種の強力にトーテム性を帯びた〈物質《マテリアル》〉をとり除くことはやはりできないだろう。その理由としては、カッシーラーの理論の根底にある直観をここで繰り返すことになるが、われわれがいかに完璧な論理を志向しようとしても言語は思考の主要な手段であるから、簡単な論理過程をもった初歩的なプログラムについてでさえ、言語は不可避的に先行し影を投げかけることになる。

革命の栄誉ある伝統とその悲劇的な限界はこの困難な状況を無視した（あるいは無視したつもりになった）ところにある。革命の光は曖昧の闇を消滅させるだろう。革命が達成されたあかつきには、人間の行為は啓蒙の光の真下にさらされるであろう。革命はこのようには何度も何度も予告され、そしてその結果として、何度も何度も（ほとんど予測された顚末《てんまつ》とはいえ）、幻滅をまねくこととなった。というのは、所詮、合理的な計画がいかに理論的に高いレベルにあるものであっても、トーテム的なモノを抹消することはいかにしてもかなわないからである。それは単に新しい変装を身にまとうだけである。このように、それは、その都度最新式のカムフラージュの中に身を隠すという高度な技法によって、常に変わることなく効率よく機能を果たすことが可能であった。

二〇世紀の建築とアーバニズムの歴史はまさしくそのようなものであった。すなわち、有害と目されるあらゆる文化上の幻想の徹底的な排斥と、有益と認定された幻想への傾倒。一方では、建物も都市も科学的に決定された性能と効率の型を宣伝するだけのものとされたが、他方では、主題と内容の完全なる統合の実例という点からすると、すでに実現されているにせよあるいは計画中であるにせよ、都市にも建築にもある種の象徴的な役割しか与えることはできまい。その隠された目的はお説教を言うことだった。それは布教活動だった。そしてその程度はあまりにかまびすしいものであったから、都市は本来的に教育の手段であることを思い起こすなら、近代建築による都市こそアーバニズムの批評の歴史の中で、教化善導への止みがたい性向を代表する例のひとつとして末永く生き残るにちがいあるまい。

教育手段としての都市。都市がそうあるべきか否かはここでは問題とされない。そうならざるをえないというのがむしろ問題なのである。したがって、いったいいかにして望ましい議論を案出できるか、また都市が選択すべき倫理内容を決定づけるのはどういった基準なのか、といった方向性を満足できる教育上の情報とはどんな性質のものかが問題とされることになる。

さて、この問題には慣習と革新、安定性と変動性、そして［究極的には］強制と解放、といった要素が非常にあやふやな形でからんでくる。これは避けられるならそうしたいところだが、しかし一番多く用いられた回避コース《科学で町を建てよう》《大衆に町を建てさせよう》についてはすでに述べたし、すでに否定されている。なぜなら、もし一見クールに理論づけられた《事実》や数字が、その倫理性に関しては疑惑だらけであることをあらわにするかもしれないし、科学は都市の救出を正当化するだけでなく、アウシュヴィッツやベトナムにおける道徳的破局をも正当化するかもしれないからだ。また最近復活した《大衆に力を》路線が単にこれにとって代わるものであるなら、これもまた大きなカッコ付きでとらえる必要がある。また、都市モデル、理論の上での都市、の文脈において、単なる機能上のもしくは形態上の問題点を解決するために、論述のスタイルや内容に関連する問題が歪曲されることは許されえない。

こういったことをふまえて、以下に述べる議論の中では、われわれの使用目的にたえる倫理内容をもつ貯水池《レゼボール》は、最終的な分析によれば、おそらく二つしかないということが前提になっている。その二つとは、伝統とユートピア、あるいは伝統とユートピアに対するわれわれの概念がいまだにもちえている意味内容を暗示するものすべて、である。これらは、ひとつひとつ別々だったりまたは二つ一緒だったり、肯定されたり、否定されたりの差はあるものの、さまざまな《科学》都市や《大衆》都市の、またすでに述べてきた《自然》都市や《歴史》都市の最後の調整役として多用されてきた。そして、実際のところその二つが常にくっつき合って作用・反作用のリトマス試験紙として機能してきた（おそらく他と比べて最も結合力の高いものであった）ことには疑いがないので、ここで完璧なというには程遠いけれど、最終の参照項目として取り上げたわけである。

　これは必ずしも逆説を唱えようとしているのではない。ユートピアに対する留保はすでに述べたとおりである。ここで伝統に対する留保についても規定していくことになるだろう。しかし、伝統について思考をめぐらすにあたってはカール・ポパーの伝統観はいまだに十分に顧みられていないきらいがあるが、ポパーによる評価[原注2]について、まず目を向けてみないことには片手落ちのそしりを受けかねないことになってしまうだろう。ポパーは、科学的方法論の理論家であり、客観的に識別可能な真理は存在しないと信じ、推論の必要性とそれに対するあらゆる角度からの論駁をその結果として義務とすることを唱えたが、ウィーン生まれのリベラリストで永く英国に滞在し、ホイッグ主義と似かよったところのある国家観をもって、プラトン、ヘーゲル、そして当然ながら、ヒトラーの第三帝国の批判をおこなった。彼は、参加《アンガージュマン》する哲学者として、経験論を拠りどころに歴史決定論の学説と閉ざされた社会という仮説を徹頭徹尾攻撃することに意を注いだ。こういった背景の下でポパーは、科学的厳密性の主唱者として、しだいにユートピアの批判者であり伝統の有用性の解説者という姿勢を明らかにするようになる。そしてまさしくこの観点において、暗に彼を近代建築とアーバニズムの偉大な批評家としてとらえることはあながちありえないことではないだろう（もっとも近代建築とアーバニズムの両方を批評する技術的な能力と興味とを、彼が具体的にもっていたかどうかはつまびらかではないけれど）。

　というわけで、伝統の評価に関してのポパーの理論は、論理的には瑕疵なきものということになっているが、それは情緒面では無味乾燥のように感じられるのもまた事実である。伝統は不可欠のものである——なぜなら、コミュニケーションは伝統をその基盤とするからである。

伝統は社会環境の構造を感じられるものにしたいという必要性と関連する、伝統は社会の改善に決定的な役を果たしうる媒体である、どの社会をとってみてもその《雰囲気》は伝統によって醸し出されている、また、伝統は神語と類似性をもっている、あるいは［別の言葉に言い換えるなら］それぞれの伝統は何かしら、不完全ながらも、社会を説明するのに助けとなるような価値をもった理論の断片を示している。

しかし、そのような言説も、それが導き出された科学の概念に並置される必要がある。科学の概念は概して反経験的なものであり、事実の集積というより、その妥当性を吟味するという点において仮説に対する批判ということができる。あくまで仮説が事実を発見するのであり、その逆ではない。すなわち、こういう点から見ると［というように彼の議論は続くのだが］社会における伝統の役割は科学における仮説の役割におよそ等しいといえる。つまり、ちょうど神話の批判から仮説や理論が形成されるように。

同様に伝統も重要な二重機能を持っていて、社会構造のようなある種の秩序をつくり出すだけでなく、われわれが操作可能なもの、われわれが批判し変更可能な何かを与えてくれる。（そして）……神話の発明あるいは自然科学の分野における理論の開発が、自然界の事物の中に秩序をもたらす助けとなるという意味をもっているように、社会の中における伝統の形成にも同様な役割が考えられる。[原注3]

おそらく以上のような理由から、伝統に対する合理的なアプローチは、ポパーによって、合理主義者による抽象的でユートピア的な定式化を用いた社会変革の試みと対比される。そういった試みは、『危険かつ有害きわまりない』ものであり、もしユートピアが『魅力的……あまりに魅力的な理念』であるとしても、ポパーにとってはそれはまた『自己欺瞞的かつ暴力肯定

へと人を導く』ものである。ここでもう一度議論をまとめてみるなら、

一　目的を科学的に決定することは不可能である。二つの目的を科学的に選択する方法は存在しない。

二　（それゆえに）ユートピアの青写真を作成するという課題は科学だけではほぼ解決不可能である。

三　政治的行動の最終目的を科学的に決定することはできないが、……その性格には、少なくとも部分的には、宗教的な差違が見いだされるだろう。そして、そういった異なったユートピア的な宗教の間にはいかなる寛容性をも望むことはできない……ユートピア信仰者はその競争相手を改宗させるか、さもなくばたたきつぶすしかない……いやもっとしなくてはならない……（なぜなら）自分の政治行動を正当化するためには将来長期にわたって恒常性のある目標を示すことが要求されるからである……。

四　ユートピアの建設時期が社会変化の時期と重なることがままあることに留意するなら、対立する目標を抑圧することはいっそうの急務となる。（なぜなら）そのような時期には理念も変化しがちであるからである。（だから）このようにしてユートピアの青写真が決定された時には大多数にとって望ましく思われたものが、後になってみるとそれほど望ましいものとは思われなくなることが起こりうる……。

五　もしそれが事実だとするとこのアプローチ全体が挫折にひんすることになる。というのは、もしわれわれが究極の政治目標をそれに到達する試みの途中で変更したりするならば、いずれ堂々めぐりに陥ることになるからである……（そして）気づいた時には歩んできた道が新しい目標からはかえって遠のいていることも起こりかねないのである……。

六　目標の変更を避ける唯一の方法は暴力の使用であるように思われる。この暴力には、プロパガン

ダ、批判の禁止、あらゆる反対活動の弾圧などが含まれる。……このようにしてユートピアの建設技師は全知全能の存在にならねばならない。[原注4]

若干残念なのは、この中でポパーが暗喩としてのユートピアと処方としてのユートピアとに何らの区別を与えていないことである。しかし、彼が関心をよせていたのは、ある種の通常は誰しもが念頭に上らすことのない過程や態度を［その結果が実際上およそどうなるかという点から］吟味することであったのは明らかとして、彼が繰り返し繰り返し検討されねばならないと感じていた知的状況については比較的容易に提示することができる。〈国家目的研究員《ナショナル・ゴールズ・リサーチ・スタッフ》〉の創設に関して一九六八年七月一三日にホワイトハウスがおこなった声明は、以下のように述べられている。

今日、公共および民間の機関を通じて、将来予測の努力が一段とその数を増しているが、これは将来起こりうる発展やその際の選択の範囲についての判断の基準となるような情報の量を拡大させる作業に他ならない。

このように現在おこなわれている予測がますます高度化されていくなかで、予測とそれに基づいて決定をおこなう過程との間により直接的なリンクを確立することが緊急の課題となっている。そのようなリンクを確立することの実用面における重要性は、今日国家の直面している事実上すべての重大な問題がこのように危機的な状況に到達するずっと以前に予測可能であった、という事実によって雄弁に物語られている。

将来予測の手段と技法は驚異的なレベルにまで発達しているので、未来のトレンドを予測し、それによって、いわば予測に基づいた選択をおこなうことは十分に現実性をもつようになってきたが、それはわれわれが変化の過程を支配することを意図するならば必要不可欠なことなのである。

これらの手段および技法は社会科学や物理学の分野では広範に用いられるようになってきたが、いまだかつて政治の科学〔原文のまま〕に体系的かつ包括的に適用されたことはなかった。それらを使う時期、使わざるをえない時期は目前に迫っている。[原注5]

『政治の科学』、『使わざるをえない』『手段および技法』、『高度な将来予測』、『変化の過程を支配することを意図するならば必要不可欠な、予測に基づいた選択』。これはサン＝シモンであり、ヘーゲルであり、社会は潜在的に合理的であり、歴史は本来的に論理的なものであるという、思いがけなくも高い地位を与えられている神話に他ならない。この声明は、素朴なまでの保守性と新未来派の入り混じったようなトーンで彩られているが、いまとなってみれば俗説の通俗的な解釈とでも呼べるような代物であるからして、わざわざポパーによる批判の対象となるべくしてつくり出されたもののようにさえ思われる。なぜなら、『変化の過程を支配すること』が確かにヒロイックな響きをもっているとしても、この理念自体に厳密な意味内容が欠落していることは強調するに足るであろうからであり、さらに、『変化の過程を支配すること』のためには、マイナーで付随的な、微妙な変化を除外せざるをえないことが言わずもがなのことであるなら、ポパーの見解からすればそれは全くの負荷ということになる。単純にいって、未来の形態は未来の理念によって決定されるならば、その形態を現在予測するべきではないのであって、それゆえに、ユートピア主義や歴史主義（歴史の進路決定には合理的なマネジメントが必要とされる）による未来指向の融合物《フュージョン》の多くは、進歩的な改革や真の意味での解放を制限する方向でしか機能しないことになる。

ここでおそらくポパーが成し遂げたことの真髄をはっきりと理解しておく必要があるだろ

う。ポパーは歴史決定論と科学的方法による帰納法的な物の見方に対して自由信奉者の立場から批判したが、歴史―科学的な幻想というこの重大な意味をもった複合体について探究し識別をおこなった人間は彼をおいていない。この幻想こそ、良きにつけ悪しきにつけ、二〇世紀をはげしく動かした誘因のひとつなのである。

しかし、ここでわれわれがポパーに興味をもつのは、すでに述べたように彼が二〇世紀の都市によって代表されるほとんどすべてのものに関して［推測ではあるものの］非のうちどころのない圧倒的な批判者であるとして、彼の分析の結果から少なくとも〈なにか〉を救い出したいと切望するからなのである。われわれがポパーに興味をもつのは、いうならば、かつて近代建築運動《モダン・ムーブメント》と呼ばれた偏見の残滓を（あるいは近代建築運動《モダン・ムーブメント》と呼ばれた伝統的な物の見方を）引きずっているからなのである。その点に関して、彼の見解とわれわれの主張の相違点を示すことは比較的たやすい。それを簡潔に述べるなら、彼のユートピアと伝統に対する評価が批評家の対象に対する興味の差を反映してか、互いに相容れないものとなっているように思われることである。一方に対しては熱く、他方に対してはクールである。また、彼のユートピアへの、はっきりした、しかし唐突な非難については、それが伝統を是認するための精緻な議論を立証するための引き合いに出される場合には、やや強引なものとして映る。伝統に関して多くのことを大目に見ることには異論はない。が、もしユートピアからは何事をも容認されえないものであるということになると、この伝統偏重の特別弁護の姿勢には疑問を投げかけざるをえないことになるだろう。なぜなら、歴史の濫用とユートピアの濫用とが同じくらい望ましくないのは言うまでもないことだからである。したがって、ポパー処方のユートピアに対する非難があながち的はずれではないと認めることにはやぶさかでないとしても、以下のような疑問は禁じえないであろう。すなわち、もし啓蒙的な伝統主義が盲目的な伝統に対する信仰と区別されうるものだとするなら、なぜ同じようにしてユートピアの理念を明確に区分することはできないのだろうかと。

もしポパーが伝統をある意味で理論化することに成功したということができるなら、また彼が伝統の絶えざる批判が社会進歩をもたらすことができると想い描いていたなら、ユートピアに関しては同じことを当てはめられることができないということになると、それは不運というより他はない。

ユートピアは、あらゆる人間に対して大いなる理解と同情とを明らかにすることによって大いなる普遍性を確立した。悲劇と同じように、それは究極の形としての善と悪、美徳と悪徳、処罰と自制、そしてその結果としてやがて訪れる（最期の）審判を取り扱う。その全体は人間の感情の中で最も繊細な二つのもの、あわれみと希望、によって満たされている。[原注6]

政治の過剰に対するポパーの非難については賞賛すべきものがあるが、彼は、字義どおりのユートピアには社会学上の悪夢以上のものを期待しえないと見なしていたので、完璧に善良な社会という神話が特に芸術の分野で生み出した多種多様な具体的な成果によって鼓舞されることに関しては意図的に鈍感であるように思われる。また、彼はユートピアの政治学を非難するが、ユートピアの詩学を受け入れることに関しても全く不用意であるように思われる。開かれた社会は善であり閉ざされた社会は悪である。したがってユートピアは悪であるから、その副産物について頭を悩ますのは無用の挙である。というのがはなはだ粗野な表現ではあるが彼の見解を要約したものであるといえるなら、われわれはそれを以下のように修正してみたい。ユートピアは曖昧な政治的意味あいの網目の中に埋め込まれているし、またそう理解すべきである。しかし、ユートピアは今日では（とりわけユダヤ教―キリスト教の伝統をもった）社会にしっかり根づいているので、そのすべてを放逐することは不可能であるし、またそうすべきではない。それは政治的には不条理なものであるかもしれないが、人間の精神にとっては必需品であるかもしれない。建築言語に翻訳すると、理想都市に関する言説がそれにあたると言っていいだろう。それは、ほとんどの場合、物理的な形状の点ではたえがたい代物であるが、それがある種のおぼろげに知覚された概念以上の必要性を反映しているという意味においては必ずしも価値なきものではない。

しかし、もしユートピアを否定するポパーの姿勢が（すべての市民が理性的に意見の交換をおこない、カント哲学的な知識による自己解放が社会理想として認知されているという、いわばユートピア的な状況をひそかにその暗黙の前提条件としているように見受けられるから）奇妙に感じられるとして、それと対照的な、二〇世紀の建築家の伝統を拒否する態度（とはいえ、今日では明らかに伝統的な範疇に属する考え方や方法に暗黙のうちに従うことには何のてらいも見せていないのではあるが）は、もっと説明のつけやすいものである。なぜなら、もし伝統が、ポパーがはっきりと証明してくれたように、避けることのできないものだとして、伝統という言語の定義の中に伝統主義者があまり参照しない項目がひとつあることを指摘しておきたい。その項目とは、伝統は《放棄すること、降伏、裏切り行為》である。もっとはっきり言うなら、それは《迫害に際して聖なる書物を放棄すること》である。このように、伝統の中に裏切り行為という意味を包含しているのには、言語の語源と深く係わる部分があるのは確かなところである。Traduttore―Traditore（伊）、翻訳者―裏切者、Traiteur―Treite（仏）、裏切者―協定書。こういった意味において、伝統主義者＝裏切者は、必然的に、意味や原則を交渉する過程、とりわけ敵対する状況の中での交渉あるいは取引の過程で、当初の目的の純粋性を放棄した者であるということができる。語源が社会的偏見の源を雄弁に物語る。したがって、そういった意味あいにおいて、貴族、軍人あるいは単なる知識階級の合理主義の尺度に従うなら、伝統主義者の地位は非常に低い。伝統主義者は堕落し妥協する。彼は理想に殉ずることよりも生き残ることを、精神の荒野よりも肉体のオアシスを選択する。彼の能力はといえば、犯罪者のそれほど脆弱なものではないとはいえ、せいぜい商人《あきんど》並みが、如才のなさだけが取柄にすぎない。

伝統のこういった側面が、二〇世紀の建築家の伝統に対する大いに喧伝された嫌悪感の原因となっている。しかし大なり小なり似かよった嫌悪感がユートピアに対しても感じられているとすると（建築家が感じることはあまりないようではあるが）、こういった、ほとんど判断力に即していない、ごく大雑把な拒否反応は何らかの方法で克服されねばならない。なぜなら、結局のところ（あるいはここで推測されているように）、われわれは伝統とユートピアのどちらについても合法的あるいは非合法的、肯定的あるいは否定的な多種多様の発散物とたたかわなければならないことには変わりがないからなのである。

ここでユートピアと伝統によって提示された問題（は今日の問題と全くかけ離れているわけでもないから）の具体例を紹介することにしよう。ユートピアに対する信仰はすっかり廃れ、伝統からは決定的に乖離してしまっているとしても。ナポレオン一世はパリを一種の博物館へと転換する計画にいそしんだ。都市は、ある範囲まで、恒久的な記念品のコレクションがちりばめられた居住可能な展覧会場のようなものとならねばならず、それによって居住者も訪問者もおのずから教化されることになる。そしてこの教化活動の実体はといえば、誰しもすぐ気がつくように、フランス国家の偉大さと永遠性を反映するだけでなく、従属するヨーロッパ諸国[原注7]からもそれに匹敵する（とはいえ拮抗しない程度の）貢献度をもった、一種の歴史的パノラマをつくることであった。

とはいうものの、本能的にそういった発想にはしりごみしてしまうのではあるが、しかし、もしそれが今日熱中するに値しないと目されていることは確かとしても（アルベルト・シュペーアと彼のおぞましいスポンサーについてつい誰しも思いを馳せてしまう）、ナポレオンの考えによれば、偉大な解放者という幻想が提示されていることになるし、それは当時としてはまさしく急進的な姿勢と見なされていたものに関するプログラムの端緒ということができる。なぜなら、これがあの何度も繰り返された、そしてどうやら抑圧的ではない、一九世紀における主題、〈博物館（として）の都市〉の最も初期の例といえるらしいからである。

〈博物館都市〉、文化と教育目的の積極的な調和としての都市、ランダムではあるが注意深く選択されたしかも無償の、情報源としての都市は、おそらくルードウィッヒ一世とレオ・フォン・クレンツェの手によってミュンヘンで最も大規模に実現された。その時代、ビーダーマイヤー期のミュンヘンではフィレンツェ、中世、ビザンチン、ローマ、ギリシャなどをきわめて入念に参照した建造物がおびただしい量で集積していて、あたかもデュラン*の〈建築概論 Precis des leçons〉の挿画を目のあたりにするかのようである。この都市理念は、一八三〇年代にその時機を得ることができたと考えられるが、一九世紀初期の文化の政治学にはっきりと内在するものであったにもかかわらず、その重要性が今日まで評価されることは皆無であった。

クレンツェによるミュンヘンの事例に加えて、シンケルによるポツダムとベルリンを、また より牧歌的な例としてはピエモンテ地方のノヴァーラ（とその周辺に散らばったいくつかの都市）、さらに、少し時代を下ってはいるが最良のフランスを感じさせるいくつかの例（サント・ジュヌヴィエーヴ図書館など）をつけ加えると、遅く来たナポレオンの夢は徐々にその形

＊ Jean-Nicolas-Louis Durand（一七六〇―一八三四）。パリのエコール・ポリテクニークの建築科主任教授を一七九〇年より一八三〇年までつとめる。一九世紀初頭のフランスおよびドイツの建築思潮に大きな影響を与えた。《Précis et leçons d'architecture》（一八〇二―五）は彼の主著。

右頁上：レオ・フォン・クレンツェ、ミュンヘン、プロピレーン（前門）、一八四六—五〇年
右頁下：ルードウィッヒ一世とレオ・フォン・クレンツェによるミュンヘン、復元模型はL・セイツによる

を整えはじめる。〈博物館都市〉はネオ・クラシシズムの都市と比べてその多様性の点ではっきりと特徴づけられる。そして、実に歴然と、一八六〇年以降ほとんどその痕跡を絶ってしまう。オースマンによるパリも、ウィーンにおけるリングシュトラッセ（環状道路）の建設も〈博物館都市〉という規点からすると堕落としか呼びようがない。なぜならその時点ではすでに、［とりわけパリにおいては］独立した部分から成る複合体という理想は、またしても絶対的な統一性というもっとずっと《トータルな》ヴィジョンに道を譲っていたからである。

しかし、これまで述べてきたことが、〈博物館都市〉、それぞれのオブジェクトそしてエピソードが精緻にちりばめられた都市とは何かを明らかにしようという試みであったとして、それについて何と言ったらいいのだろうか？ 例えば、古典的な作法の残滓と自由への衝動というオプティミズムの兆しとをバランスにかけて中間戦略として機能するものなのか？ 例えば、その教育的な使命は何ものにも替えがたいものであるとして、それはどちらかというと技術でなく《文化》に取り組むものなのか？ 例えば、それはそれでもやはりブルネレスキとクリスタル・パレスの両方を統合するものなのか？ 例えば、この都市においては、ヘーゲルもアルバート皇太子もオーギュスト・コントも異邦人とならずにすむものなのか？

こういった疑問はみな両義的で折衷主義的な〈博物館都市〉（ブルジョワ支配による都市の素案？）という概念が形成される過程で生じたものである。こういった疑問に対してはおそらくすべからく肯定的に回答されるべきであろう。なぜなら、この都市概念に対してわれわれがどういった留保条件を感じているにせよ（この都市は、しかばねのしわぶきのようなものではないか。すなわち、歴史的かつピクチュアレスクな都市のいい部分だけを寄せ集めただけではないか）、その好感度と受容力を認めないのは難しいだろう。開かれた都市であると同時に、ある範囲内では批判の都市でもあり、［少なくとも理論上は］いかなる刺激にも順応する受容

上：レオ・フォン・クレンツェ、ミュンヘン、オデオン広場。バイエルン陸軍の記念碑計画案、一八一八年。その右は、クレンツェによるロイヒテンブルグ宮、一八一六—二一年。左もクレンツェによる、オデオン、一八二六—八年。このオベリスク案に近いものが後にカロリネン広場に建てられた。

左頁／上右：レオ・フォン・クレンツェ。ミュンヘン、中央郵便局、一八三六年

左頁／上右（上から二番目）：ミュンヘン、オデオン広場とフリードリッヒ・フォン・ゲルトナーによる元帥記念堂（フェルトヘルン・ハレ）、一八四一—四年

左頁／上右（上から三番目）：ミュンヘン、レオ・フォン・クレンツェ、新王宮（レジデンツ）、アラーハイリゲン聖堂、一九二六—三七年およびアポテケルフルーゲル、一八三二—四二年

左頁／下：レオ・フォン・クレンツェ、ミュンヘン、ルードウィッヒ大通りの建築群

左頁／上左：レオ・フォン・クレンツェ、ミュンヘン、アラーハイリゲン聖堂内部、一八二六—三七年

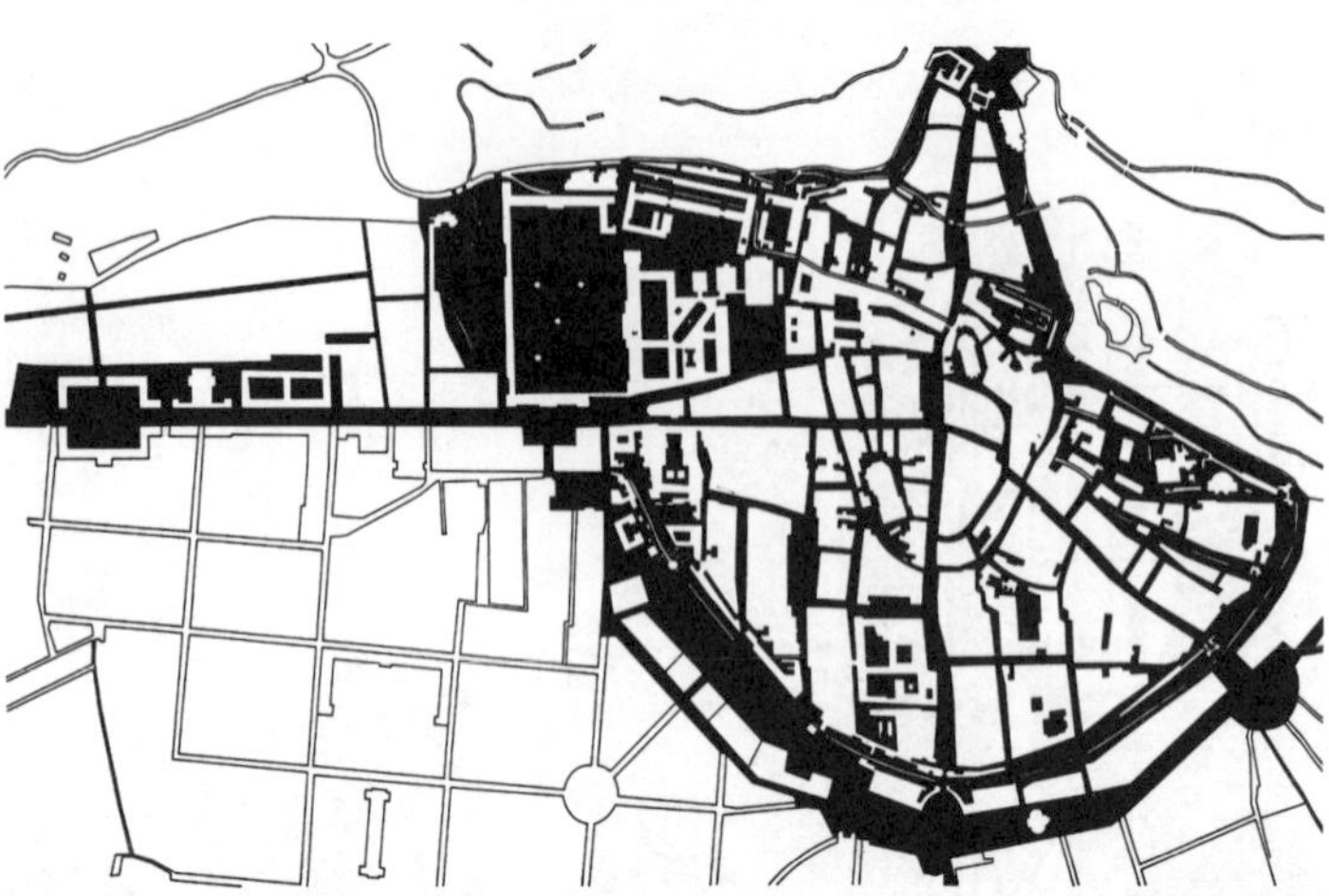

力をもち、ユートピアとも伝統とも敵対しない。価値観をもたないわけではないが、〈博物館都市〉はすべてを無差別的に有効と見なすような原則にのっとったいかなる価値観も示唆しない。制限を破棄し、多様性を排除するのではなく享受する方向を探り、その時代の水準と比べて、税関手続きによる障壁、通商停止、貿易制限などは最小限にとどめることを旨とする。したがって〈博物館都市〉という理念は、それに対する多くの正当な反対意見をさしおいても適切な点をもつので、今日、一般に考えられているほど安易にしりぞけるべきものではないかもしれない。なぜなら、近代建築による都市が、それが常に喧伝されていたように開かれたものであったとして、なじみのうすい輸入品に対しては嘆かわしいあまりの寛容性の欠如をあらわにしてきた（開かれた場と閉ざされた精神）なら、その基本的な姿勢が保護主義的かつ制限的なもの（厳しい規制によって同種のものの拡大生産のみを奨励する）であったなら、またそれが内部秩序の危機（意味の貧困の増大と創造力の衰退）を招いたなら、以前には議論の余地のない政策であると信じられていたところのものが、もはやそういった除外に値するだけのもっともらしいフレームワークを示せなくなっていることになるからだ。

とはいうものの、ここではナポレオン的な〈博物館都市〉が世界のすべての問題を解決するための、直ちに利用可能なモデルを提供していると言おうとしているわけではない。そうではなくて、この都市［ギリシャとイタリアの記憶、北欧的ないくつかの断片、散見される科学技術に対する情熱、また、いうならばシチリア島のサラセン遺跡へのささやかなる憧憬などの集合体］が具体的にいって一九世紀の意志のひとつの実現であって、われわれには閉所恐怖症的で時代がかったちっぽけなコレクションのようにも見えるけれど、われわれが直面しているのと必ずしも全く相異なるものでもない問題の予想モデルというように見なせないことはないのでないか？　ここでいう問題とは、確固たる信念の崩壊、行きあたりばったりで『勝手気まま

右頁上：ルードウィッヒ一世とレオ・フォン・クレンツェによるミュンヘン。模型はL・セイツによるもので、ミュンヘン国立博物館蔵
右頁下：ミュンヘン、一八四〇年頃、〈図―地〉図

に』作動する感受性、参照項目の不可避的な増大など枚挙にいとまがない。予感として、また必ずしも不適切ではないように思える反応としての〈博物館都市〉。なぜなら、〈博物館都市〉は、博物館のように、一八世紀後半における情報量の爆発的な増大を背景とした、啓蒙主義運動の文化に根ざした概念であるからであって、もしこの爆発が今日その範囲においてもその影

右頁上：パリ、オルレアンの歩廊、一八三〇年頃
右頁中：ロンドン、円形機関車庫、カムデン・タウン駅、ノース・ウェスタン鉄道、一八四七年
右頁下：カール・フリードリッヒ・シンケル、ベルリン、レデルン宮、一八三二年
上：ペーター・シュペート、ヴュルツブルク、婦人更生施設、一八〇〇年

響力においても単に増加の方向にあるなら、その副産物を取り扱うにあたって、二〇世紀における試みが一〇〇年以上も前の試みと比べてどれほどまさっているものかどうかに関しては、はなはだ覚束ないものがある。

ベルリンではマルクス・エンゲルス広場、シカゴからアイゼンハワー・エクスプレスウェイ、パリのジェネラル・ルクレルク大通り、ロンドン郊外のブルネル大学などをその代表例とするが、そういったものはすべて記念性に対する志向をあからさまにまた不可欠なものとして強化する。しかし、もしこのすべてが「記憶のテーマを慣例化することを推し進めることを通じて」ナポレオン流の博物館のひとつの具体化ということができるとして、もっと難解な次元の話になるが建築家それぞれのワーキング・コレクションについても触れておく必要がある。ワーキング・コレクションとは、例えば、ミコノス島、ケープ・カナベラル、ロサンジェルス、ル・コルビュジエ、トーキョー陳列棚、構成主義特別室そして必見なのは《自然》歴史博物館からついにわれわれに引き渡されることになった)西アフリカ展示室といった具合であるが、それもそれなりに、またひとつの記念性をもったものたちのアンソロジーなのである。

さて、この圧倒的な規模の公共の記念建造物と私的な建築夢物語のどちらがより抑圧的なのか、あるいは二者択一でいって、どちらが代表とされるべきものかは判断に苦しむところである。しかし、もしここに示されるもののもつ傾向がすべて、制度化された中立性という理想に対して空間的、時間的に、長期にわたるひとつの問題を示しているとするなら、この問題こそわれわれが関心をよせているものなのである。中立性の問題というまさしく古典的理想にかかわる問題は長い間古典的な実体を剝奪されてきたので、それに付随するはずの多様性の浸透、および、空間と時間、好みと伝統による制限不可能でかつ加速化されるアクシデントの浸透も妨げられることとなった。中立的で包括的な言説としての都市、文化上の相対主義のアド・ホ

レオ・フォン・クレンツェ、ミュンヘン、水晶宮、一八五四年

上：ルイジ・カニーナ、ローマ、ボルゲーゼ宮のフラミニーオ広場門、一八二五―八年
左：アノン、フィレンツェ、パラッツォ「デル・ヴィラ」一八五〇年頃

上：ギュスタヴ・アルベルト・ヴェグマン、チューリッヒ、大聖堂付属学校、一八五〇―三年
下：フリードリッヒ・フォン・ゲルトナー、バイエルン国立図書館階段、一八三二年

ックな実現としての都市。この二つの、いずれも大なり小なり排他的な立場を主唱するのが誰なのかを明らかにしようとする試みがこれまでおこなわれてきた。そして、ナポレオン的な想像力に根ざした都市に実体をあたえるために、類似の、しかし今日ほど悪化していない状況を調停しようとする一九世紀の試みとでも呼べるものの骨組みの概要についてはすでに触れた。博物館という公共施設が出現するには、完全性という古典的なヴィジョンが崩壊したことをその契機とするが、それは一七八九年の政治的な事件に最も劇的に示される、大規模な文化革命とも関連する。複数の精神状況を反映した、複数の有形の表示物［はなべて何らかの点で価値あるものと考えられたので］を展示し保全することを目的として、博物館は出現した。そして、その機能および主張はいうまでもなくリベラルなものだとするなら、したがって博物館の概念にはある種の倫理性［その実体を明らかにするのは困難だが、博物館という制度には本来

的に備わっているもの（またしても、自己認識を通じての社会解放？）」が底荷として積み込まれているなら、何度も繰り返すがもしそれが調停能力を与えられた概念だとするなら、博物館と類似した何かを前提条件とすることによって、一九世紀と比べていっそう困難度をました現代の都市のもつ問題を解決するひとつの可能性を見ることができるのではないだろうか。

博物館の苦境、すなわち文化の苦境が容易には克服されないであろうということがここで示唆された。また、博物館の存在が明らかにされている方が、それがひそかに影響を及ぼすという状況よりも許容されやすいことも示唆された。また《博物館都市》という名称が今日の感性からは反発しか呼び起こさないのも十分に得心のいくところとなった。展示会の実演の足場としての都市という名称ならきっともっと口当たりのよい用語と評価されるにちがいない。しかし、どちらの名称がより有用であるにせよ、結局のところどちらも博物館での実演「足場と展示物の差はあるが」という問題に直面することになる。したがって展覧会の仕上がり具合によって、まずふたつの根本的な疑問に到達することが考えられる。すなわち、〈足場〉が〈展示物〉を支配するのか？　あるいは、〈展示物〉が〈足場〉を圧倒するのか？

これはレヴィ＝ストロースの不安定なバランスに関連する事柄である。不安定なバランスとは、『構造と出来事、必然と偶然、内的と外的』の間のバランスのことであって、『ファッション、スタイルその他の一般的な社会状況によって変動しその方向を変え続ける、さまざまの力によって常におびやかされるもの』[原注8]である。概して、この問題に対する見解として近代建築は、それ自身がほとんど〈展示物〉そのものでもある、偏在する〈足場〉という説を支持してきた。この〈足場〉は、あらゆる偶発的な出来事に先んじそれをコントロールすることになっていた。これがもし事実だったとして、その正反対の事例があること、あるいはありうることもまた確かであって、そこでは〈展示物〉が〈足場〉を支配し、〈足場〉は地下に追いやられるか遠ざけられるかしている（例えば、ディズニー・ワールド、アメリカのロマンティックな郊外住宅地）。

この二つの選択肢はともに競争の可能性を排除することを前提としているが、それはさておき、もし〈足場〉が必要性を〈展示物〉が自由をそれぞれ反映するとして、もし一方がユートピアを他方が伝統を表現するとして、［建築をひとつの弁証法と見なすことに異論のない人間には］まだ義務が残っている。その義務とは、〈足場〉と〈オブジェクト〉、《構造》と《出来事》との間、博物館の組織とその内容との間に双方向の交流の可能性をいっそう探究することであるが、この双方向の交流にあってはそれぞれの構成要素はアイデンティティを保ちつつ交流によってそのアイデンティティ自体をより豊かなものにする。またそこでは、それぞれに与えられた役割は常に置き換えられ、幻想と現実がたえまなく入れ替わる。

『私は試みとか実験とかには縁がなかった』、『研究という言葉のもつ重要性なんてほとんど理解できない』、『芸術は私たちに真実とは何かを気づかせるための嘘だ。真実だけが私たちを悟らせる』、『芸術家は自分の嘘のもつ真実を他人に信じてもらう方法を身につけねばならない』。こういったピカソの言葉から[原注9]、コールリッジによる成功した芸術作品の定義、『不信の自発的な停止』をうながすもの、を想起する人もいるかもしれない（ちなみに、それは成功した政治活動の定義ともいえよう）。コールリッジの口調はより英国的でより楽観的であり、ピカソほどスペイン的なアイロニーにどっぷりとつかっているわけではないが、思考の方向性［現実は御しがたいものであるという認識の産物であること］においてはおよそ等しい。したがって、いうまでもなく、物事をこの方向で考え始めるやいなや、ガチガチのプラグマティスト以外の人間は徐々にいわゆる近代建築の『主流』と呼ばれるところのよく知られた精神状況や幸せな確信からは遠くへ隔たっていくことになる。なぜなら、われわれがここで足を踏みいれようとしているのは、建築家や都市計画家にはほとんど顧みられることのなかった領域だからである。必要不可欠であるといったムードはここには見られない。同じ二〇世紀にいることには変わりはないが、単一の信念に根ざした盲目的で独善的な態度はついに目のくらむような、そしてほとんど解明されたことのない、経験の多様性に対するより悲劇的な認識へと道を譲ることとなる。

それはまた、建築家からは注目されることのなかったというよりむしろ無視され続けてきたことではあるが、近代には当初からふたつのはっきりと異なった、しかし互いに関連しあった定式化がおこなわれていたことに気づくことでもある。最初の定式は、建築家に支配的な考え方でもあるが、以下の名前によって代表されるといえるだろう。エミール・ゾラ、H・G・ウエルズ、フィリッポ・トンマーゾ・マリネッティ、ヴァルター・グロピウス、ハンネス・マイヤー。そうしてもうひとつの定式は次の名前と結びつけて考えることができるだろう。ピカソ、ストラヴィンスキー、エリオット、ジョイス、おそらくプルーストも。少なくともわれわれの知るかぎりでは、この二つの伝統を比較対照する作業は一度もおこなわれたことがなかった。そして作業の結果、われわれはその一方の側の貧困と他方の側の豊かさのあまりのアンバランスに目をみはる思いがする。われわれとしては、この比較作業に少なくともある程度の対称性をあたえうることを切に期待するし、またこの二つの定式が同程度のレベルにまで達しえることを望む次第である。ゆえにわれわれは、懸念を感じつつ、問いかけることになる。正直な匿名性（建築家の伝統におけるひとつの理想）に向けての真摯な努力というものは敏感な本能による啓蒙的な発見よりも、そんなに重要なものと想定されるべきものなのかと。もしそうだとするなら、それはほんとうに妥当なのかと問わざるをえない。イェーツを敷衍しつつ、

『最良のものはなべて信念を欠き、最悪のものは激しい熱意に満ちあふれる』というのはいったい真実なのかとあやしむことになる。いずれにせよわれわれは混乱してしまう。なぜなら、この両者の比較が、当初からそうもくろまれたものとはいえ、その一方の偏狭性をつまびらかにするからで、それにはどんなに寛大な気持ちをもった観察者も落胆の色をかくせまい。

精緻に構築された近代性のふたつの定式については、これまでおよその肉付けはおこなった。しかしそこに、またしても「精神的本質から物質的実体へ」というヘーゲルのテーゼのマルクス的な変換を押し込まなくてはならない。近代建築にとってこの変換こそかつては価値あるものであり、失敗の始まりであり、創造の源であった。なぜならこの変換とそれに並行した歴史、科学、社会、生産を単一のものと見なす思考（ダーウィンにマルクスを加えたもの、ワグナーと彼の総合芸術）の派生物こそが、ありきたりの経験主義の常識的で（陳腐な）価値観とまたたくまに結びついて、至福千年的な興奮にあおられて、建築家にとっての、近代の伝統を構成することとなったからである。この思考はそれ自身は価値体系から解放されていると想定されることが多く、また、一般的にいって、その価値は自明のことであるということになっているのだが。このはげしく限定的でまさしく迷信的な問題解決の手法に対して、ここで提案しているのは、結局のところ、わかりやすくまた中道的な立場に即した、不偏不党の方法なのである。

近代建築は伝統的に芸術に対する嫌悪を公言して止まなかったが、統一性、連続性、体系といった、きわめて典型的な美術用語を用いて社会や都市について語るのをその特徴としていた。しかし、そのオルタナティヴである、ずっと《芸術》志向の方法論においては、われわれの知るかぎりにおいて、そのような《基本》原則との杓子定規な連繫の必要性はたえて感じられることがなかった。オルタナティヴで支配的な近代の伝統においては、アイロニー、歪曲、

複数の参照性などが常に評価の基準とされた。例えばピカソの一九四四年の作品である自転車のサドル（雄牛の頭）では、

僕が最近展覧会に出した雄牛の頭を覚えているかい？　自転車のハンドルとサドルから僕は雄牛の頭を作ったけれど、それは誰が見ても雄牛の頭に見える代物だったわけだ。こうしてメタモルフォーシスは完了したのだ。そこで僕は今度は反対方向にもうひとつのメタモルフォーシスを発生させようと考えた。僕の作った雄牛の頭がゴミ捨て場に投げ捨てられたとしよう。多分そのうちに誰かがやって来て「なぜここに僕の自転車のハンドルにぴったりのものが転がっているのだろう……」とつぶやくかもしれない。こういう具合に二重のメタモルフォーシスは達成されるというわけさ。[原注10]

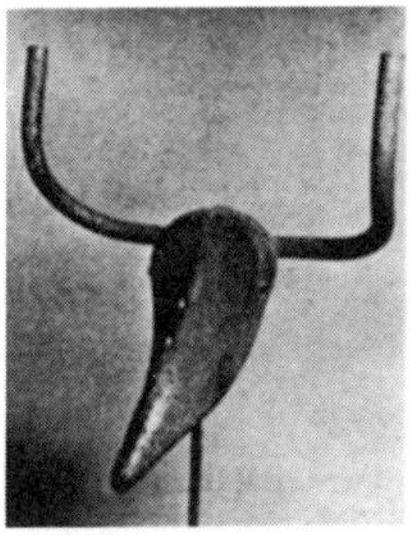
ピカソ「雄牛の頭」一九四四年

過去の機能および価値（自転車とミノタウロス）への追想、文脈の変換、複合性を奨励する態度、意味の拡張と再利用（いったい、かつてこの必要が十分に満たされたことがあっただろうか？）それに対応するさまざまな参照性をもった機能の廃止、記憶、期待、記憶とウィットの結合、ウィットの完全性、延々と書き連ねたが、これがピカソの提案からわれわれが学んだものをリストにしたものである。そして、この提案は明らかに一般大衆に向けられたものであるからして、このような点から、すなわち記憶の中の快楽と求められた快楽という点から、過去と未来に関する弁証法という点から、図像内容にあたえる衝撃性という点から、時間軸上の衝突であると同時的に空間的な衝突であるという点から、以前の議論にたちかえって、精神上の理想都市とは何かを明らかにしてみたい。

ピカソによるイメージを前にしてわれわれは自問する。何が偽りで何が真実なのか、何が時代遅れ《アンティック》で何が《当世風《いま》》なのか。そしてこの楽しい難問に何らかの適切な解答を見つけるこ

との不可能から、ついにわれわれは《コラージュ》という名の複合存在の問題を明らかにする必要に迫られることになる。

コラージュと建築家の良心、技法としてのコラージュ、精神状況としてのコラージュ。レヴィ＝ストロースによるならば「《コラージュ》は周期性をもち、職人の技能が消滅に瀕する時に発生し……《ブリコラージュ》を思索の領域に置換する以外の何ものでもない」[原注11]ということになるが、二〇世紀の建築家が《ブリコルール》とは正反対の方向を目ざしてきたことを思い起こすなら、そこに二〇世紀のあまたの大発見と比較して建築家の不毛の一因を認めるはずである。コラージュは誠実さに欠け、道徳律の崩壊や不純物の代名詞であると目されてきた。ピカソの一九一一―一二年の作品、〈籐張りをもつ静物〉（これは彼の最初のコラージュ作品でもある）をとり上げてみると、その訳がわかってくる。

この作品を分析してアルフレッド・バーは次のように述べる。

> ……椅子の籐張りの部分は本物でも描かれたものでもなく、本当は油布《オイルクロス》でできた複製品をキャンバスに貼りつけたものに一部絵具を塗ったものである。ここでは一枚の絵画の中でピカソは写実と抽象とを二つのメディアを用いながら四つの異なるレベルあるいは比率で取り扱うという曲芸を見せてくれる……〔したがって〕われわれがどれがいちばん《本物《リアル》》かという考え方を止めるなら、美学から形而上的な思索へと歩みを進めたことになる。なぜなら、いちばん本物らしく見えるものがいちばん偽物であって、日常生活の現実からは最も離れているように見えるものが、それがいちばん模造品《イミテーション》でないという点で、いちばん本物に近いということになるからである。[原注12]

油布でできた椅子の籐張りの複製品、すなわち《ロー》カルチュアの下部世界で見いだされ

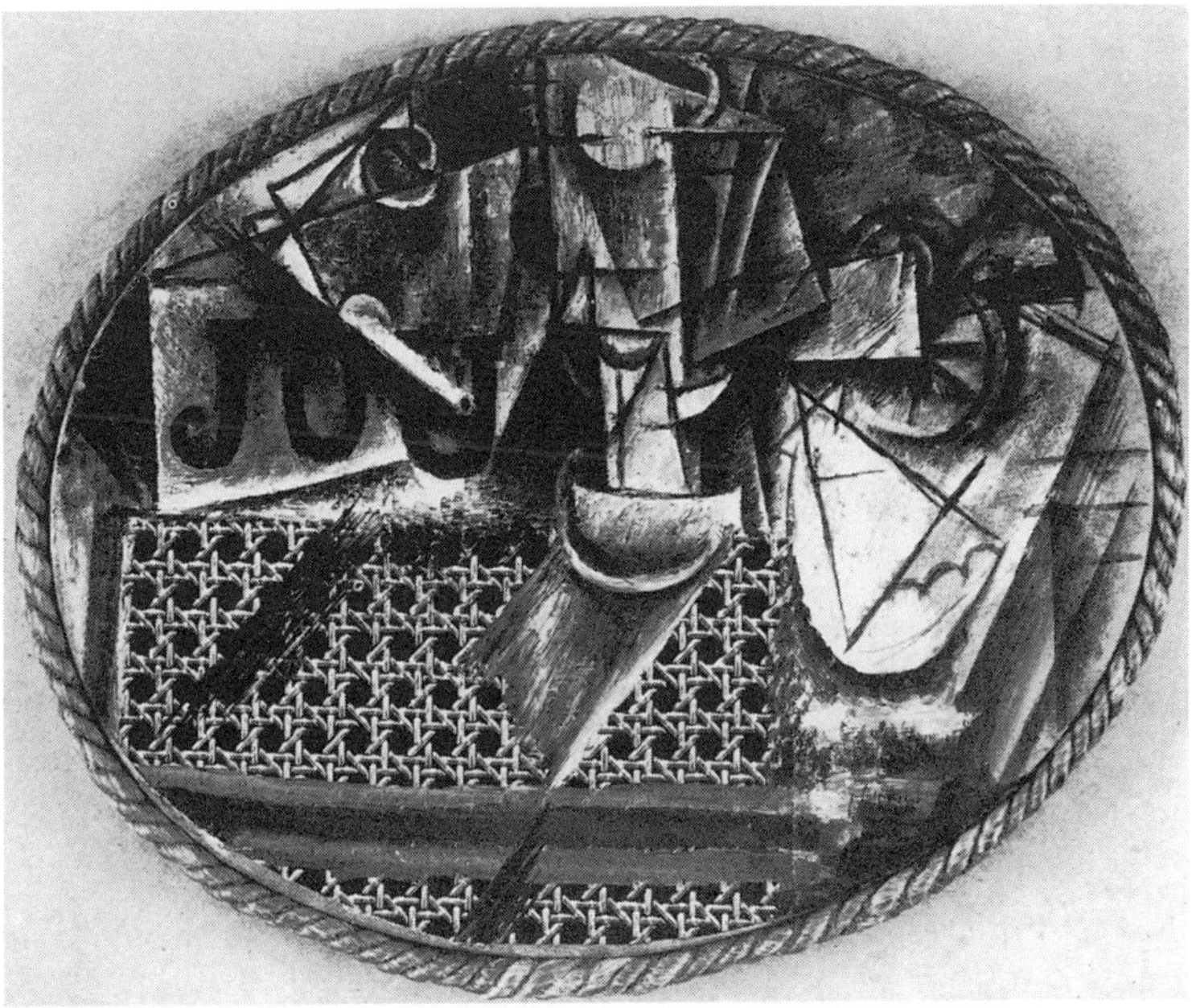

ピカソ「椅子の籐張りのある静物」
一九一一―一二年

た〈オブジェ・トゥルベ〉が《ハイ》アートの上部世界へと投げ込まれることは建築家のかかえるジレンマそのものなのかもしれない。コラージュは無垢なものにも、よこしまなものにもどちらにも、同時になりうるのである。

実際、建築家の中では、時にはハリネズミであり時にはキツネとなった偉大なる日和見主義者、ル・コルビュジエだけがこの種のことに興味を示した。残念ながら都市計画案はそうではないのだが、彼の手による建物には、コラージュとおよそ等価のものと見なしうるプロセスの成果が満載されている。オブジェクトやエピソードは目ざましいほどに引用され、その出典や引用源のもつ本来の意味を保ちつつ、異なった文脈の中に投げ込まれることによって全く新しい衝撃性を生み出している。オザンファン・スタジオを例にしてみるなら、そこに見られるさまざまの引喩や引用は、なべてコラージュという手段によって結びつけられているように思われるのである。

異質のオブジェクトが、『物理的、視覚的、心理学的』といった多種多様な手段で結合され、『油布の表面は細部に至るまで本物そっくりに複製されているので、でこぼこしているように見えるが実際はすべすべしている……それはまた油彩された面と形態のそれぞれがその上に重なりあって塗られることによって、その両方に部分的に吸収される』[原注13]。これをほんのわずか修整することによって（油布による籐張り模様の代わりに工場用開口部に見せかけた窓を、油彩の面の代わりに壁を、という具合に）、アルフレッド・バーの言説はたちまちオザンファン・スタジオの説明に転用可能のように思われる。ル・コルビュジエによるこういったコラージュの手法の例をさらに上げることはさほど困難なことではない。デ・ベイステグィ氏のためのペントハウスのデザインについては言わずもがなとして、ポアッシーとマルセイユのユニテの屋上庭園［船と山］にしても、ポルト・モリトールの住宅の露出された境界壁、スイス学生会館の低層部に見られる乱石積、ペサックの集合住宅の室内（階段の側壁）、そしてとりわけ一九二八年の博覧会におけるネッスル・パビリオン。

　しかし、残念至極なことには、ル・コルビュジエ以降の世代には、このような考え方に即した実例は乏しい上に、ほとんど評価されることもなかった。しいてあげるなら、リューベトキンによるハイポイント・IIの入口庇を支えるエレクテイオンの女人柱像、同ペントハウス内部に見られる、素人画家が模写した木材を意図的にコピーしたかのように見える（本物の）パインの壁面。あるいは、カサ・デル・ジラソーレでのモレッティ―ピアノ・ルスティコに用いられた古代遺跡の断片の模造品。あるいは、パラッツォ・ロッソにおけるアルビーニも、またチャールス・ムーアもこれに加えてよいかもしれない。このリストは必ずしも網羅されたものではないが、その短さ自体が立派な証明となっている。それは、排他性に関するひとつの注釈でもある。というのは、コラージュは、一般的にいって、世の中の余りものに着目し、その元のままの状態を保ちつつそれに品位をあたえ、日常性と思想性とを複合する手法であるので、ひとつの社会通念として、また社会通念に対する違反行為として、予想を裏切るような使われ方をする必要があるからだ。それは手法としてはかなり強引なものであり、『一種の不協和音、異種のイメージの組合せ、あるいは似ても似つかぬ事物間に神秘的な類似性を発見すること』というサミュエル・ジョンソンのジョン・ダンの詩に対する批評[原注14]とも通じるところがある。それはまた、ストラヴィンスキー、エリオット、ジョイスにも当てはまることといえるだろうし、合成キュビズムのテーゼにもほとんど適合するものだが、コラージュが規範と記憶とを巧みに操作すること、および時代に逆行した姿勢とに完璧に依存するものであることを示唆するものである。この後の点が、歴史と未来はいっそうの完全なる単純化に向かう指数的な進歩の過程であると考える人々から、コラージュは、その心理面での卓越した技巧（アナ・リヴィ

右頁上：ル・コルビュジエ、パリ、オザンファン・スタジオ、一九二二年
右頁下右：ピカソ「椅子の籐張りのある静物」一九一一―一二年
右頁下左：ル・コルビュジエ、マルセイユ、ユニテ・ダビタシオン、一九四六年。屋上庭園

上：ル・コルビュジエ、パリ、建物最上階にあるシャルル・ド・ベイステギ邸のテラス
中：ル・コルビュジエ、ペサックの集合住宅、一九二五年、住宅内部
下：ル・コルビュジエ、ネッスル博覧会パビリオン、一九二八年

HIGHPOINT

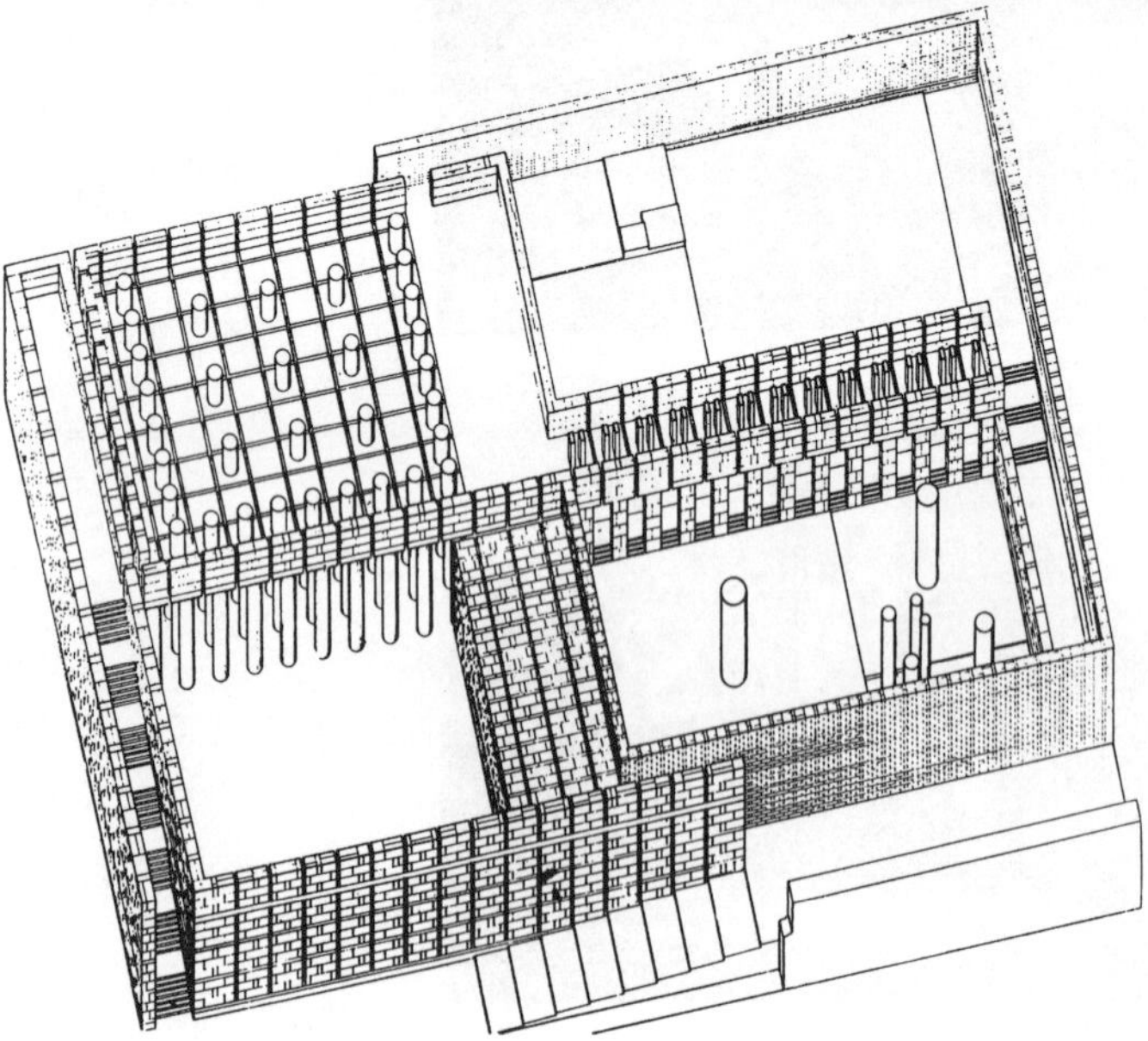

ア*、に代表されるすべての沖積物）にもかかわらず、厳格な進化の過程に故意にさしはさまれた障害物にすぎないという判断を下される要因である。

それはまたよく知られた、近代性の伝統についての建築家の見解でもある。時代は深刻で遊ぶ余裕などない。進路は計画済である、運命の導く方向を拒否することは能わない。[原注15] これについてさまざまな見地から異議を申し立てることはいったい可能ではある。しかし、大切なのは反論と見なされうる議論を構築することであって、それは真剣さ、改善への希望といったものを前提条件にしながらも、社会の解放というような巨きなヴィジョンにはあくまで懐疑的で距離を保つものでなければならない。そして論点はいうまでもなく二つの異なる時間の概念のどちらをとるかということに集約される。一方では、時は進歩を測定するメトロノームであり、その順次変化していく様相は累積的でダイナミックな存在と目される。またもう一方では、順

右頁上：リューベトキンとテクトン、ロンドン、ハイポイントII、一九三八年、車寄せ部分
右頁下：ジュゼッペ・テラーニ、ローマ、ダンテウム計画案、一九三八年。テラーニのダンテウムもコラージュの影響力を示す例ということができるだろう。内部のガラスの柱列は、テラーニがかつて軍隊生活を送った、パルマのジャルディーノ宮にそのヒントを得たといわれている。この建物に関しては、ベルトイアのフレスコ画「サラ・デル・バチオ」一五六六—七一年が、テラーニのアイデアを予見したものとなっているように思われる。
上：ルイジ・モレッティ、ローマ、カサ・デル・ジラソーレ、詳細

＊ Anna Livia　ジェイムズ・ジョイスの小説《フィネガンズ・ウェイク》の一部。

序と年代はそれぞれ事実として受けとめられている中で、時間は、線型の不可逆性という命令から解除され、経験という図式に応じて再編成することをある程度まで許容される。一方の議論ではアナクロニズムの過失をおかすことがすべての罪の中で最悪のものである。もう一方の議論の中では時代の概念はさほど重要なものではない。マリネッティの、

生命が犠牲にならなければならない時にもわれわれは悲しまない。その前にわれわれの精神が死によってもたらされる優越した生命の豊饒な収穫によって光輝くならば……われわれは何世紀という時代の岬の最先端にある！

後を振り返る意味がどこにあるのか……永遠に偏在する速度をつくり出した以上、われわれはすでに絶対の中に生きていくのである。われわれは労働によって燃え立つ偉大な群衆を賞賛し唱う。彩り鮮やかで、ふりそそぐ多声法音楽のような、革命のうちちかえす波として。

そして彼の後の文章、

ヴィットリオ・ヴェネトの勝利とファシズムによる政権奪取とは、未来派のプログラムの実現の端緒を意味する……未来派は厳密にいって芸術的かつイデオロギー的なものである……偉大な祖国イタリアの今日における予言者であり先駆者であるものとして、われわれ未来派は、すばらしい未来派の気質をもった、まだ四〇歳前の首相に敬意を表することを喜びとするものである。[原注16]

の二つは一方の議論の極端な事例であるかもしれないが、それに対してピカソの、

私にとって芸術には過去も未来もない……私が作品の中で用いてきたいくつかの手法を発展であるとか絵画の道の理想に向かう段階を示すものであると考えてはならない……私がいままで成し遂げたものはすべて現在のためにつくられたものであり、常に現在形であり続けることを希いつつつくられたものである。[原注17]

は、もう一方の議論のうちの極論ということができるだろう。神学用語を用いるなら、この二つの議論をそれぞれ終末論的また体現論的と呼ぶことができる。しかし、その両方が共に必要不可欠なものであるとしても、二番目の議論の方がクールでありまた包括的であることからしてやはり注目に値するといえるだろう。二番目の議論は一番目をも含みうるがその逆が真となることは決してない。さて、この議論はこのくらいにして、ひとつの重要な手法という点からコラージュをもう一度吟味してみることにしよう。

提示されたもの、マリネッティの時間崇拝とピカソの非時間性について。また、歴史主義に対するポパーの批判（すなわち未来派および未来主義への批判でもある）について。また、暴力と衰退という問題をかかえた、ユートピアと伝統それぞれの困難について。また、いわゆる自由信奉者の欲求といわゆる秩序保全の要求とされるものについて。また、建築家の倫理性というコルセットが狭量でしめつけのきついものだが普遍性に対する見解がそれよりは妥当であることについて。また、収縮と膨張について。しかして、われわれは問いかける。コラージュの認知された限界の範囲を越えて、社会問題に他のどういった解決が可能なのかと。この限界はわかりやすいものでなければならないが、同時に開かれた領域を規定し保証するものである必要がある。

コラージュ的なアプローチ、オブジェクトをその本来の文脈から徴用する、あるいは誘い出す手法こそ［今日では］ユートピアと伝統の、どちらかのまた両方の究極的な問題を取り扱いうる唯一の方法である。その際、社会的なコラージュの中に導入された建築的オブジェクトの出自はさほど重要視される必要がない。それはむしろ好みと信念の問題である。オブジェクトは貴族的なものかもしれないが、《民俗的》学術的あるいは大衆的であってもよい。その起源がペルガモンなのかダオメなのか、デトロイトなのかドブロブニク*なのか、その暗示するものが二〇世紀なのか一五世紀なのかは、どれも重要な問題ではない。社会と個人は絶対性と伝統の価値についてのそれぞれの解釈に基づいて集合する。そしてコラージュは、ある範囲までは、混成のディスプレイや自主性の尊重といったものに対応できるというわけである。

　しかしそれもある範囲までである。というのは、もしコラージュを用いた都市が近代建築の都市よりも受容性があるものだとして、それは完璧な受容性があるというたてまえをもった、人間の制度の範疇を所詮、超ええないものだからである。理想的に開かれた都市は、理想的に開かれた社会と同じように、その逆がそうであるのと同じくらい想像力による虚構にすぎない。開かれた社会も閉ざされた社会も、実現可能なものと目されている限りは、どちらも対立する理想の戯画でしかない。この戯画の領域にこそ、開放や統制の極端な幻想をすべて追放しなくてはならない。ポパーとハバーマスの議論は承認できるものかもしれない。すなわち、開かれた社会への希求と解放への関心は明白であるし、また科学主義、歴史主義、心理主義によって永い間否定された後で、有効な批評理論を再構築する必要性も明らかなところであるが、このポパー的領域内において、伝統とユートピアに対するポパーの批判がバランスを欠いたものであったのと似かよった不均衡について少しふれておく必要があるだろう。具体的な悪に対する論議の一方的な集中とそれに呼応した抽象的な善を建設する試みに対する消極的な姿勢がそれにあたる。具体的な悪は識別可能であるからして、それについての意見の一致を見ること

* Dubrovnik　ユーゴスラビアのアドリア海沿岸の都市。

もまれではない。ところが抽象的な善は（高度に抽象的な解放に対する関心をのぞくなら）よほど困難な代物で、それに対する合意は達成されることがない。したがって、批評家による具体的な悪への追求と撲滅は自由信奉者の行為として評価されるのに対し、抽象的な善を規定する試みは［それが不可避的に何らかのドグマに根ざすがゆえに］すべからく強制的なものと見なされることになる。

　ここでドグマ（ホットなドグマ、クールなドグマ、単なるドグマ）の問題、これはポパーによって十二分に批判されたものであるが、とあいまって理想型の問題がまたしても顔を出すことになる。ポパー流の社会哲学は攻撃と緊張緩和《デタント》［すなわち、緊張緩和《デタント》を受け入れない状況や考え方を攻撃すること］という方法をとる。それは、ある意味では、思いやりのある方法といえる。しかしこの知的な立場もまた、それが同時に重工業とウォール・ストリートの存在を（批判されるべき伝統として）想定し、さらに理想的な議論の劇場（有機的な〈議会定款Tagesatzung〉をもったスイスのカントンのルソー版？）を前提としている点で、懐疑の念を呼び起こしかねない。

　スイスのカントンのルソー版（というのはルソーには無用の存在であったろうが）、それと匹敵するニュー・イングランド地方のタウン・ミーティング（白いペンキと魔女狩り？）、一八世紀英国議会の庶民院、理想的なる大学教授会（それについては何ヲカイワンヤであるけれど？）。こういったものは［その他、ソヴィエトとかキブツとか、それに部族社会の例まで含めて］いまだかつて企てられた、または建てられた、論理的かつ平等な議論の劇場のうちのいくつかであると断言できるであろう。しかし、当然ながらこういったものがもっとたくさんあるならば、そのそれぞれの建築について推測するに際して、それが単なる伝統に基づいた構築物だろうかと疑問に思うことを、また、余儀なくさせられる。このような劇場の理想的な寸法系に最初に侵入したのは何か。そしてさらに、それぞれの伝統というものは（批判があるかもしれないが）いったい、魔術や儀式や中心性をもった理想型などを包含し、原初的存在形態としてのユートピアを想定する人類学的な伝統の大きな母体なくしてありうるものなのかどうか。

換言するならば、批判者の議論を認め、解放を定言的命令とすることを認めるなら、足場と展示物の問題にたち戻ることになる。この展示物／デモンストレーション／批判行為の問題は、隔離、骨組、光といった補助的とはもはや言いがたい補助装置の助けなくしては一向に目に見えてこない（また挑発に乗ってこない）ところにある。ちょうどユートピアが伝統的にはマンダラであり、理念を集中しかつ保護する考案であったように、伝統も［同様に］そのユートピア的な要素を失うことは決してなかったのではないだろうか。《この政府は法を司るものであり、人間を支配するものではない》というのは重要かつ独断的《ドグマティック》かつまさしくアメリカ的な言説であるが、それはばかばかしいものであると同時にすぐれて理解のいくものである。そのユートピア的な古典的な断言の姿勢はばかげたものであるが、魔法のような効力に訴えかける点では（《大衆》にも）納得のいくものである。この後者は時として実用に供することになることさえある。

そして、法の概念はニュートラルな背景として個々の事物を描写し刺激する（《律法《おきて》の来りしは咎《とが》の増さんためなり[原注18]》）。また、法の概念は、本来慣例による事柄なのであるが、自然によって与えられたものか、神の意志によって賦課されたものかの違いこそあれ［いずれにせよ魔法のようにして認可されたもので人の手によるものでないのだが］、信用できないものであることもないわけではないが常に必要な虚構《フィクション》の構成は、経験的であると同時に理想的であり、伝統的であると同時にユートピアな含みがもたされている。それは二重の論理によって操作されるものであるし、歴史の中で発展するものだが、プラトニックな参照性にも固執する。この大いに公共性をもつ制度こそ、いまこそ足場―展示物の関係についての注釈として使われることが得策ではないだろうか。

レナート・ポッジョーリが『(内容においてはほとんど常に科学的であり、外観はほとんど例外なく都市的な)近代の驚異を実現する試みの失敗[原注19]』について語っているが、この《近代の驚異》というコンセプトに、近代都市に生命を与え、その生命を維持するための恒久的に明晰な社会秩序というヴィジョンの存在を容易に識別することができる。この社会秩序のヴィジョンは全く正確であり、また自動的に自己更新する事実認識を通じてその価値を生み出し、また保持することになっていたが、この認識は科学的であると同時に詩的であって、この認識あってこそ事実に奇跡の役割を与えうるものだった。これは計測可能なものの奇跡の足場というふ

世界軸としてのマンダラ

うにでも分類できようが、それは恵み深きもの（法のためでも人間のためでもない政府）として示されるし、また科学的な想像力に信をおく（しかして想像力と信仰に対する必要性を除外した）大衆のカテドラルとしても、またすべての偶発性がとり除かれた建造物（もはや疑問の余地はない）としても示される。しかしそれはまた、図像《イコン》の存在自身がものを言う奇跡―驚異としても分類可能で、それは自身の合法性を根拠に、判断と議論の必要性を抹消してしまい、懐疑論といえばいかに妥当なものであっても受け入れることも受け入れられることも拒絶するから、どのような法的な構築物にもまして果てしなく恐ろしいものである。まさに、法のためでも人間のためでもない政府というにふさわしい。この段階を表現する言葉としてはハンナ・アーレントの『すべての政府のうちで最も専制的なものは……誰のためでもない政府、技術の全体主義である』[原注20]が思い浮かぶばかりである。

自由を高らかに宣言する一方で、（事実に基づいた）自由は人間の意志とは別個のものとして存在しなくてはならないことにひそかに固執すること、その調停機構のうち、明らかに人為的なものについては考慮をはらわないと決心すること（《私は警察は嫌いだ》[原注21]）、誤って理解された豊かさと誤って解釈された豊かさに対してニヒリスティックな態度をもつこと、こういったことのすべてとの関連の上から、われわれは法のもつ二面性（《自然法》と慣習法）と倫理的理想と《科学的》な理想の間の矛盾（維持されるならば、少なくとも解釈を容易にするのであるが）のもつ二面性が基本的なものであり活性化できるかどうかを考察してみることを提案した。

しかしこのすべては、ユートピアと伝統という両方の媒体を通じて、博物館としての都市を通じて、展示物であると同時に足場でもあるコラージュを通じて、法の疑念性と二面性を通じて、事実の不確実さと意味がウナギのように捕まえにくいものであることを通じて、単純な確実性がもはや存在しないことを通じて、ひとつの釈放命令を提案しているのであるが、それはまた（ユートピア的に思われるかもしれない）ひとつの状況の提案でもあって、そこでは活動派のユートピアからの権利主張は沈静化し、歴史決定論の時限爆弾の信管はついにとり除かれ、時間の複合化という要求が最終的に達成され、また永遠の現在という奇妙な理念がその同じくらい奇妙なライバルとともに効果的に復帰する。

　開かれた領域と閉ざされた領域、われわれはその一方には政治的な必要性としての価値を、他方には交渉、アイデンティティ、認識の道具としての価値を示唆した。しかし、もしその双方のコンセプチュアルな機能をさほど強調する必要がないならば、開かれた空間領域と閉ざされた時間領域というカテゴリーは、当然のごとく、その逆と同様に不条理なもののはずである。それは文化的時間のぜいたくな遠近法であり、エキゾティックだが重要性に欠ける《その他の地域》と対比して、ヨーロッパ（あるいは文化が存在すると想定されるところならどこでもよいのだが）のもつ歴史的な深さあるいは深遠さの反映であったわけだが、そこには過去の時代の建築のほとんどが備えつけられていることになる。そしてわれわれの時代を特徴づけているのはそれと正反対の状況［物理的な距離というタブーや空間という障壁のほとんどすべてを廃止することへの積極性と、それに呼応した最も仮借のない時間の辺境を建設しようという決意］ということができる。それに関連して、あの時間軸上の鉄のカーテンを思い起こす。それは、信心深い者の心の中では、時間的に無制限の結合という感染から近代建築を隔離することになった。しかし、近代建築にかかわるかつての正当化の口実（アイデンティティ、孵化、ホット・ハウス*など）を知らぬわけではないこともあって、そのような高温の情熱を人為的に保つことへの理由づけには今となっては容易に首肯しがたいものがある。

　というのは、空間的にせよ時間的にせよ、自由貿易を継続的に制限することが利益をもたら

＊《The Hot House — Italian New Wave Design》というアンドレア・ブランジによる書物がある（一九八四）。なお同書には、磯崎新が序文を寄せている。

したためしはないことや、自由貿易なしには食物が限定され地方化するし、想像力の生存も危機に瀕すること、またその結果としてとどのつまりは感覚のある種の反乱が起こらざるをえないことなどに気づくとしても、それは予想される状況の一面を明らかにするものでしかない。事実としての開かれた社会と同じように無制限の自由貿易という理想もキマイラのような怪物にちがいない。地球村《グローバル・ビレッジ》が育むのは地球村生まれの痴呆でしかあるまいとわれわれは信ずるものである。この仮説に即するならば、精神上のスイスのカントンの理想型（交易はあるが孤立している）、と絵葉書に見られるようなニュー・イングランド地方の村（閉ざされてはいるが商品の輸入に対しては開かれている）に再度注意を引かれることになる。なぜなら、自由貿易を認めることは必ずしもそれに完全に依存することを意味しないし、自由貿易からの利益が常にリビドーのばか騒ぎを招くものではないこともまた然りだからである。

　こういった問題に関しては、精神上のスイスのカントンの理想型や絵葉書のニュー・イングランド地方の共同体はアイデンティティと便宜の間に常に頑固ながら計算されたバランスを保っているということになっている。それはどういうことかというと、延命策として二つの側面しか見せることをしないこと。そして、世界に対してはそれが展示物になるとしても、自分たちにとってはそれはあくまで足場でしかないこと。それは自由貿易という理念の上に重ね合わせねばならないひとつの必要条件であるからして、この文章の結論に到達する前に、レヴィ＝ストロース言うところの『構造と出来事、必要性と偶然性、内的な要因と外部からの要因との間の……（不安定な）バランス』についてもう一度ふり返ってみる機会をあたえてくれるだろう。

　さてコラージュの技法は、定義上からではないとしても意図的に、そういったバランスのとれた行為を中心的位置にもってくることに固執する。バランスのとれた行為とは何か？　しか

しそれに関しては、

　ご存じのように、機知というのはアイデアの予想せぬ結合であり、一見遠く隔たっているように見受けられるイメージの間に何か神秘的な関係を見いだすことである。したがって、機知が吐露されるに際しては知識の蓄積すなわち、概念とともに保管された記憶が前提となる。それを想像力が選別し新しい組合せは構成するのである。精神の本来の活力がいかなるものであれ、多くの変化を少数の鈴の音で表現することが困難なように、少数のアイデアから多くの組合せをつくりだすことはありえないことである。偶然の事件が時として幸運なる類似品あるいは印象的な対比を生み出すことが、実際のところ、ないわけではないが、こういった偶然の賜物はたびたび訪れてくるものではないので、自分自身の知識を何ももたない上に不要な浪費に自らおとしめる輩は借財や窃盗行為に頼って生きる羽目になるだろう。[原注22]

　サミュエル・ジョンソン*がまたしても、コラージュに非常によく似たものについて、われわれの誰しもがなしうるよりはるかに見事な定義を示してくれた。そういった精神状況によらばこそユートピアと伝統の双方へのすべての門戸が開かれることになるのである。

　ハドリアヌス帝のことを想い起こす。ティヴォリで彼が示した《プライベート》な場面や変化に富んだ場面を想い起こす。また同時にメトロポリス内部に位置するマウソレウム（カステル・サンタンジェロ）を想いパンテオンを想う。とりわけパンテオンとそのオキュルスを。そのことは、単一志向とならざるをえない公共性（例えば大英帝国の管理人）と精巧に個人の興味を反映した私性《プライバシー》「それは〈輝く都市〉とガルシュのスタイン邸との間に見られるのとは全く異なった状況である」へと思いを馳せることに至る。

＊ Samuel Johnson（一七〇九—一七八四）イギリスの文献学者・批評家・詩人。

プラトン的であれマルクス的であれ、ユートピアは決められたように世界軸または歴史軸として理解されてきた。しかし、もしそのためにそれが全くトーテム的で伝統主義的で理念の無批判な集合体であるものとして見なされてきたとするなら、またその存在が詩的には望ましいものであっても政治的には嘆かわしいものであったとするなら、コラージュの技法は、広い範囲の世界軸（ヴェスト・ポケット・ユートピアと名づけられるようなものばかりだが［スイスのカントン、ニュー・イングランド地方の村落、ロックの殿堂、ヴァンドーム広場、カンピドリオなど］）を許容しつつ、ユートピア政治学で辛酸をなめることを免れつつも、ユートピア詩学を堪能する方法かもしれないと示唆しておきたい。ということはすなわち、コラージュはアイロニーによってその価値を導き出す方法であり、それはものを使用しながら同時にものを信じないといった技法のようにも思われるので、それはユートピアをイメージとしてのみ取り扱うこと、またユートピアを全体として受け入れることなく断片として取り扱うことを許容させる戦略ということもできる。それはさらにコラージュは、不変性、究極性といったユートピアの幻影を支持することを通じて、変化、運動、活動、歴史といった現実に火を点すこともありながちありえないことではないような戦略たりうるのではないか、という期待をあたえるものでもある。

わかりました。あなたは私たちが建設したあの都市、地球上には存在しない、理念の中にしか存在しない都市について語っているのですね。

天国には、と私は答えました。そういった都市の原型がしまってあって、望む者は見ることができ、見ることによって自らを統治します。しかしそのような都市が現実に存在するか、あるいはいずれ実現するかは彼にとって重要なことではありません。なぜなら彼はその都市の法に従って行動するのであってそれ以外ではないからです。

プラトン　共和国、第九書

ミケランジェロ、ローマ、カンピドリオ広場。広場の舗装パターンは、ミケランジェロのデザインだが、一九四〇年になってムッソリーニの手により完成した

補遺

都市的なコラージュの〈オブジェ・トゥルベ〉になりうるような、刺激素のほんの一部を、特定の時代や文化に拘束されることなく並記してここに添えた。

記憶に残る街路

最初に、記憶に残る街路をいくつか示したい。エジンバラからは、片側だけのプリンス・ストリート。その発展形である、ニューヨークの五番街では万里の長城的な巨大な壁がセントラル・パーク沿いに連続する。手前は、かつてのノース・ブリティシュ・ホテルで、現在のプラザ・ホテル。パリからは、単純化されたウフィツィの一例として、コロンヌ通り。フリードリッヒ・ヴァインブレナーによるカールスルーエのランゲン通りの計画案。旧ベルリンの名物、ウンター・デン・リンデンとルストガルテン。ファン・イーステーレンによる同じ地区の一九二五年の計画案。そして、ジェノヴァのストラーダ・ヌオヴァ。

右頁：エジンバラ、プリンセス・ストリート
上：ニューヨーク、セントラル・パーク沿いの五番街

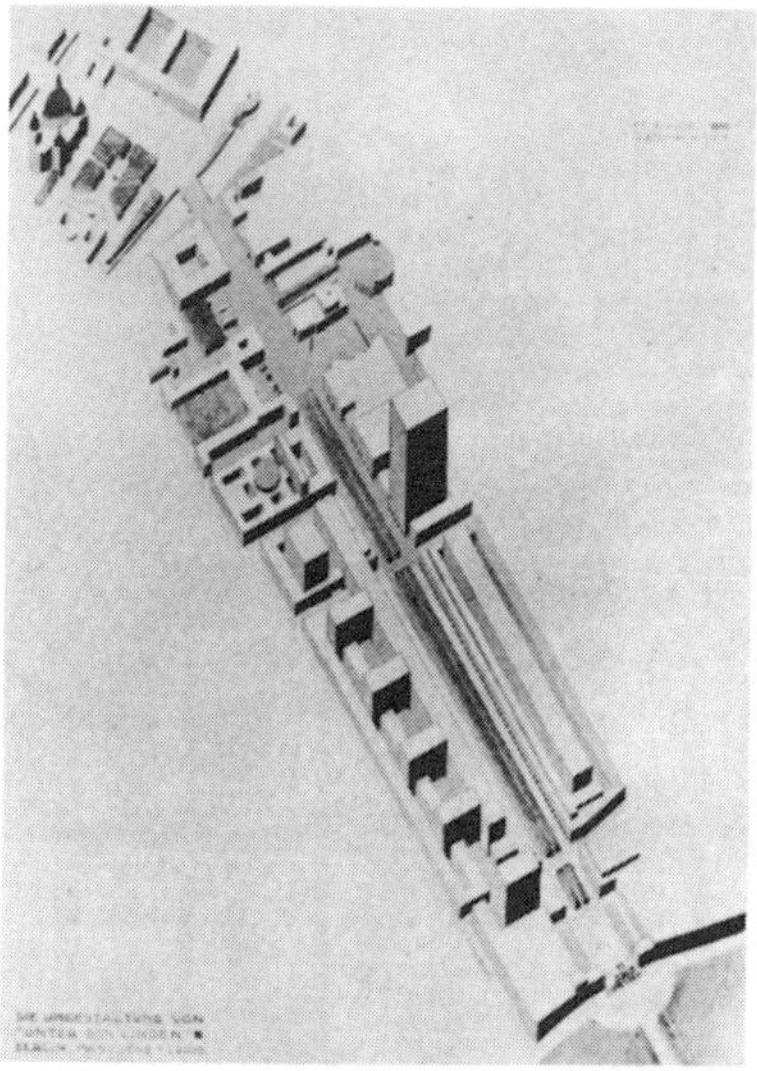

右頁上：フリードリッヒ・ヴァインブレンナー。カールスルーエ、ランゲン（カイザー）通り計画案、一八〇八年
右頁下：パリ、コロンヌ通り、一七九一年
上：ベルリン、ウンター・デン・リンデン、一八四二年
下：コール・ファン・イーステレン、ベルリン、ウンター・デン・リンデン計画案、一九二五年

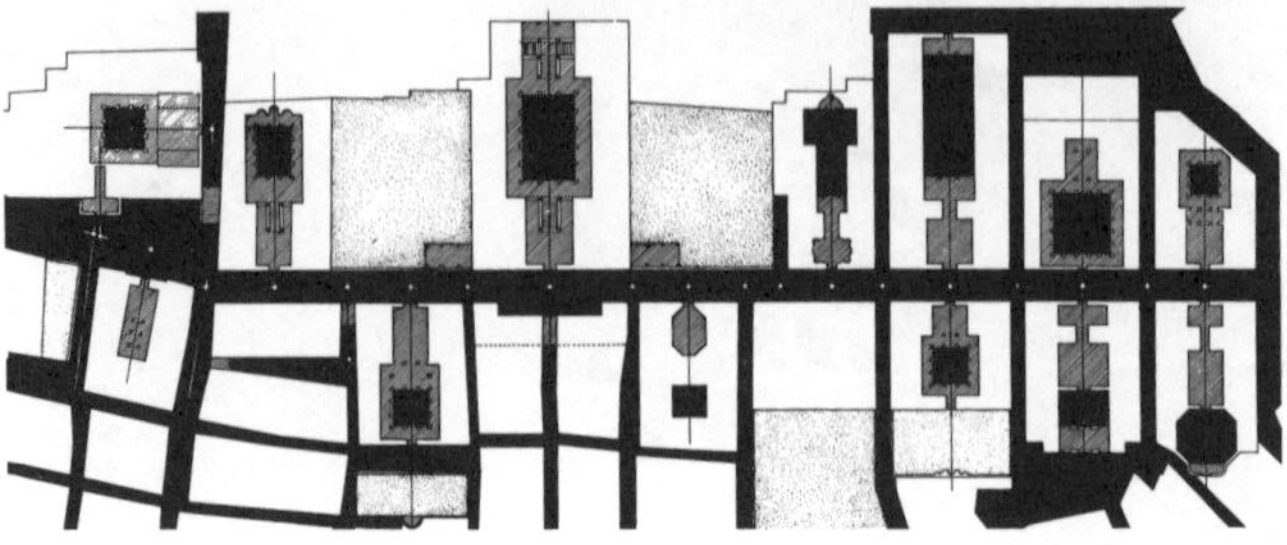

上：ジェノヴァ、ストラーダ・ヌオヴァ、航空写真
下：ジェノヴァ、ストラーダ・ヌオヴァ、平面図

安定装置

線状の形態から次には、中心の強調。無数の、機能をもたない、不思議な『安定装置』に移ろう。この安定装置は、点であるにせよ中心《へそ》であるにせよ、きちんとした幾何学形態をとるという特性をもつ。この安定装置には建物が付随することになっているのだが、このカテゴリーに含まれるものとしてはヴィジェーバノの中央広場《ピアッツァ》、パリのヴォージュ広場、ヴィットリアのマイヨール広場。そして周囲の包囲物からは完全に切り離された例としては、ローマのアウグストゥスの霊廟（これは一七世紀の記録であるが）、パドヴァのプラート・デルラ・ヴァルレ、ヴァルサンツィビオのウサギの島。

下：パリ、ヴォージュ広場（王立広場）

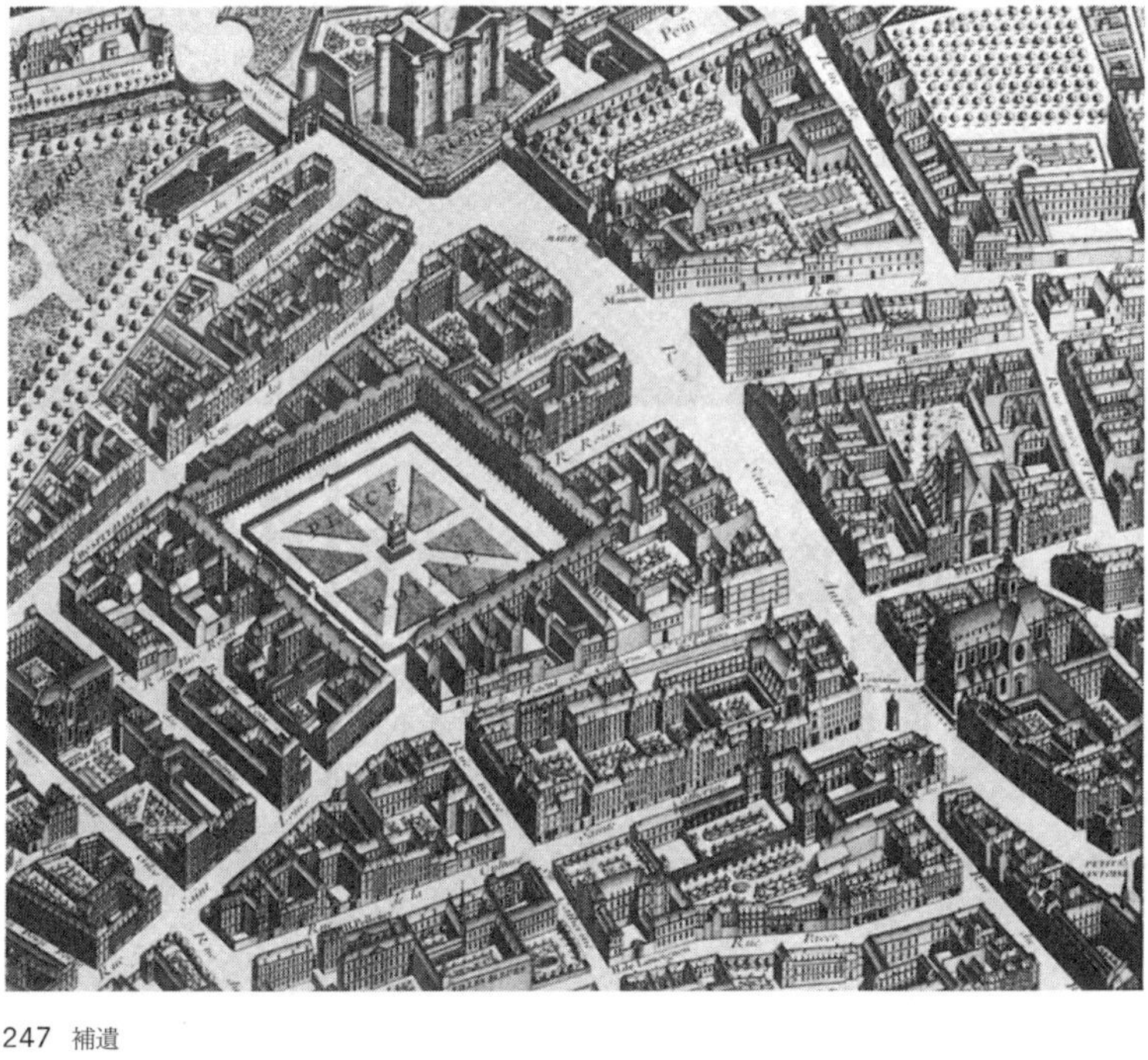

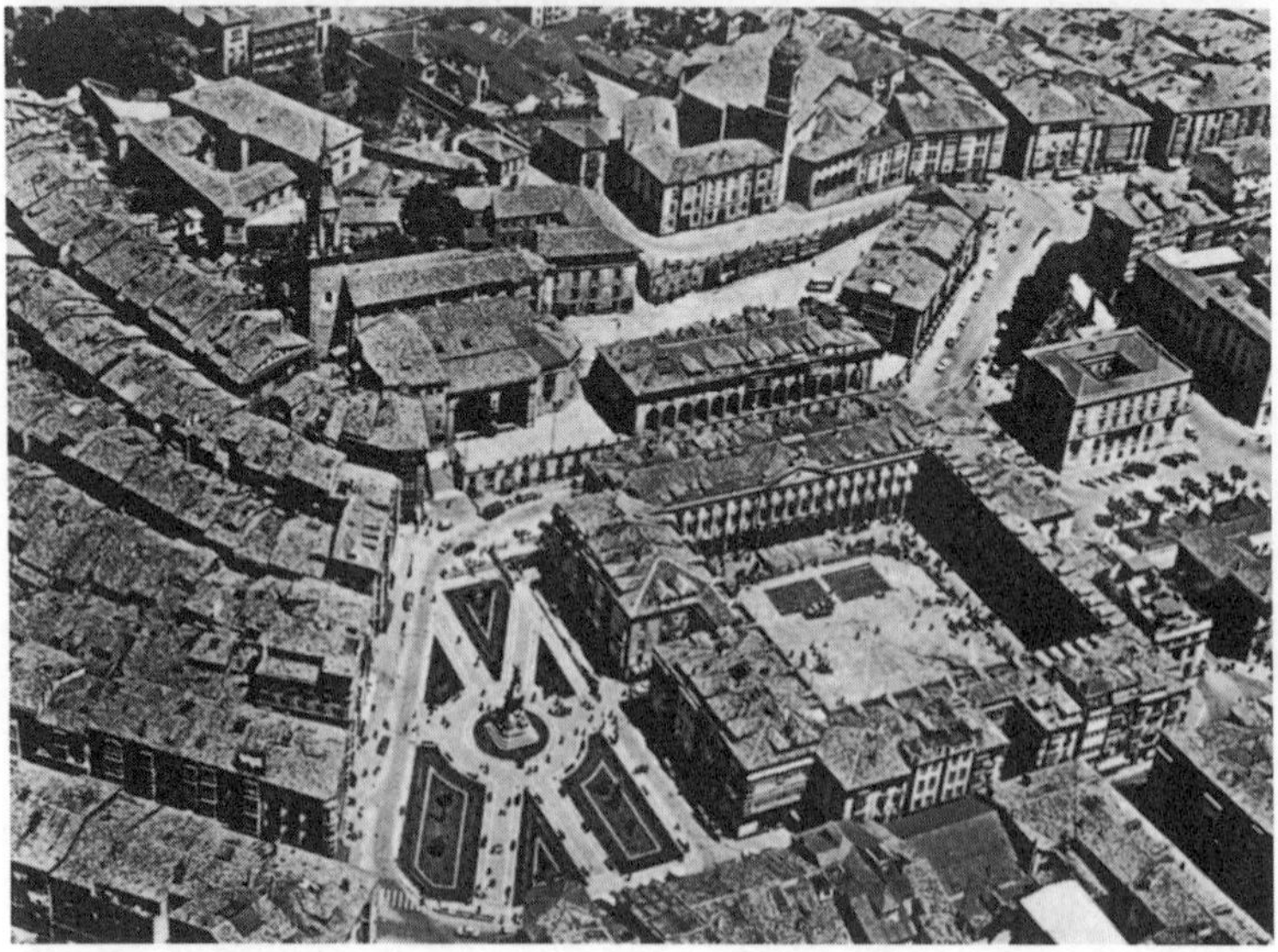

右頁上：ヴィジェーヴァノ、ドゥカーレ広場
右頁下：ヴィクトリア、マイヨール広場
上：パドヴァ、プラート・デルラ・ヴァルレ

次頁上：ローマ、アウグストゥスの霊廟
次頁下：ヴァルサンツィビオ、ヴィラ・バルバリーゴ、ウサギの島

無限に連続可能な舞台装置

続いては、一連の『無限に連続可能な舞台装置』。その古代ローマでの例としては、延々と続く、エミリアのポルティコが挙げられよう。この例は、視線を膨張させる繰り返し作業の事例としては、あまりに字義どおりでありすぎるきらいはあるにせよ、そこから連想されるものとしては、アテネのアタロスのストア、そのパートナーともいえるヴィチェンツァのパラッツォ・キエリカーティ。ヴェネツィアからは（サンマルコ広場の）旧政庁舎《プロクラティエ・ヴェッキエ》、パリ、ルーヴル宮のグランド・ギャラリー。またやや異なった傾向のものとしては、ハインリッヒ・デ・フリィのハンブルグ輸出見本市会場計画案。そして、ほとんど劇の背景のような効果をもつロンドンのリージェント・パークにあるチェスター・テラス。

下：ローマ、エミリアのポルティコ

上：アテネ、アタロスのストア
下：ヴィチェンツァ、パラッツォ・キエリカーティ
左頁上：ロンドン、チェスター・テラス
左頁下：パリ、ルーヴルとチュイルリー
二五四頁上：ハインリッヒ・デ・フリィ、ハンブルグ、輸出見本市会場計画案、一九二五年
二五四頁下：ヴェネツィア、旧政庁舎

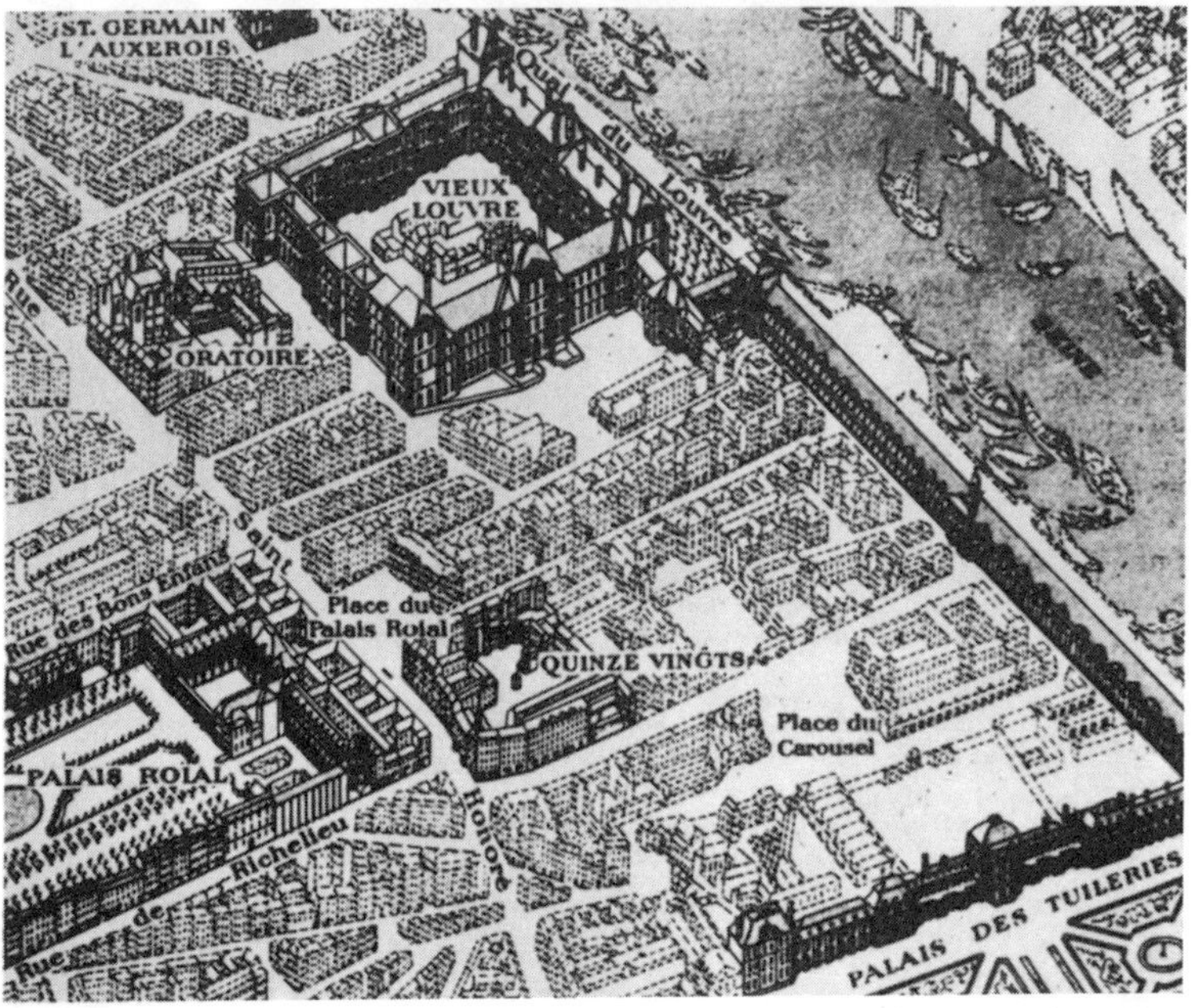
ST. GERMAIN
L'AUXEROIS
Quai du Louvre
VIEUX
LOUVRE
ORATOIRE
Rue
Saint
Rue des Bons Enfans
Place du
Palais Roial
QUINZE VINGTS
Place du
Carousel
PALAIS ROIAL
Rue de Richelieu
Honoré
PALAIS DES TUILERIES

壮大なパブリック・テラス

次にとり上げるのは、『壮大なパブリック・テラス』である。これには美しいランドスケープを見下ろすものや（河や湖などの）水を背景としたものがある。ローマのピンチオの丘、フィレンツェのミケランジェロ広場、再びヴィチェンツァのモンテ・ベリコの展望台——はすべて道の終結点にある『パブリック・テラス』である。それに対し、テラス・プロムナード型といったものが考えられる。その例としては、現存しないものだが、ロバート・アダムによるロンドンのアデルフィ*がある。アルジェのデュラン的でもありピラネージ的でもあるウォーターフロントは、驚嘆すべき蕩尽を示している。マックス・ルーゲルのバーデン・バーデンのフリードリッヒ公園計画案に見られる斜路とテラスの郊外住宅地《サバービア》は、このテラス・プロムナード型の端緒となったといえるだろう。

＊Adelphi　アダム兄弟設計（一七六八年着工）。水辺のアーチ部分には倉庫群が、その上には通路および住宅群が建設された。

下：ローマ、ピンチオの丘

上：ヴィチェンツァ、モンテ・ベリコ広場
左：フィレンツェ、ミケランジェロ広場

右頁：マックス・ルーゲル、バーデン＝バーデン、フリードリッヒ公園のジードルンク計画案、一九二六年
上：ロンドン、アデルフィ・テラス
下：アルジェ、海岸通り

曖昧で複合的な建物群

次は、『曖昧で複合的な建物群』である。もし必要なら、アーバン・メガストラクチュアと呼んでみてもよい。そのいずれも《モダン》というには程遠いものだが、それぞれその時代状況を反映しつつ、その時代を越えた域に達している。ウィーンの王宮《ホーフブルグ》、ミュンヘンの新王宮《レジデンツ》、第二次大戦で破壊されたドレスデンの、橋とブルーシュテラスと城館とツヴィンガー宮の集合体。コンピエーニュの三角形平面の城館が、その町と公園との関係という点からそれにつけ加えられる。またフランゼンスバッドの町と公園の関係、ジャイプールに見られる宮殿と都市の関係、似た条件をもつイスファハン。そして、多分にインド版のヴィラ・アドリアーナである、ファテプール・シクリの驚嘆的な建物配置。こういったものすべてに共通して、規則性と不規則性が共存しているし、いくらかというよりはかなり突飛な印象を与えるものである。こういったものすべては、受動的な状態と能動的な状態の間を（そのさまざまの部分で）揺れ動く。こういったものすべては、穏やかに協力しあいながら、また同時に熱心に自己主張をおこなう。こういったものすべては、必ずしも常に理想的というわけではない。し

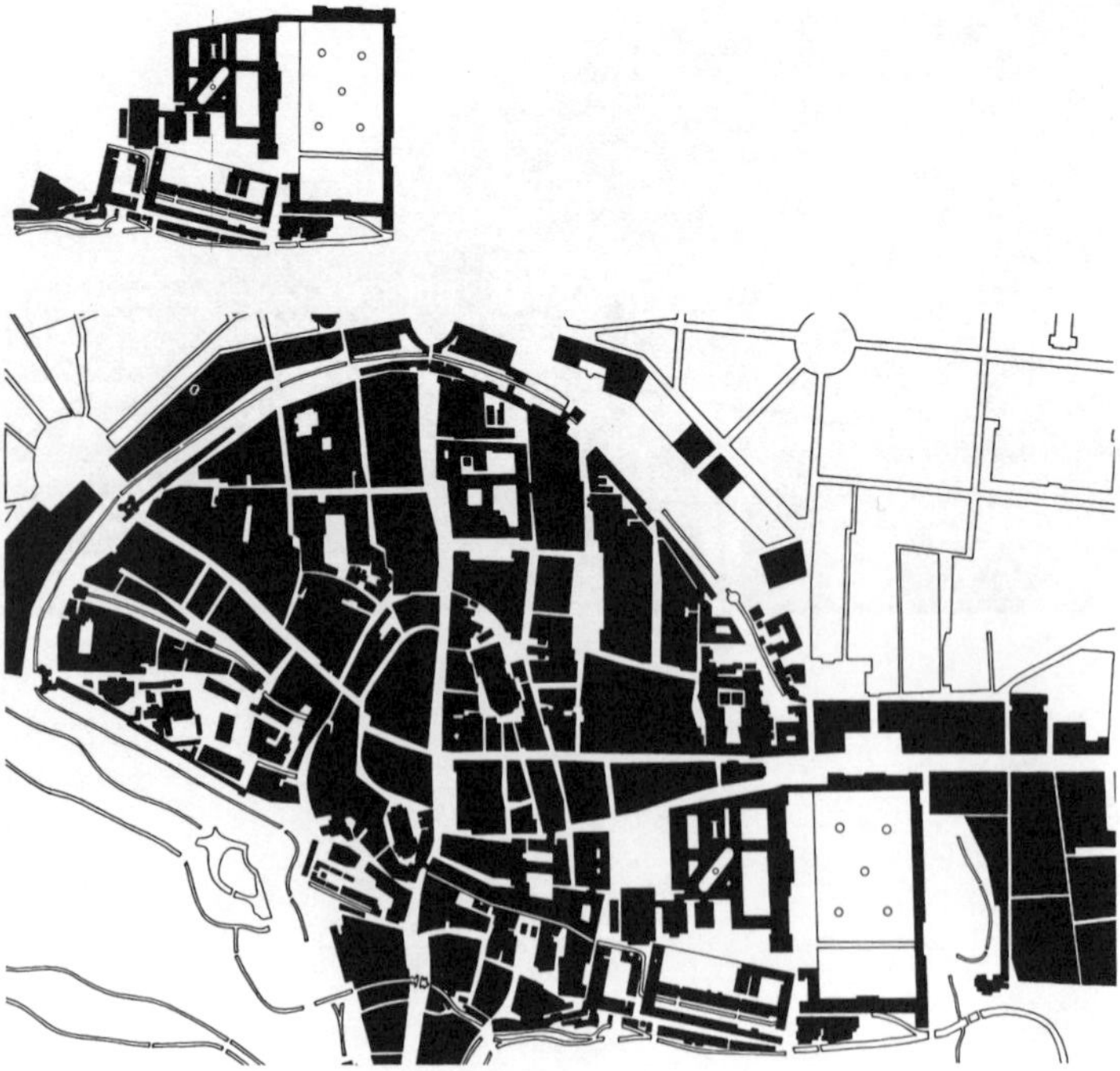

ミュンヘン、新王宮、〈図―地〉図

かし、とりわけ、こういった建物群は、現代の感性ときわめて通じ合うものを持っているし、その性格からしてほとんどどのような敷地状況にも適応が可能である。

上：ドレスデン、ツヴィンガー宮、〈図—地〉図
下：ウィーン、ホーフブルグ宮、〈図—地〉図

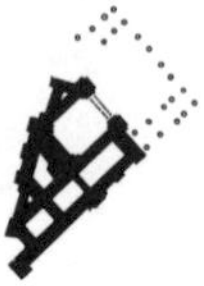

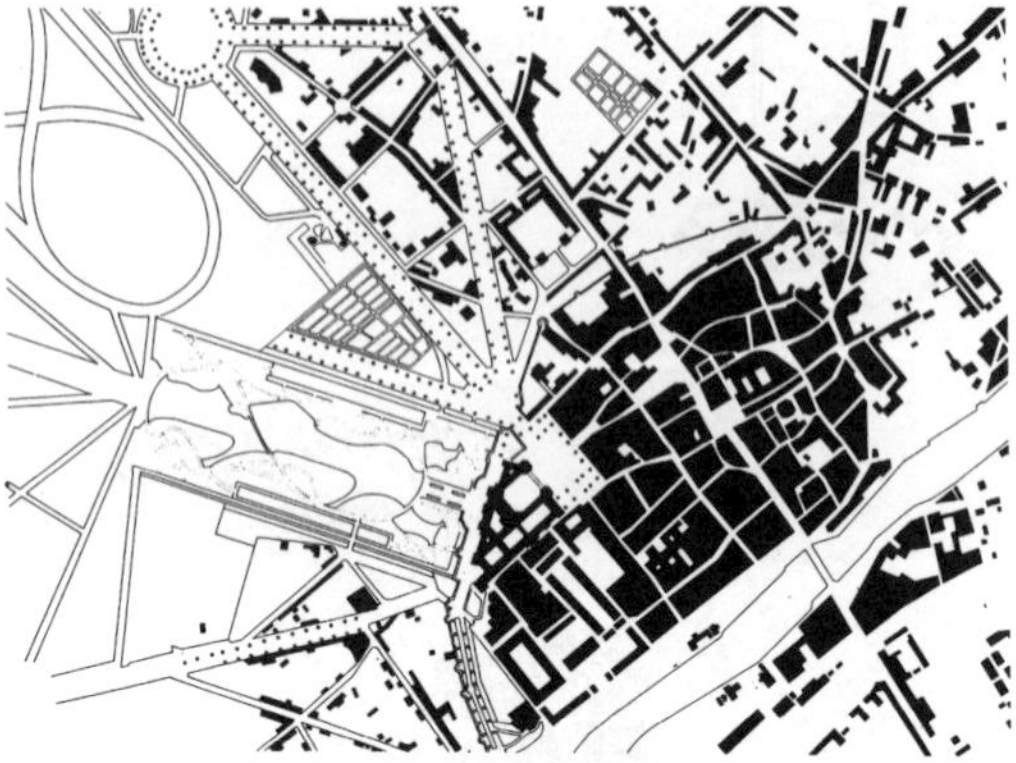

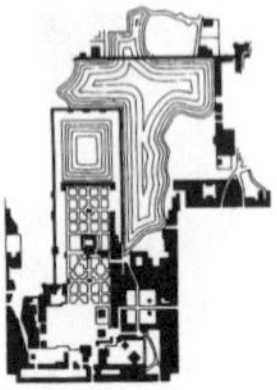

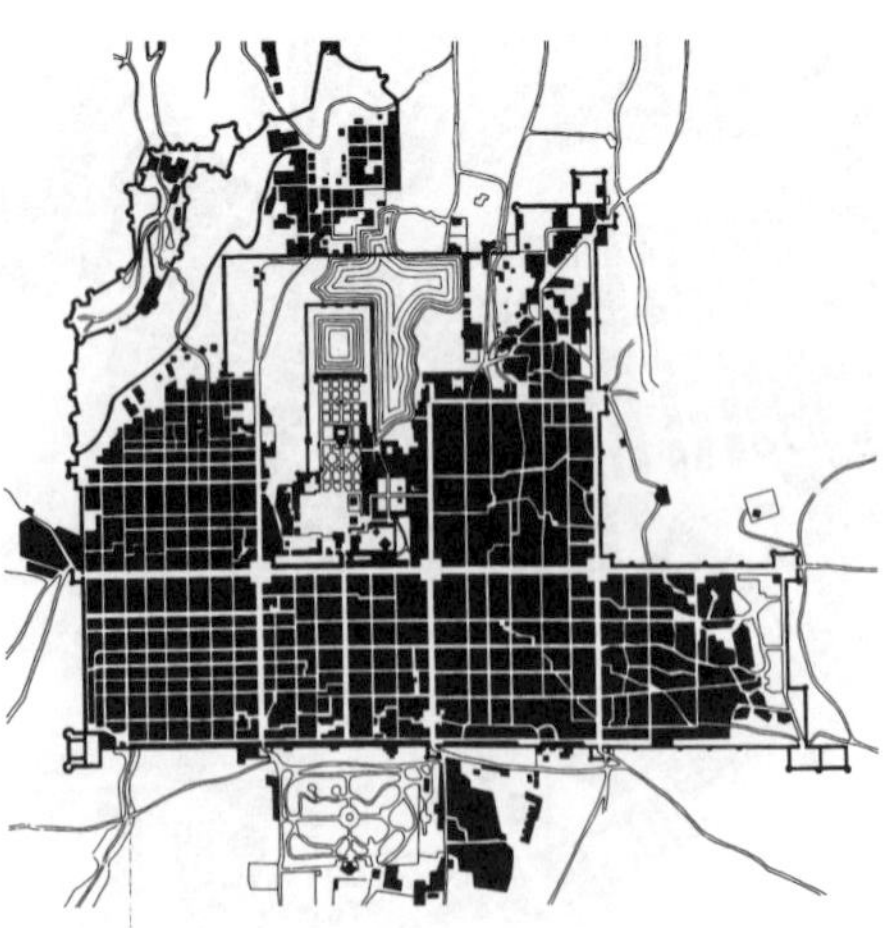

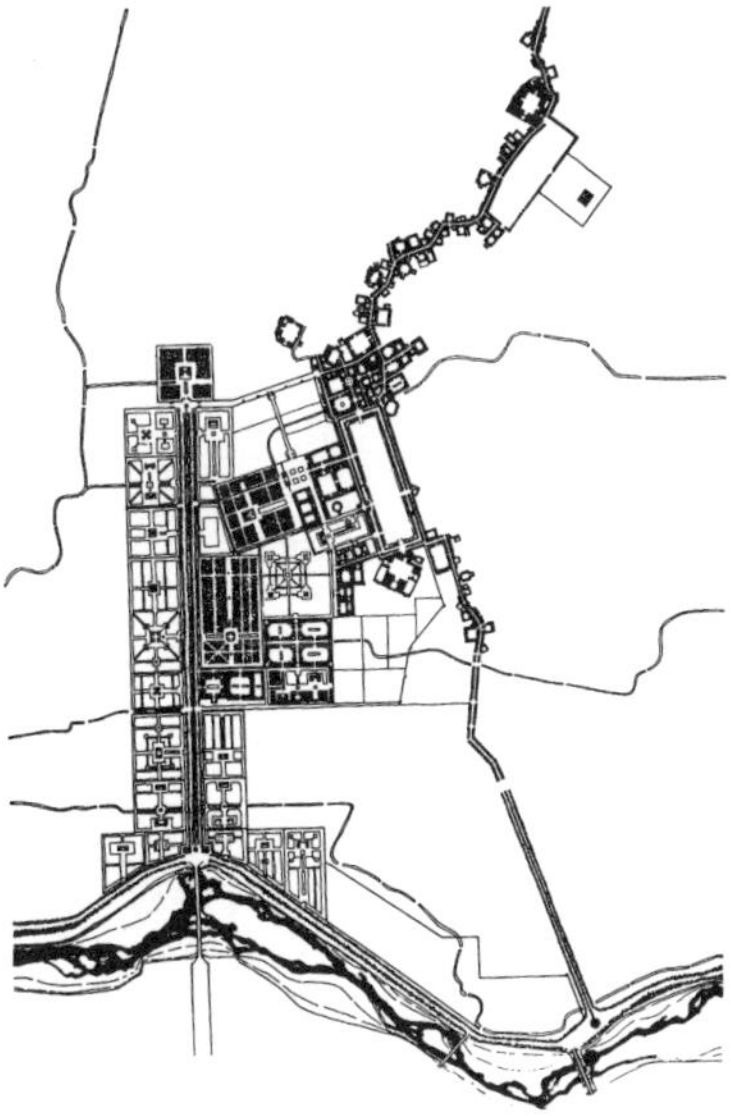

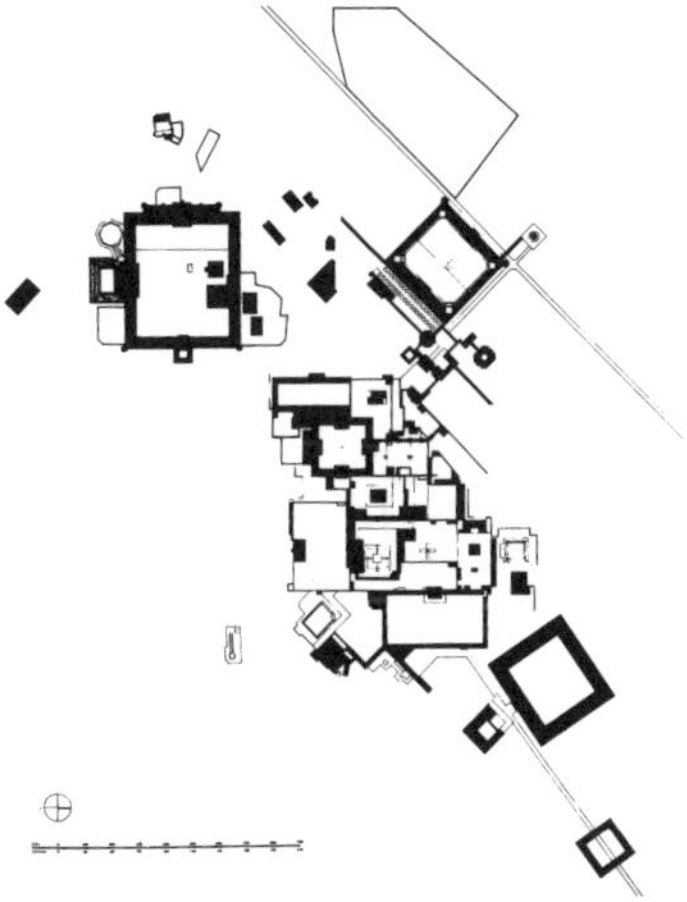

右頁上：コンピエーニュ、町と城館、〈図―地〉図
右頁下：ジャイプール、王宮、〈図―地〉図
上右：イスファハン、平面図
上左：ファテプール・シクリ、〈図―地〉図
左：フランゼンスバッド、〈図―地〉図

ノスタルジア生産器械

最後にとり上げられるのは、『ノスタルジア生産器械』である。『ノスタルジア生産器械』は、《科学的》で未来志向の場合もあり《ロマンティック》な過去依存型の場合もあるだろう。また、いろいろな意味で、単にエレガントでヴァナキュラーなものであったり、ポップなものであったりするかもしれない。こういった文脈をたどっていくと頭に浮かぶのは、海底油田基地であり、カイウス・セスティウス帝のピラミッドであり、ケープ・カナベラルのロケット発射台やその室内環境である。また、ボマルツォのヴィニョーラ風(?)の『テンピエット』、古代ローマの墳墓、アメリカの典型的な田舎町、ヴォーバンによる城塞、そしてラス・ヴェガスでもどこでもいいのだがヴェンチューリ派からかくもあがめたてまつられた中央通り《ストリップ》も、このリストに記載されるにふさわしい。

1

1 ラス・ヴェガス、大通り（ザ・ストリップ）
2 海底油井
3 ローマ、カイウス・セスティウスのピラミッド
4 イリノイ州ガレーナ
5 フロリダ州ケープ・カナベラル
6 ケープ・カナベラル

2

3

4

5

6

7

8

9

7　ボマルツォ、フォリーの寺院
8　モンルイの城塞
9　ブリアンソンの城塞

庭園

これまでに観察／あるいは／識別してきた対象は基本的に《出来事》を記録するもので、何かしらの《構造》またはマトリックスまたは組織といったものの内部にほとんど吸収されているということを理解しておく必要がある。ここでいう《構造》は、規則的であったり不規則だったりする。また、水平にも垂直方向にも展開するものである。水平方向のマトリックスの規則的あるいは不規則な例については逐一挙げるには及ばないようなものだが、マンハッタンまたはボストンの都市組織、トリノの都市パターン、シエナのランダムなパターンがこれにあたる。密度の低い地域の例としては、サバンナの穴だらけの都市グリッドやオックスフォードやケンブリッジに見られる自由な凝集形が挙げられる。垂直方向のマトリックスが支配している例というのも、同様に明瞭である。ヴェネツィアやリヴォリ通りやリージェント・パークに見られるアーバン・ウォールペーパー*。また、切妻屋根が三格間《ベイ》単位でファサードを形づくっているアムステルダムの街並。巨大な寄棟屋根の仰々しく軒を並べるジェノヴァの町。マンハッタンのアッパー・イースト・サイドではこのジェノヴァ型のパラッツォが南北方向の

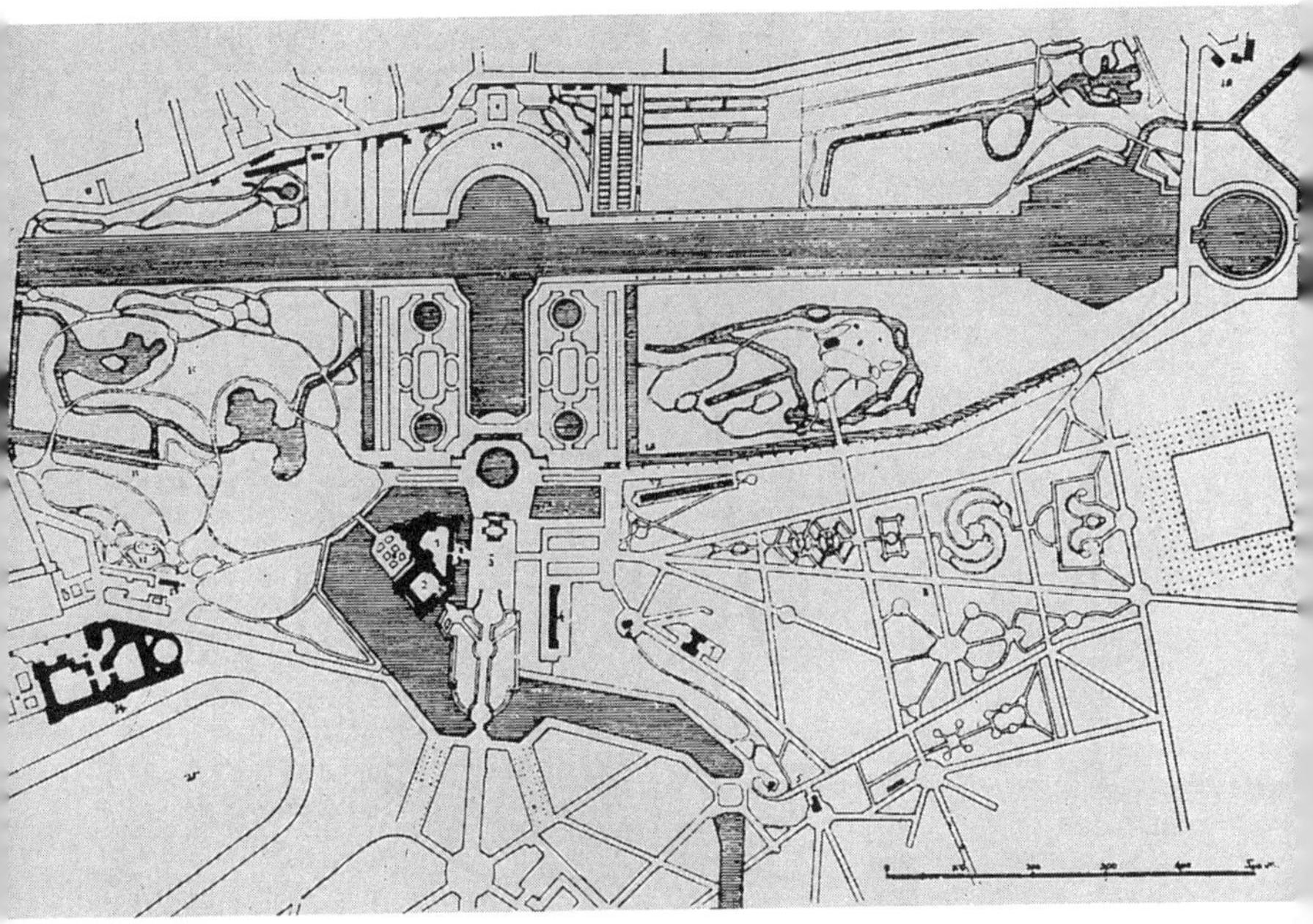

アベニュー沿いに建ち並び、東西方向のストリートはヒューマン・スケールのアムステルダム型タウンハウスから構成されるという奇妙な組合せが見られる。この例の最後に、忘れてならないものとして家という家は画一的に白いペンキ塗りで仕上げられ、小さな芝生という装置と日陰発生装置としての楡の巨木を常に構成要素とする、一九世紀のアメリカの街路がある。

この一九世紀アメリカの街路、あるいは、グリッド状に広がる緑の中に点々と穿たれたきめ細やかな白い形態は、ロマンティック・クラシシズムの予想外の結実ということができる。この街路は、ほとんど堪えがたいほどに牧歌的でアルカディア志向の場合がないわけではないが、ある種の庭園と呼ぶことができる（しかし、ガーデン・シティの一種とはなりえない）。このほとんど知られてもいず、記録にも残っていない街路が、ここでもうひとつの刺激素をつけ加える糸口になってくれそうである。

都市の批判としての『庭園』――すなわち、モデルとしての『庭園』。これはすでにこの書物でとり上げられたテーマとひとつであるが、ことさらに留意する必要がある。例えば、ワシントンDCの都市の断片のいくつかはヴェルサイユの庭園をほとんどそのまま再現したものだし、第二帝政期のパリはル・ノートル様式でつくられ

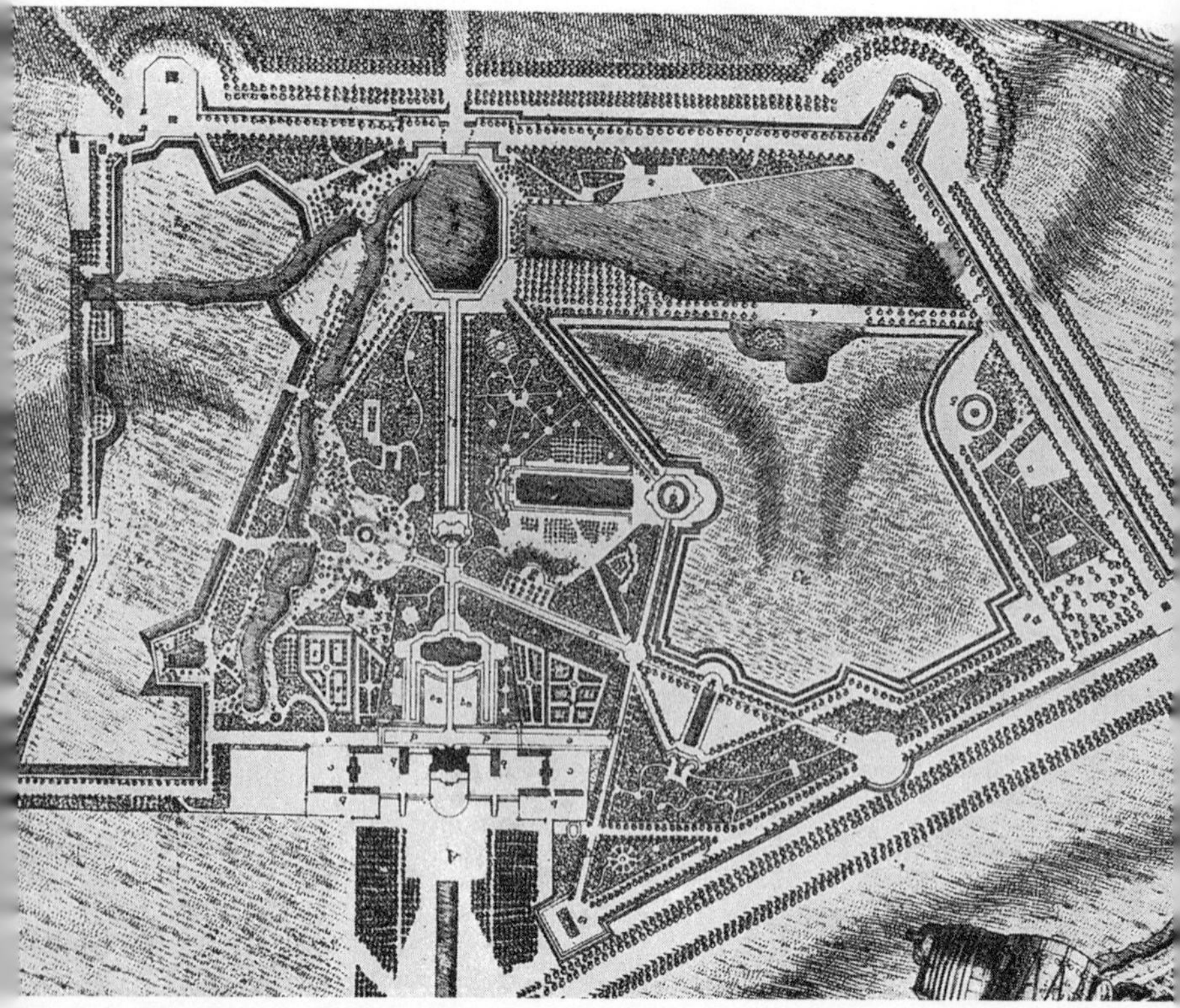

た一連の庭園の形態を建物で置き換えたようなものといって過言ではない。また、ロマンティックな（名称をもつ）アメリカの郊外住宅地（タートル・クリーク、グロス・ポアンテ・ファームス）がストウヘッドや後期のストウのような英国式庭園に由来するものであることには疑いの余地がない。しかし、そういった歴然とした引用の例を除くなら、庭園のもつ可能性、都市の《プランナー》や《デザイナー》に何を示唆しうるのかという点は、依然としてないがしろにされているのが実情である。

したがって、庭園は建物を建設することなしに建設された状況をシミュレーションできるという点に着目するなら、庭園はたちまちにして有用なものへと変貌するのではないだろうか。ここで私たちが考えているのは、いわゆる定評ある舞台装置的な庭園ではない。ヴォー・ル・ヴィコントよりもシャンティイであり、ヴェルサイユよりもブリッジマンのストウに代表されるような、ヴィラ・アドリアーナ的な、稠密なる混乱とでも呼べるような庭園である。これまで、極端にプラトニックな庭園、あるいは極端に直交座標系に準拠した庭園、あるいは極端にアルカディア的な庭園からの影響が支配的だった。これに対して、われわれは偶然性と秩序の共存する状況——そのほとんどはフランスに見られるのだが——

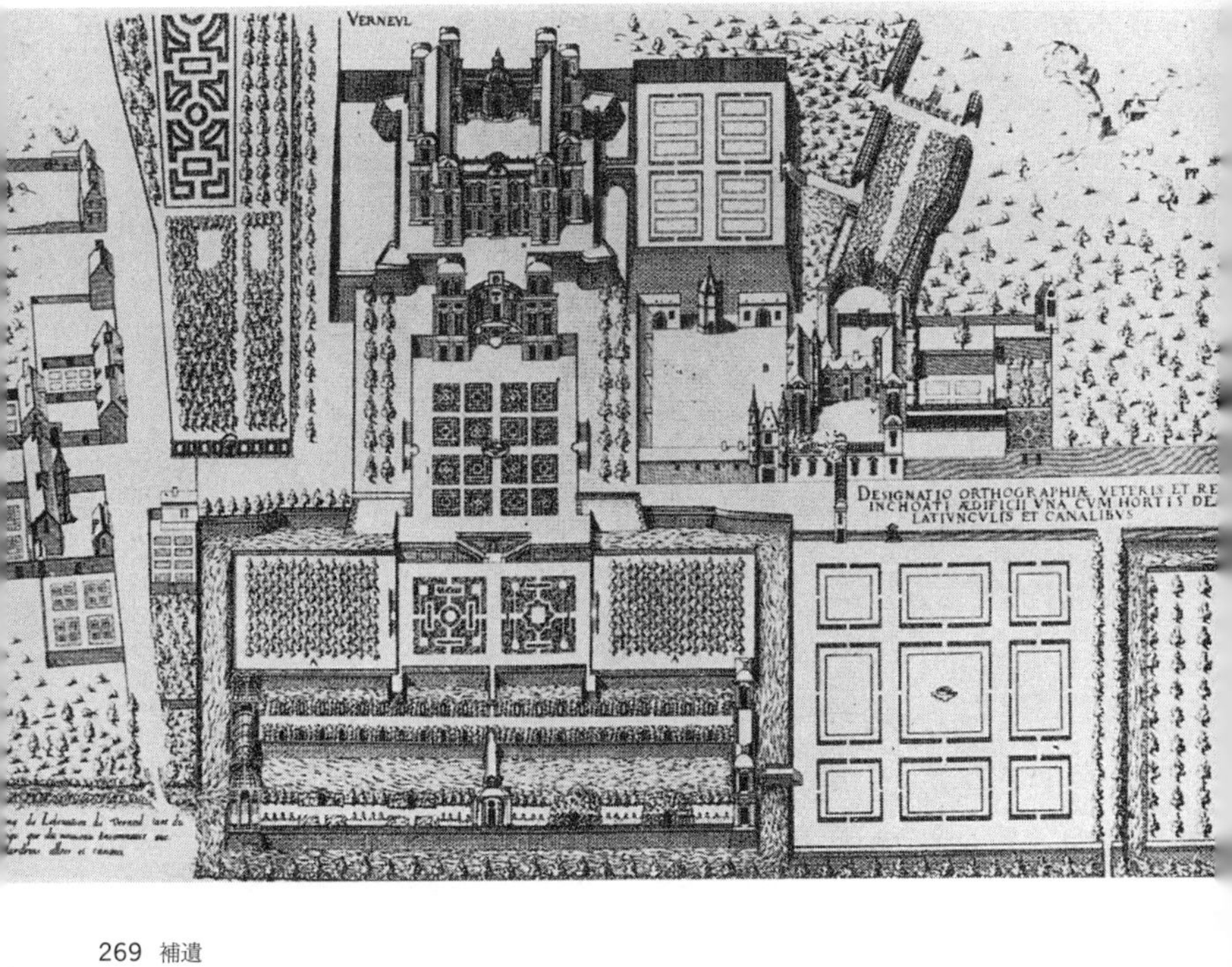

を評価する立場をとる。

したがって、シャンティイは、その雄大に広がる台地とさりげないようでいて実は強引なまでの軸線配置と、そこに見られるデカルト座標系の暗示とシャフツベリー卿の影との共存と、その過剰なまでの精密な組石造と、その無造作に投げ込まれた要素との対比という点で、確実に最も完成度の高い庭園（すなわち、最も可能性に富んだ都市）といえよう。このシャンティイと英国式庭園がフランス式庭園の中に入れ子になっているブリッジマン設計のストウ（穏やかな大地への果敢な波状攻撃）に次ぐものとしてはヴェルヌイユが挙げられよう（ドゥ・セルソウによるヴェルヌイユは、ル・コルビュジエを感動させたという逸話をもっている）。その他にあまねく知られていることのない、地方性一歩手前の例をいくつか示す。

そこで、ステイン著の『フランスの庭園』からどちらかというと始原的な庭園を二つ選んでみた。コルベール・ド・ヴィラスルフの城館とそれを全く等質のものとは呼べないが、ラングレの司教館である。

ラングレの司教館の図面からは、まずおそらく外壁をはりかえた、古い邸宅であること、そして庭園の計画と建物の関係が適切なものであることが読み取れる。それに対して、コルベール・ド・ヴィラスルフも、そのほと

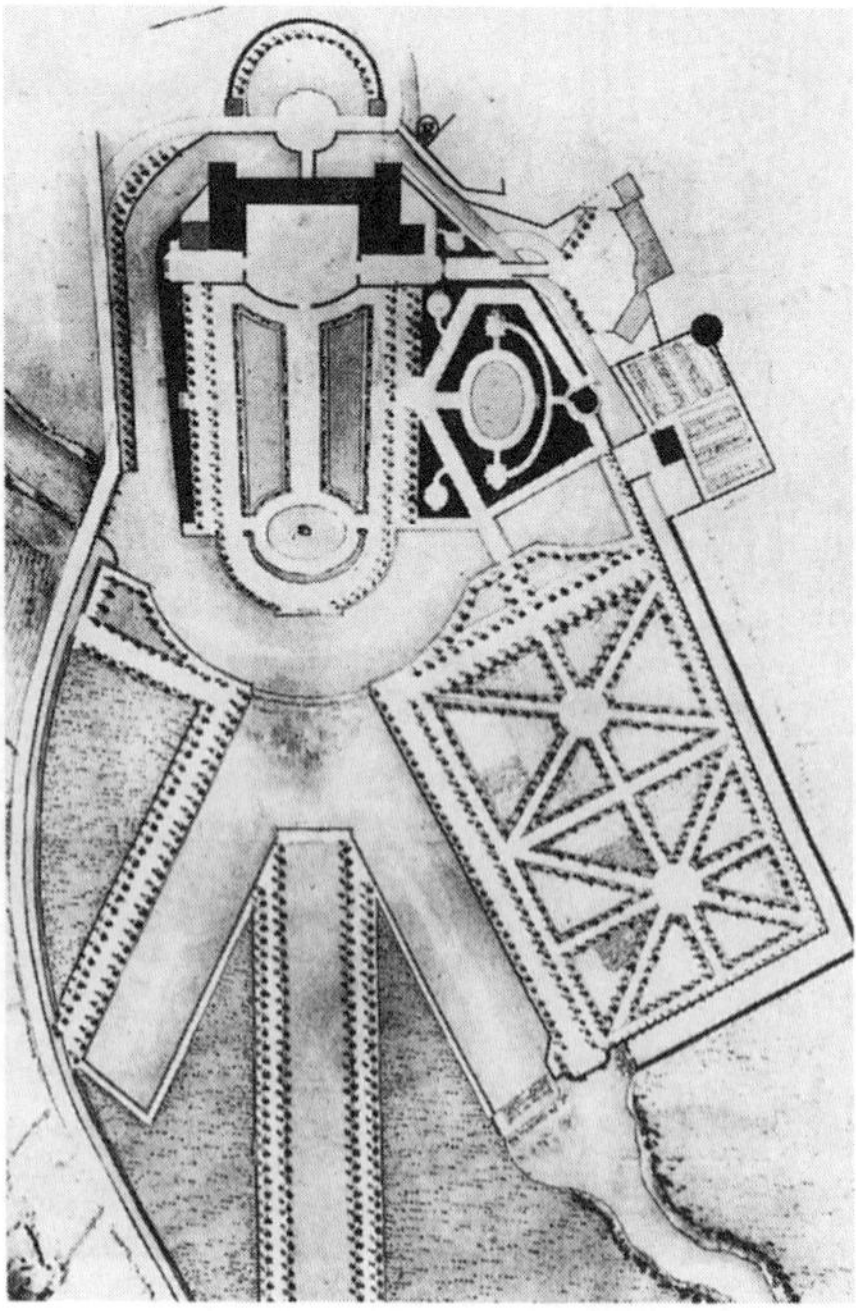

＊ 連続する、規則性をもった、都市建築の外壁の（開口部などによる）パターンは、都市という巨きな〈部屋〉の〈壁紙〉の模様のようでもある。（二六七頁）

右：ラングレの司教館
二七一頁：ルベール・ド・ヴィラスルフの城館
二七二頁上：ガイロンの城館
二七二頁下：パリ、モンソー公園

二六七頁：シャンティイ、城館と公園、平面図
二六八頁：ストウ、ブリッジマンによる庭園平面図
二六九頁：ヴェルヌイユの城館

んど中国的なグリッド状の運河とそれに拮抗する庭園エレメントとで、最も重要な参照例となりうるものである。これに追加するものとしては（もうほとんどないが）、モンソー公園の繊細なデザインがある。これはル・ノートル様式に基づく配置計画への叙情的な規範からの違反行為と考えられるが、それは図面をみれば歴然としている。そして最後に、やや暴力的なまでに明確な意図をもった例外的な例《エピソード》、とドゥ・セルソウの記録が述べている、ガイロンの城館を示す。

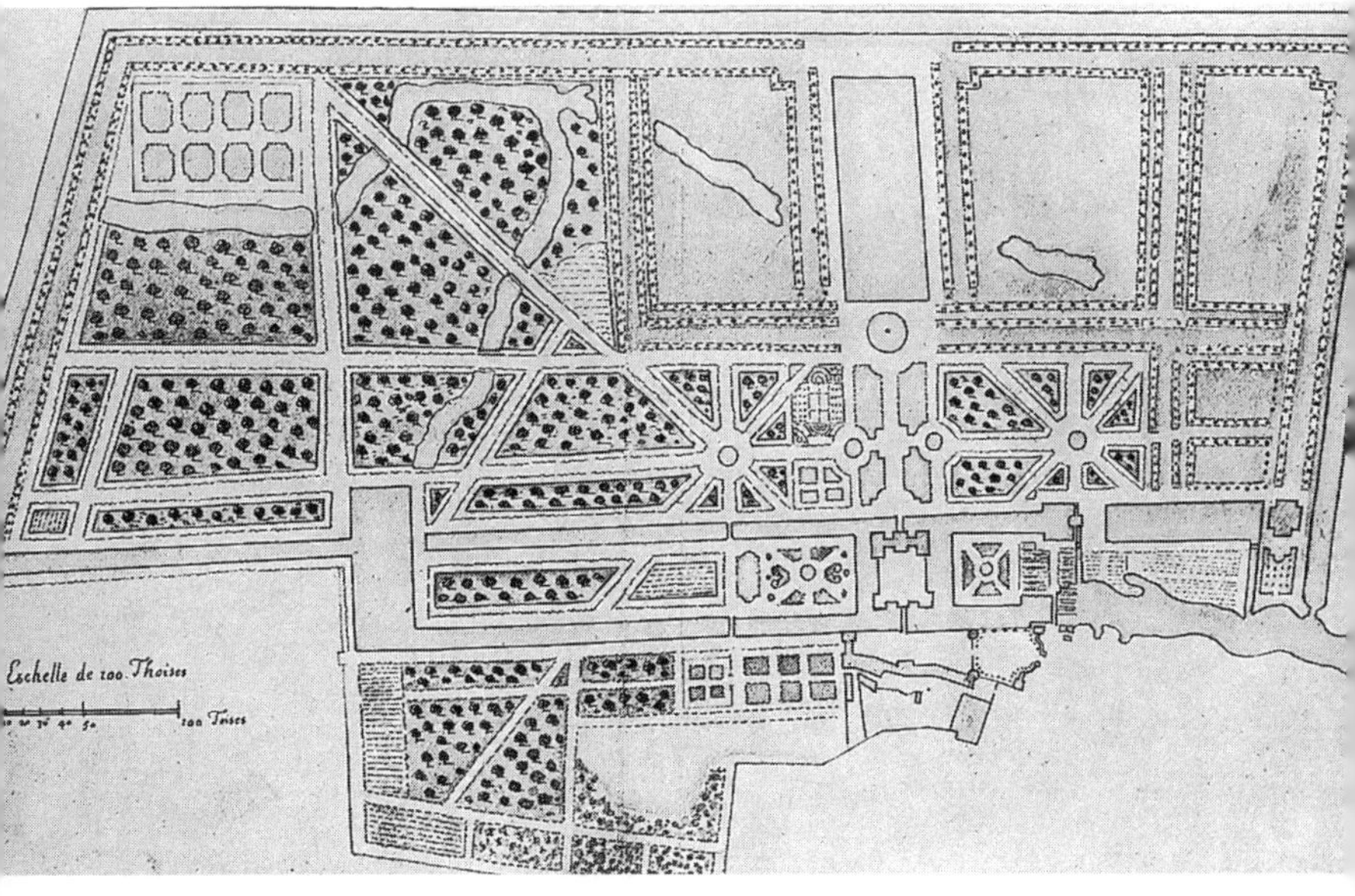

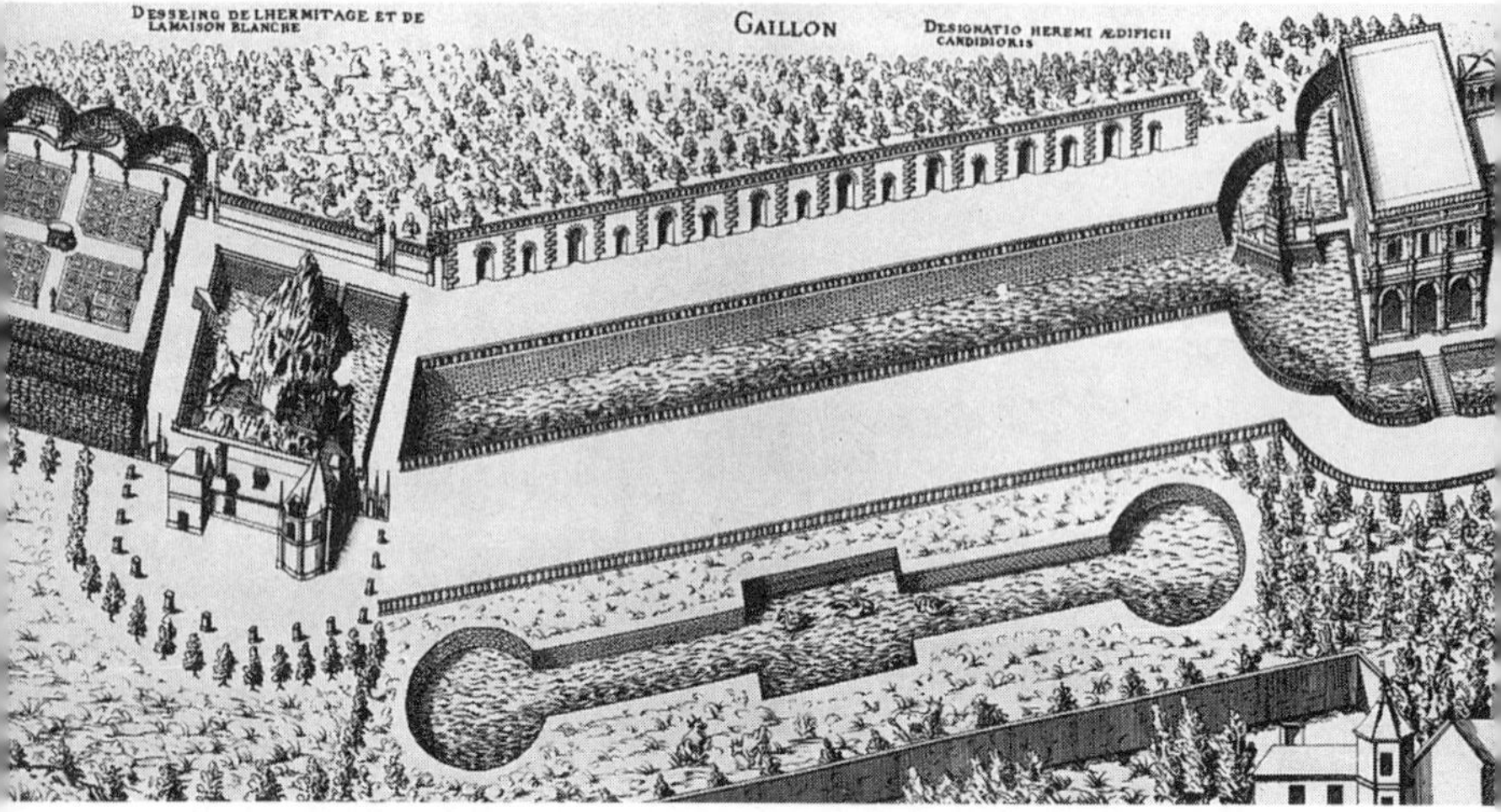
DESSEING DE LHERMITAGE ET DE LAMAISON BLANCHE
GAILLON
DESIGNATIO HEREMI ÆDIFICII CANDIDIORIS

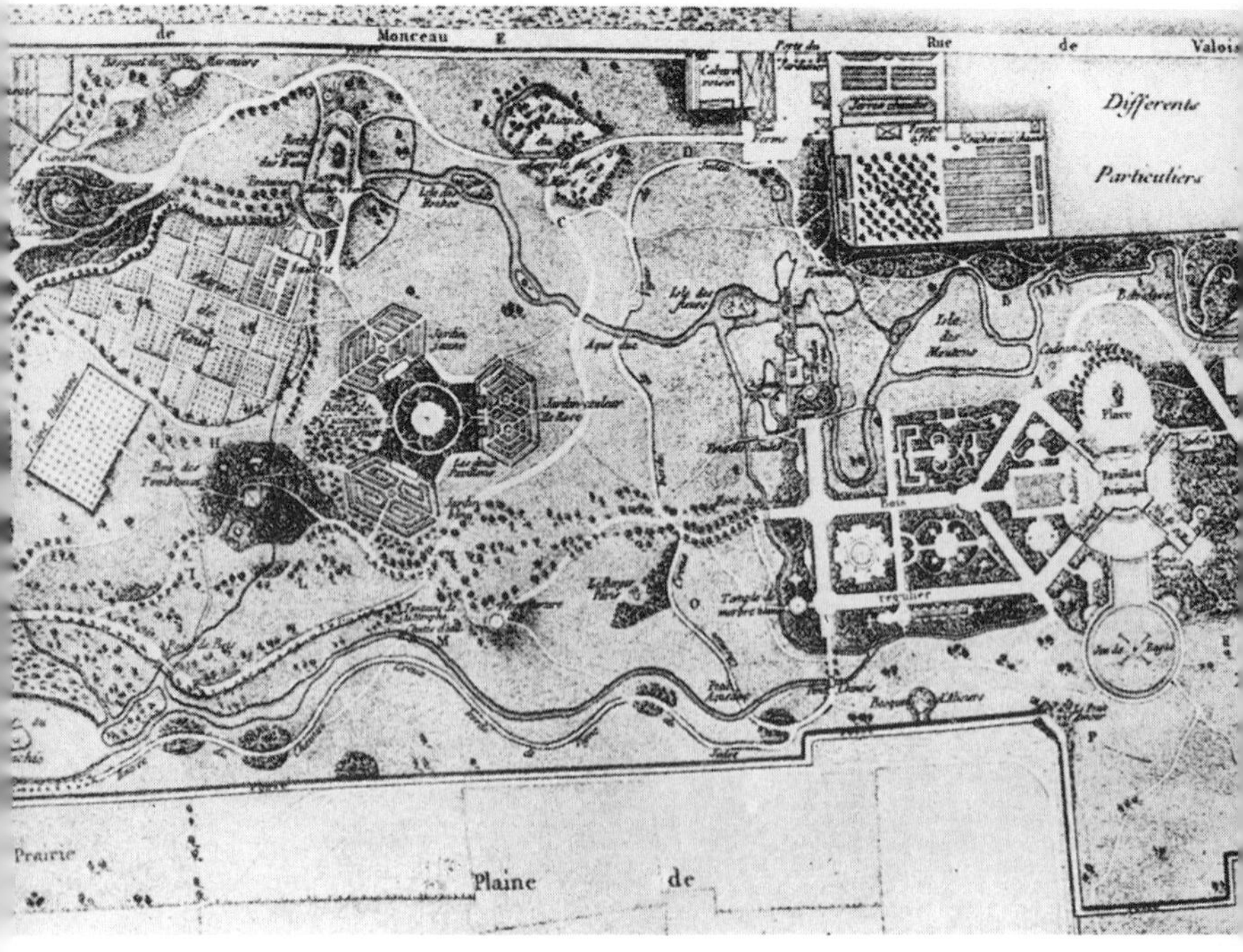
Monceau
Rue de Valois
Differents Particuliers
Prairie
Plaine de

注釈

『私の破滅に抗して、私のとり集めた断片たち』というT・S・エリオットの『荒地』での言葉の〈オブジェ・トゥルベ〉がいままでの作業を結論づけようとすると頭に浮かんでくる。しかし、パラディオの建物によって構成されているカナレットの空想のリアルト橋風景は、現実の状況と比較してみたときに、『コラージュ・シティ』でとり上げてきた論点のいくつかを含んでいるということができるだろう。パラッツォ・デイ・カメルレンギはバシリカに、ドイツ商館はパラッツォ・キエリカーティにそれぞれ置き換えられ、遠景にはカサ・チヴェナらしきものがひそんでいるのを認めると、この絵を観る人は二重のショックを受けることになる。これは理想化されたヴェネツィアだろうか、それとも実現しなかったヴィチェンツァだろうか？　この疑問はついに解決されることがない。したがって、ウィリアム・マーローの風景画に見られる、ヴェネツィアの市街に挿入されたセント・ポール寺院も同じ空想の劇場に間違いなく貢献するものである。こういった、建物の空想上の移動を取

り扱った絵画は数多く存在する。

日常言語から離れた詩的なレベルでは、ニコラ・プッサンの絵画の背景に描かれている建築群が、それに匹敵する、合成されたエレメントからなる都市をあらわしている。建築的な『詩的な反応を生むためのオブジェ』を操作するプッサンの技法は、いうまでもなく、カナレットやマーロウのそれに比して、段ちがいに完成度が高く、強い喚起力をもっている。カナレットの絵画は、知識ある旅人の興をそそり、マーロウは心を揺り動かす。そして、プッサンの空想の都市の中ではすべてが古典性を帯びた形に凝縮する。例えば、ノースレイの『フォキオン』の中では、アテネ郊外のメガラが高度に洗練されたイタリアの村落として描写されているが、その中心を占めているのはトレヴィの神殿（これもまたパラディオによる）の精密なレプリカである。また、ルーヴルにある『盲目を治癒するキリスト（エリコの盲人）』では、ナザレの村はローマとヴェネト地方の建築のアンソロジーになっていて、パラディオの実現しなかったヴィラ・ガルザドーレによく似た建物や初期キリスト教時代のバシリカ（これは直接のコピーではないようだが）や明らかにヴィンチェンツォ・スカモッツィ風の外観を持つ住宅などによって構成されている。過去をいっそうさかの

二七三頁：カナレット「リアルト橋を南に望む大運河」
二七四頁：ウィリアム・マーロウ「綺想―セント・ポール寺院とヴェネツィアの運河」
上：カナレット「大運河の壮麗な眺め」ヴェネツィア

ぼっていくと、こういった融合・合成をスタイルとしている例には事欠かない（例えば、ヤン・ファン・エイクのゲントの聖バヴォ大聖堂の『聖なる子羊の礼拝（神秘の子羊）』の背景はロマネスクでもあり、ゴシックでもある）。しかし、この問題をもうこれ以上追求する必要はあるまい。なぜなら、根本的に、複合的な要素を含んだ都市という理念はあまねく浸透しているので、時代遅れになるというような懸念は無用だからである。そこで、都市の複合化を性格づける主観的で統合的な手法が、なぜ永年にわたって非難されるべきものと見なされてきたかを、ここで再考してみたい。その威圧感にもかかわらず、観念的な知性の産物であるユートピア都市はいまだに評価すべきものとされており、その一方でメトロポリスはゆるやかに組織化された、同情や熱意に基づいた博愛主義にもかかわらず、依然として認知されるに至らない。しかし、もしユートピアという観念が必然的なものだとするなら、他の観念的な都市すなわち、カナレットの『空想の風景』やプッサンの絵画に見られるコラージュされた背景に表現されている、もしくは予言されている都市も同じくらいの重要性を帯びているはずである。

暗喩としてのユートピアそして処方箋としてのコラー

ジュ・シティ。この対概念の共存が、規則と自由を保証し、科学的な〈確実性〉またはアド・ホックという気紛れのどちらかへの完全降伏ではない、未来への弁証法を確実なものにする。近代建築の解体は、まさにそのような手法を必要としている。それには、啓蒙主義的な多元論に興味深い可能性が示されているように思われるし、おそらく常識という月並みなキーワードが役に立つ場合もあるだろう。

二七六頁：プッサン「フォキオンの遺灰の収集」
下：プッサン「盲人を治癒するキリスト（エリコの盲人）」

《再現的な representational》態度にも興味を寄せていた。そういった意味でラス・カスの1956年パリ発行の書物からの以下の引用は示唆的である。

8．Claude Lévi-Strauss, *The Savage Mind*, London, 1966 : New York, 1969, p. 30. クロード・レヴィ＝ストロース『野生の思考』大橋保夫訳、みすず書房、また以下の書物も参照のこと。Claude Lévi-Strauss, *The Raw and the Cooked*, New York, 1969, London 1970.

9．Alfred Barr, *Picasso : Fifty Years of his Art*, New York, 1946, pp. 270-1.

10．Alfred Barr, 前掲書 p. 241.

11．Lévi-Strauss, 前掲書 p. 11.

12．Barr, 前掲書 p. 79.

13．Barr, 前掲書、p. 79.

14．Abraham Cowley, *Lives of English Poets, Works of Samuel Johnson* LID., London, 1823, Vol 9, p. 20.

15．この場においては、ジャスティス・ブランデス氏の『抵抗できないという者が、単に抵抗していない者であることは往々にあることである』という言説を思い起す。

16．F. T. Marinetti, *Futurist Manifesto*, 1909.　より引用。また A. Beltramelli, *L'Uomo nuvo*. Milan. 1923.　の附録の文章あり。この2つの引用は共に、James Joll, *Intellectuals in Politics*, London and New York, 1960.　に収められていたものを使用した。

17．Barr, op. cit., p. 271.

18．St. Paul, *Epistle to the Romans*, 5 : 20. 新訳聖書『ロマ人への書』第5章20節（訳出は日本聖書協会の文章に従った。訳者）

19．Renato Poggioli, *The Theory of the Avant-Garde*, Cambridge, Mass., and London, 1968, p. 219.

20．ハンナ・アーレントからの引用はケネス・フランプトンによるものだが、原典は明らかでない。

21．O. M. ウンガースがコーネル大学の授業中（1969-70頃）口ぐせだった科白。

22．Samuel Johnson, *The Rambler*, no. 194 (Saturday, 25 January 1752).

パリについて Vol. 1 p. 403

もし、天が私に数年の時間を与えてくれたら、真実の物語としては、私はパリを世界のそしてフランスの首都に必ずしましょう。

ローマについて Vol. 1 p. 431

皇帝は、ローマがもしその支配下にあったら、その遺跡を外に出し、そのすべての残骸を掃き集め、出来るかぎり復原したいと言った。彼は同じ考え方が隣人の中でも理解されていることを疑わなかった。ヘルクラネウムやポンペイと同様なことが可能であるということを。

ヴェルサイユについて Vol. 1 p. 970

その美しい木立から私は悪趣味なニンフ像を追い出した。そして、その代わりにわれわれが勝利したすべての都市、われわれの武力で有名になったすべての名高い戦いの石像パノラマをそこに配置する。それはわれわれの凱旋と国家の名誉の永遠のモニュメントであり、ヨーロッパの首都のゲートに据えられる。そして、それは外の世界の武力の介入によって壊されることは決してないだろう。

そして、最後に Vol. 2 p. 154

彼はエジプトの神殿をパリに建てることができなかったのを大変残念がった。その神殿は、彼が首都を豪華に飾るモニュメントになると彼は言った。

しかし、国家のモニュメントとして、民族の文化を象徴するものとして、また教育の索引であり教育の手段としての博物館都市という概念は、新古典主義の理想主義に内在するもののように思われるし、また博物館住居という概念の中にそのミクロコスモス的な反映を見ることができる。ここで想起されるのは、トマス・ホープ、サー・ジョン・ソーン、カール・フリードリッヒ・シンケルそしておそらくジョン・ナッシュである。ナポレオンがパリに建立したかった、そしてそうしていれば首都パリを《豊かに》したであろうエジプトの神殿は、ソーンが自邸の地下室を《豊かにした》セティ1世の石棺に置換しうるものかも知れない。ここでアナロジーは形を整え始める（ジョン・ソーンの自邸に関する以下の記述の詳細は、『磯崎新＋篠山紀信建築行脚11・貴紳の邸宅・サー・ジョン・ソーン美術館』（六耀社）を参照のこと。訳者）。ソーンのジョヴァンニ神父の客間《パーラー》とシェクスピアの壁龕《へきがん》にホープのインディアン・ルームとフラックスマンのキャビネット（David Watkin, *Thomas Hope and the Neoclassical Ideal*, London, 1968 参照）をつけ加えるなら、シンケルがベルリンとポツダムで試みようとしていたことの軌跡があり余るほど現出する。実際われわれは博物館都市というカテゴリーがそのサブ・カテゴリーである《博物館通り》（アテネからワシントンまでの様々な都市に見受けられる）同様に、いまだ認知されていないことを奇異に感ずるものである。

訳、SD 選書
12. Le Corbusier, *Oeuvre Complète* 1938-46, Zurich, 1946, p. 171. ル・コルビュジエ作品集 1938—46 A. D. A. EDITA TOKYO『それはプロポーションの言語であって、物事を悪くすることを困難にし、良くすることを容易にする』という言説は、アルベルト・アインシュタインのモデュロールに関する批判とされている。

第 4 章　衝突の都市と《ブリコラージュ》の手法
1. Walter Gropius, *Scope of Total Architecture*, New York, 1955, p. 91.
2. Thomas More, *Utopia*, 1516. トマス・モア『ユートピア』沢田昭夫訳、中公文庫
3. Isaiah Berlin, *The Hedgehog and the Fox*, London, 1953：New York, 1957, p. 7. アイザー・バーリン『ハリねずみと狐』河合秀和訳、中央公論社
4. Berlin, 前掲書 p. 10.
5. Berlin, 前掲書 p. 11.
6. William Jordy, 'The Symbolic Essence of Modern European Architecture of the Twenties and its Continuing Influence, *Journal of the Society of Architectural Historians*. Vol. XXII, No. 3. 1963.
7. Karl Popper, *Logik der Forschung*. Vienna, 1934. English translation. *The Logic of Scientific Discovery*, London. 1959 : *The Open Society and its Enemies*, London, 1945 : *The Poverty of Historicism*. London, 1957.
8. Chistopher Alexander, *Notes on the Synthesis of Form*, Cambridge, Mass., 1964. クリストファー・アレグザンダー『形の合成に関するノート』稲葉武司訳、鹿島出版会
60 年代における実証主義復活への試行は、実証主義や実証主義に根ざした議論がすたれ、遠い過去のものと見なされていた時代のものだけに、いずれ 20 世紀の建築思潮のなかでもよほど風変りなものとして位置づけられるようになることであろう。
9. Claude Lévi-Strauss, *The Savage Mind*, London, 1966 : New York, 1969, p. 16. クロード・レヴィ＝ストロース『野生の思考』大橋保夫訳、みすず書房（文中での引用は概ね大橋訳に従った。訳者）
10. Lévi-Strauss, 前掲書 p. 16.
11. Le Corbusier, *Towards a New Architecture*, London. 1927, pp. 18-19. ル・コルビュジエ『建築をめざして』吉阪隆正訳、SD 選書
12. Lévi-Strauss, 前掲書 p. 17.
13. Lévi-Strauss, 前掲書 p. 22.
14. Lévi-Strauss, 前掲書 p. 19.
15. Lévi-Strauss, 前掲書 p. 22.
16. 指数的な進歩を目する弁証法——マルクス的なものであれヘーゲル的なものであれ——の活用はここでは《有用》とは見なされない。
17. Frederick Law Olmsted and James R. Croes, *Preliminary Report of the Landscape Architect and the Civil and Topographical Engineer, Upon the Laying Out of the Twenty-third and Twenty-fourth Wards*, City of New York, Doc. No. 72, Board of Public Parks. 1877. Extracted from S. B. Sutton (ed.). *Civilizing American Cities*, Cambridge, Mass., 1971.
18. この図版はチャールズ・ジェンクスの下記の書物から借用した。Charles Jencks, *Modern Movements in Architecture*, New York and London, 1973. チャールズ・ジェンクス『現代建築講義』黒川紀章訳、彰国社
19. Alexis de Tocqueville, *Democracy in America*, translation, Henry Reeve, London, 1835-40 : New York, 1848, part 2, p. 347. アレクシス・ド・トクヴィル『アメリカの民主政治』井伊玄太郎訳、講談社学術文庫

第 5 章　コラージュ・シティと時の奪還
1. Ernest Cassirer, *Philosophy of Symbolic Forms*, trans Ralph Manheim, New Haven and London 1953.
また一例を挙げるなら。Suzanne Langer, *Philosophy in a New Key*, Cambridge, Mass., 1942.
しかし、賢明なる読者諸兄にはあえてつけ加えるまでもなく、ここではマールブルク派全体の伝統（新カント派）が示唆されている。
2. とりわけ Karl Popper, 'Utopia and Violence', 1947 および' Towards a Rational Theory of Tradition', 1948. Published in *Conjectures and Refutations*, London and New York. 1962.
3. Popper, 前掲書 pp. 120-35.
4. Popper, 前掲書 pp. 355-63.
5. *Public Papers of the Presidents of the United States, Richard Nixon, 1969*. No. 265, Statement of the Establishment of the National Goals Research Staff.
6. Edward Surtz, S. J., *St. Thomas More : Utopia*, New Haven and London, 1964, pp. vii-viii.
7. 少なくともそういった理念、またはわれわれがそう信じるものは、*La Revue Oenerale de l'Architecture* の初期の号の中に見うけられる。しかし、この注を書いている時点ではその原典を明らかにできないのは遺憾な事柄である。いずれにせよ、エマニュエル・デュ・ラス・カス Emmanuel de Las Cases の *Mêmorial de Sainte Hélène* のような資料にはそういった政策のもくろみが示唆されている箇所が散見される。ロングウッドでのナポレオンの会話はほとんど軍事あるいは政治に関するものであったが、建築やアーバニズムに関する事柄も時折姿を見せる。その際の思考パターンが特徴的なものといえる。ナポレオンは《実用的な》作業（港、運河、水路など）の達成に関心をもっていたが、同時に

ロンバルディア平原を疾走する自動車の速度にも匹敵する活力あふれる瞳。そして、左右に油断なく注がれる、きらめく狼の眼差し。

そしてまた、

……演説のために立ち上ると、彼は自信に満ち満ちた頭を前に傾ける。あたかも発射された弾丸、火薬で一杯の弾倉、あるいは3次元的な国家意志の表出のように。しかし、頭を下げるや否や、反対意見に立ち向い、雄牛のように撃破する体勢を整える。鋼鉄の歯によって充分に咀嚼された未来派の雄弁によって……

またさらに、

彼の意志は、群集を対潜水鑑用探知音の鋭い響きと竜巻の爆発するエネルギーで根底からゆり動かす。迅速かつ確実に。なぜなら彼のしなやかな知性は距離を的確に測定するから。残忍さのかけらもなく。なぜなら彼の躍動する、新鮮な、叙情詩の、子供のような感性は笑うことを知っているから。わたしは彼が幸福な幼児のように微笑んだのを記憶している。パオロ・ディ・カノッビオ通りの派出所に、巨大な拳銃から20発もの弾丸を打ちこみながら。

From *Marinetti and Futurism*, 1929, quoted from R. W. Flint, *Marinetti, Selected Writings*, New York, 1971.

3. Francoise Choay, *The Modern City : Planning in the Nineteenth Century*, New York, 1969. フランソワーズ・ショエ『近代都市――19世紀のプランニング』彦坂裕訳、井上書院
4. ヤコブ・B・バケマ、1972年春のコーネル大学での講演より。
5. ジャンカルロ・デ・カルロ、1972年春のコーネル大学での講演より。
6. 例としては、アラン・コフーンによる以下の批評などを参照のこと Alan Colquhoun, 'Centraal Beheer, Apeldoorn, Holland', *Architecture Plus*, Sept. -Oct. 1974.
7. Robert Venturi reported in Paul Goldberger, 'Mickey Mouse Teaches the Architects', *New York Times Magazine*, 22 October, 1972.
8. ed. Emilio Ambasz, *Italy : The New Domestic Landscape*, New York 1972, p. 249.
9. Ambasz, 前掲書 p. 247.
10. Ambasz, 前掲書 p. 248.
11. ディズニー・ワールドの案内書より
12. ポール・ゴールドバーガー、前掲書（注7参照）
13. いろいろな土地が考えられるが、しいてあげるなら、ニューヨーク州オウェゴやテキサス州ロッカート。
14. アンバーツ、前掲書 p. 250.（注8参照）
15. ここでの文脈の上からは、エドモンド・バークの言説、『所有のためには自由でさえも制限されなければならない』が興味深いといえそうである。*A Letter From Burke to the Sheriffs of Bristol on the Affairs of America*, London, 1777, *The Works of the Right Honourable Edmund Burke*, London. 1845, p. 217.
16. Frances Yates, *The Art of Memory*, London and Chicago. 1966.

第3章　オブジェクトの危機＝都市組織の苦境

1. Le Corbusier, *The Home of Man*, London, 1948, pp. 91, 96. ル・コルビュジエ＋F・ド・ピエールフウ『人間の家』西澤信彌訳、SD選書
2. Lewis Mumford, *The Culture of Cities*, London, 1940, p. 136. ルイス・マンフォード『都市の文化』生田勉訳、鹿島出版会
3. Siegfried Giedion, *Space : Time and Architecture*, Cambride, Mass., 1941, p. 524. ジークフリード・ギーディオン『空間・時間・建築』太田實訳、丸善
4. Le Corbusier, *Towards a New Architecture*, London, 1927, p. 167. ル・コルビュジエ『建築をめざして』吉阪隆正訳、SD選書
5. ファン・ドゥースブルフの1930年のマドリッドにおける講演での第14要点。しかしこの言説は1924年にその端緒がうかがえる。すなわち、『生活は固定的かつ静的なものであるという概念によって正当化された（伝統的な建築の）正面性に対して、新しい建築は多面的な時空間の効果をもたらす可塑性という富を提供する。』*De Stijl*, Vol, VI, No. 6-7, p. 80.
6. Le Corbusier, *La Charte d'Athènes*, Paris, 1943. English translation, Anthony Eardley, *The Athens Charter*, New York, 1973. ル・コルビュジエ『アテネ憲章』吉阪隆正訳、SD選書
7. J. Tyrwhitt, J. L. Sert and E. N. Rogers(eds.), *The Heart of the City : Towards the Humanisation of Urban Life*, New York, 1951, London, 1952.
8. Benjamin Disraeli, *Tancred*, London, 1847.
9. Alexander Tzonis, *Towards a Non-Oppressive Environment*, Boston, 1972. アレクサンダー・ツォニス『建築の知の構造』工藤国雄・川口宗敏・木下庸子訳、彰国社
10. Oscar Newman, *Defensible Space*, New York and London, 1972, *Architectural Design for Crime Prevention*, Washington, 1973.
ニューマンは、規範を定める手続きとでも呼ばれるべきものをプラグマティックな立場から正当化する。空間の配置計画は犯罪の防止に寄与しうるという彼の導き出した結論（もちろん正しい推論ではあるが）は、建築の目的は善良な社会という理念と密接に関連するという古典的な仮説からは痛ましいほどかけ離れたものとなっている。
11. Robert Venturi, *Complexity and Contradiction in Architecture*, The Museum of Modern Art Papers on Architecture I, New York, 1966. ロバート・ヴェンチーリ『建築の多様性と対立性』伊藤公文

原注

序論

1．Aristotle, *Nicomachean Ethics*, Book I para iii. アリストテレス『ニコマコス倫理学』高田三郎訳、岩波書店

第1章　ユートピア、その衰退と解体？

1．このフィンスターリンの1919年の言明にわれわれが着目するに至ったのには、イアン・ボイド・ホワイトに負うものである。この文章は1963年にO. M. ウンガースによってベルリンで催されたGläserne Kette展のカタログに再収録されている。
2．Frank Lloyd Wright, *A Testament*. New York, 1954, p. 24.　フランク・ロイド・ライト『ライトの遺言』谷川正己・睦子訳、彰国社
3．Le Corbusier, *The Radiant City*, New York, 1964, p. 143.　ル・コルビュジエ『輝く都市』坂倉準三訳、SD選書
4．Karl Mannheim, *Ideology and Utopia*, New York, n. d., p. 213. First published in 1936 in the International Library of Psychology, Philosophy and Scientific Method.　カール・マンハイム『イデオロギーとユートピア』鈴木二郎訳、未来社
5．Judith Shklaar, 'The Political Theory of Utopia : From Melancholy to Nostalgia', *Daedalus*, Spring 1965, p. 369.（*Daedalus* はコロンビア大学建築・都市計画学部の紀要である。訳者）
6．アンドレの図版はフランソワーズ・ショエの『近代都市―19世紀のプランニング』（彦坂裕訳、井上書院）によるものである。残念なことに、その詳しい日付やアンドレ本人については今日まで不明のところが多い。アンドレの名はフランス人名辞典にも記載されていないし、また、ショエ女史によるなら、彼女の著作の出版後この版画もフランス国立図書館より散逸してしまった由である。
7．Henri de Saint-Simon, *Lettres d'un habitant de Genève à ses contemporains*. Geneva, 1803, republished in *Oeuvres de Saint-Simon et d'Enfantin*, Paris, 1865-78, Vol, XV.
8．サン=シモンのモットーでありサン=シモン主義者の以下の刊行物のモットーでもあった。*Opinions littéraires et philosophiques*, Paris, 1825. Le *Producteur*, 1825-6.
9．Gabriel-Desiré Laverdant, *De La Mission de l'Art et du Rôle des Artistes*, Paris, 1845, quoted from Renato Poggioli, *The Theory of the Avant-Garde*, Cambridge, Mass., and London, 1968.
10．Léon Halévy. *Le Producteur*, Vol. I, p, 399 : Vol, III, pp. 110 and 526.
11．Edmund Burke, *Reflections on the Revolution in France*, 1790. World Classics Ed., 1950.
12．William Morris, *News from Nowhere*, New York, 1890, London, 1891.
13．Burke, 前掲書 p. 186.
14．ここで示唆されているのはいうまでもなく、バークの *Philosophical Inquiry into Our Ideas of the Sublime and the Beautiful, London, 1756*. である。
15．Burke, 前掲書 p. 109.
16．Burke, 前掲書 pp. 105-6.
17．*Oeuvres de Saint-Simon et d'Enfantin*, Vol. XX, pp. 199-200.
18．われわれの立場としては、以下の文章がヘーゲル哲学への精密な省察に基づいているなどという大それた考えをもっている訳では毛頭ない。われわれもヘーゲル理解のための努力は惜しまなかったつもりであるが、疲労困憊したのもまた事実である。ここでのわれわれの興味は哲学的な探究というよりは、ヘーゲル思想が（あまり一般に知られていないことのようではあるが）近代建築にとっていかに重要なものであったかを明らかにすることにある。
19．Ludwig Mies Van der Rohe, G, No. 1 (bibliog. 2) 1923, quoted from Philip Johnson, *Mies Van der Rohe*, New York, 1947 : Walter Gropius, *Scope of Total Architecture*, New York, 1955, p. 61 : Le Corbusier. *The Radiant City*, New York, 1964, p. 28. from the CIAM Manifesto of 1928.
20．F. W. Nietzsche, *The Twilight of the Idols*, Chapter entitled 'Skimishes in a War with the Age' section 38.
21．F. T. Marinetti, from the *Futurist Manifesto*. 1909, Proposition 9.
22．Walter Gropius, *The New Architecture and the Bauhaus*, London, 1935, p. 48.
23．Le Corbusier, *Towards a New Architecture*, London, 1927, pp. 14, 251.　ル・コルビュジエ『建築をめざして』吉阪隆正訳、SD選書

第2章　ミレニウム去りし後に

1．ケネス・バークへのこの参照はおおよそのものであり、その出典は、すでに忘却の淵のかなたに押しやられてしまっているかのようである。
2．未来派に傾到する者に共通して、このマリネッティとムッソリーニの関係をつまびらかにしたり、あるいは再検証したりといったことには、はなはだ消極的なように見うけられる。2人の関係の重要性を誇張するにはおよばないにせよ、マリネッティによる、ドゥーチェ（総統）への大いなる――そして雄弁なる――讃辞をなおざりにすることもまたできない話である。

（ドゥーチェにあらしましては）生粋のイタリア製品であり、霊感を受けた野性の手によってデザインされ、われらが半島のたづよき岩々を型として鍛造され彫刻されたものであります。

鋭利なあご。怠惰なもの、知を衒うもの、こせこせとしたもの全てには、挑戦的かつ尊大な態度で唾することも厭わない冷笑を漂わせる唇。岩のように強固な頭部。

訳者あとがき

本書は一九七八年マサチューセッツ工科大学出版部（MITプレス）から出版された『Collage City』の全訳である。共著者のうち、コーリン・ロウは永くアメリカのコーネル大学で建築および都市計画の指導にあたった。彼の論文のアンソロジーである《The Mathematics of the Ideal Villa and Other Essays》（邦題『マニエリスムと近代建築』伊東豊雄＋松永安光訳、彰国社）によって広く知られる、建築／アーバニズムの理論家である。一九九二年より居をロンドンに移し、主としてコーネル大学のローマ校で講義を続けられると仄聞する。

もうひとりの著者であるフレッド・コッターはオレゴン大学、コーネル大学大学院を卒業後、コーネル大学、イェール大学、ハーヴァード大学などで教鞭をとり、いわゆるプロフェッサー・アーキテクトのひとりとして知られる。現在はボストンとロンドンで建築設計および都市計画の作業を行いながら、ハーヴァード大学デザイン学部大学院（GSD）での教育活動を再開したところという。

『コラージュ・シティ』ははじめイギリスのアーキテクチュラル・レヴュー誌の依頼で書き始められたが、雑誌掲載分をはるかに凌駕するテキストとなったために、改めてMITプレスから出版されることになったという経緯をもつ。なお、「オブジェクトの危機——都市組織の苦境」の章は、イェール大学建築芸術学部の紀要である『パースペクタ第16号』にも収録されているが、テキスト・図版など多少異なった、いわば『コラージュ・シティ』の要約版（という語弊があるが）となっているので、興味ある方は参照されたい。

訳者は、ハーヴァード大学大学院を卒業後の滞米期間中に、共著者のひとりであるフレッド・コッター氏が在学中の指導教官であった気安さから翻訳を開始したのであるが、それは自らの浅学非才をかえりみない暴挙であり、まさしく『盲蛇に怖《おじ》ない』軽挙であった（と気づいたのははるか後のことであった）。訳文としては平明をその第一に心がけたが、原文を読解するにつれ、その語り口を伝えるには平明さだけでは不可能と判断したこともあり、固くまた旧い表現をやむをえず用いた場合も一再ではなかったことをお断りしておきたい。それでも原文のもつ思想性、諧謔性などを充分に表現できたかどうかには不安が残るのであるが。

何れにせよ（「日本語版への序」の中でもやんわり皮肉られてしまったが）訳出作業に多大の年月を要してしまったことは、ひとえに訳者の怠惰によるものであり自責の念にたえない。ただ（これも「日本語版への序」の中にも触れられていることだが）、本書の内容が原書の出版後一〇年以上経っている今日でも意味を失っていないばかりか、現在とみに問題とされるポレミックであるのは、幸運でもありまた驚きでもある。建築およびアーバニズムの分野においても、（他分野からの借りものでない）「思想」の確立がいまこそ急務なのではないかという著者の指摘は正鵠を射たものであると信ずるのはひとり訳者のみではあるまい。

最後に、翻訳作業に協力して下さった木下庸子、立見祥子の両名と翻訳に関して適切なアドヴァイスを下さったSD編集長の伊藤公文氏およびつねに暖かいはげましの言葉をかけて頂いた鹿島出版会の長谷川愛子さんには心から御礼を申し上げる。また鹿島出版会編集部で本書を担当された森田伸子さんの辛抱づよい支持がなければ、この翻訳作業は永遠に完了することはなかったであろう。

一九九二年一月

訳者識

索引

訳者紹介

渡辺真理（わたなべ・まこと）
群馬県前橋市に生まれる。京都大学工学部建築学科卒業、同大学院修士課程修了。ハーヴァード大学デザイン学部大学院修了。ケンブリッジ・セブン・アソシエーツ勤務の後、帰国。一九八一年より磯崎新アトリエで、ロサンジェルス現代美術館、パラディアム、ブルックリン美術館などを担当。一九八七年木下庸子とともに設計組織ADHを設立。現在、法政大学デザイン工学部教授。JIA日本建築家協会新人賞、建築学会作品選奨、JIA環境建築賞優秀賞、グッドデザイン金賞、建築業協会賞特別賞などを受賞。著書に「孤の集住体」（住まいの図書館出版局　一九九八年）、「美術館は生まれ変わる」（共著、鹿島出版会　二〇〇〇年）、「集合住宅をユニットから考える」（新建築社　二〇〇六年）などがある。

本書は、一九九二年に小社のSDライブラリーとして刊行した『コラージュ・シティ』の新装版です。

SD選書251
コラージュ・シティ

発行　二〇〇九年三月三〇日　第一刷
　　　二〇一九年一〇月三〇日　第三刷
著者　C・ロウ　F・コッター
訳者　渡辺真理
発行者　坪内文生
発行所　鹿島出版会
104-0028 東京都中央区八重洲二-五-一四
電話〇三-六二〇二-五二〇〇
振替〇〇一六〇-二-一八〇八八三
印刷・製本　三美印刷

ISBN978-4-306-05251-2　C1352　
Printed in Japan
本書の内容に関するご意見・ご感想は左記までお寄せください。
URL: http://www.kajima-publishing.co.jp
e-mail: info@kajima-publishing.co.jp

SD選書目録

四六判（*＝品切）

086* **建築2000** C・ジェンクス著 工藤国雄訳
087* **日本の公園** 田中正大著
088* **現代芸術の冒険** O・ビハリメリン著 坂崎乙郎他訳
089* **江戸建築と本途帳** 西和夫著
090* **大きな都市小さな部屋** 渡辺武信著
091* **イギリス建築の新傾向** R・ランダウ著 鈴木博之訳
092* **SD海外建築情報Ⅴ** 岡田新一編
093* **IDの世界** 豊口協著
094* **交通圏の発見** 有末武夫著
095 **建築とは何か** B・タウト著 篠田英雄訳
096 **続住宅論** 篠原一男著
097* **建築の現在** 長谷川堯著
098* **都市の景観** G・カレン著 北原理雄訳
099* **SD海外建築情報Ⅵ** 岡田新一編
100* **都市空間と建築** U・コンラーツ著 伊藤哲夫訳
101* **環境ゲーム** T・クロスビイ著 松平誠訳
102* **アテネ憲章** ル・コルビュジエ著 吉阪隆正訳
103* **プライド・オブ・プレイス** シヴィック・トラスト著 井手久登他訳
104* **構造と空間の感覚** F・ウイルソン著 山本学治他訳
105* **現代民家と住環境体** 大野勝彦著
106* **光の死** H・ゼーデルマイヤ著 森洋子訳
107* **アメリカ建築の新方向** R・スターン著 鈴木一訳
108* **近代都市計画の起源** L・ベネヴォロ著 横山正訳
109* **中国の住宅** 劉敦槓著 田中淡他訳
110* **現代のコートハウス** D・マッキントッシュ著 北原理雄訳
111 **モデュロールⅠ** ル・コルビュジエ著 吉阪隆正訳
112 **モデュロールⅡ** ル・コルビュジエ著 吉阪隆正訳
113* **建築の史的原型を探る** B・ゼーヴィ著 鈴木美治訳
114 **西欧の芸術1 ロマネスク上** H・フォシヨン著 神沢栄三他訳
115 **西欧の芸術1 ロマネスク下** H・フォシヨン著 神沢栄三他訳
116 **西欧の芸術2 ゴシック上** H・フォシヨン著 神沢栄三他訳

117 **西欧の芸術2 ゴシック下** H・フォシヨン著 神沢栄三他訳
118* **アメリカ大都市の死と生** J・ジェイコブス著 黒川紀章訳
119* **遊び場の計画** R・ダットナー著 神谷五男他訳
120 **人間の家** ル・コルビュジエ他著 西沢信弥訳
121* **街路の意味** 竹山実著
122* **パルテノンの建築家たち** R・カーペンター著 松島道也訳
123 **ライトと日本** 谷川正己著
124 **空間としての建築(上)** B・ゼーヴィ著 栗田勇訳
125 **空間としての建築(下)** B・ゼーヴィ著 栗田勇訳
126 **かいわい[日本の都市空間]** 材野博司著
127* **歩行者革命** S・プライネス他著 岡並木監訳
128 **オレゴン大学の実験** C・アレグザンダー著 宮本雅明訳
129* **都市はふるさとか** F・レンツローマイス著 武基雄他訳
130* **建築空間[尺度について]** P・ブドン著 中村貴志訳
131* **アメリカ住宅論** V・スカーリーJr.著 長尾重武訳
132* **タリアセンへの道** 谷川正己著
133* **建築VS.ハウジング** M・ポウリー著 山下和正訳
134* **思想としての建築** 栗田勇著
135* **人間のための都市** P・ペータース著 河合正一訳
136* **都市憲章** 磯村英一著
137* **巨匠たちの時代** R・バンハム著 山下泉訳
138 **三つの人間機構** ル・コルビュジエ著 山口知之訳
139 **インターナショナル・スタイル** H・R・ヒッチコック他著 武沢秀一訳
140 **北欧の建築** S・E・ラスムッセン著 吉田鉄郎訳
141* **続建築とは何か** B・タウト著 篠田英雄訳
142* **四つの交通路** ル・コルビュジエ著 井田安弘訳
143 **ラスベガス** R・ヴェンチューリ他著 石井和紘他訳
144 **ル・コルビュジエ** C・ジェンクス著 佐々木宏訳
145* **デザインの認識** R・ソマー著 加藤常雄訳
146* **鏡[虚構の空間]** 由水常雄著
147 **イタリア都市再生の論理** 陣内秀信著

148 **東方への旅** ル・コルビュジエ著 石井勉他訳
149 **建築鑑賞入門** W・W・コーディル他著 六鹿正治訳
150* **近代建築の失敗** P・ブレイク著 星野郁美訳
151* **文化財と建築史** 関野克著
152* **日本の近代建築(上)その成立過程** 稲垣栄三著
153* **日本の近代建築(下)その成立過程** 稲垣栄三著
154 **住宅と宮殿** ル・コルビュジエ著 井田安弘訳
155* **イタリアの現代建築** V・グレゴッティ著 松井宏方訳
156 **バウハウス[その建築造形理念]** 杉本俊多著
157 **エスプリ・ヌーヴォー[近代建築名鑑]** ル・コルビュジエ著 山口知之訳
158* **建築について(上)** F・L・ライト著 谷川睦子他訳
159* **建築について(下)** F・L・ライト著 谷川睦子他訳
160* **建築形態のダイナミクス(上)** R・アルンハイム著 乾正雄訳
161* **建築形態のダイナミクス(下)** R・アルンハイム著 乾正雄訳
162 **見えがくれする都市** 槇文彦他著
163* **街の景観** G・バーク著 長素連他訳
164* **環境計画論** 田村明著
165* **アドルフ・ロース** 伊藤哲夫著
166* **空間と情緒** 箱崎総一著
167 **水空間の演出** 鈴木信宏著
168* **モラリティと建築** D・ワトキン著 榎本弘之訳
169* **ペルシア建築** A・U・ポープ著 石井昭訳
170* **ブルネッレスキ ルネサンス建築の開花** G・C・アルガン著 浅井朋子訳
171 **装置としての都市** 月尾嘉男著
172 **建築家の発想** 石井和紘著
173 **日本の空間構造** 吉村貞司著
174 **建築の多様性と対立性** R・ヴェンチューリ著 伊藤公文訳
175 **広場の造形** C・ジッテ著 大石敏雄訳
176 **西洋建築様式史(上)** F・バウムガルト著 杉本俊多訳
177 **西洋建築様式史(下)** F・バウムガルト著 杉本俊多訳
178 **木のこころ 木匠回想記** G・ナカシマ著 神代雄一郎他訳

179* 風土に生きる建築　若山滋著
180* 金沢の町家　島村昇著
181* ジュゼッペ・テッラーニ　B・ゼーヴィ編　鵜沢隆訳
182* 水のデザイン　D・ベーミングハウス著　鈴木信宏訳
183* ゴシック建築の構造　R・マーク著　飯田喜四郎訳
184 建築家なしの建築　B・ルドフスキー著　渡辺武信訳
185 プレシジョン(上)　ル・コルビュジエ著　井田安弘他訳
186 プレシジョン(下)　ル・コルビュジエ著　井田安弘他訳
187* オットー・ワーグナー　H・ゲレツェッガー他著　伊藤哲夫他訳
188* 環境照明のデザイン　石井幹子著
189 ルイス・マンフォード　木原武一著
190 「いえ」と「まち」　鈴木成文他著
191 アルド・ロッシ自伝　A・ロッシ著　三宅理一訳
192* 屋外彫刻　M・A・ロビネット著　千葉成夫訳
193 「作庭記」からみた造園　飛田範夫著
194* トーネット曲木家具　K・マンク著　宿輪吉之典訳
195 劇場の構図　清水裕之著
196 オーギュスト・ペレ　吉田鋼市著
197 アントニオ・ガウディ　鳥居徳敏著
198 インテリアデザインとは何か　三輪正弘著
199* 都市住居の空間構成　東孝光著
200 ヴェネツィア　陣内秀信著
201 自然な構造体　F・オットー著　岩村和夫訳
202 椅子のデザイン小史　大廣保行著
203* 都市の道具　GK研究所、榮久庵祥二著
204 ミース・ファン・デル・ローエ　D・スペース著　平野哲行訳
205 表現主義の建築(上)　W・ペーント著　長谷川章訳
206* 表現主義の建築(下)　W・ペーント著　長谷川章訳
207 カルロ・スカルパ　A・F・マルチャノ著　浜口オサミ訳
208* 都市の街割　材野博司著
209 日本の伝統工具　土田一郎著　秋山実写真

210 まちづくりの新しい理論　C・アレグザンダー他著　難波和彦監訳
211* 建築環境論　岩村和夫著
212* 建築計画の展開　W・M・ペニヤ著　本田邦夫訳
213 スペイン建築の特質　F・チュエッカ著　鳥居徳敏訳
214* アメリカ建築の巨匠たち　P・ブレイク他著　小林克弘他訳
215* 行動・文化とデザイン　清水忠男著
216 環境デザインの思想　三輪正弘著
217 ボッロミーニ　G・C・アルガン著　長谷川正允訳
218 ヴィオレ・ル・デュク　羽生修二著
219 トニー・ガルニエ　吉田鋼市著
220 住環境の都市形態　P・パヌレ他著　佐藤方俊訳
221 古典建築の失われた意味　G・ハーシー著　白井秀和訳
222 パラディオへの招待　長尾重武著
223* ディスプレイデザイン　魚成祥一郎監修　清家清序文
224 芸術としての建築　S・アバークロンビー著　白井秀和訳
225 フラクタル造形　三井秀樹著
226 ウイリアム・モリス　藤田治彦著
227 エーロ・サーリネン　穂積信夫著
228 都市デザインの系譜　相田武文、土屋和男著
229 サウンドスケープ　鳥越けい子著
230 風景のコスモロジー　吉村元男著
231 庭園から都市へ　材野博司著
232 都市・住宅論　東孝光著
233 ふれあい空間のデザイン　清水忠男著
234 さあ横になって食べよう　B・ルドフスキー著　多田道太郎監修
235 間(ま)——日本建築の意匠　神代雄一郎著
236 都市デザイン　J・バーネット著　兼田敏之訳
237 建築家・吉田鉄郎の『日本の住宅』　吉田鉄郎著
238 建築家・吉田鉄郎の『日本の建築』　吉田鉄郎著
239 建築家・吉田鉄郎の『日本の庭園』　吉田鉄郎著
240 建築史の基礎概念　P・フランクル著　香山壽夫監訳

241 アーツ・アンド・クラフツの建築　片木篤著
242 ミース再考　K・フランプトン他著　澤村明＋EAT訳
243 歴史と風土の中で　山本学治建築論集①
244 造型と構造と　山本学治建築論集②
245 創造するこころ　山本学治建築論集③
246 アントニン・レーモンドの建築　三沢浩著
247 神殿か獄舎か　長谷川堯著
248 ルイス・カーン建築論集　ルイス・カーン著　前田忠直編訳
249 映画に見る近代建築　D・アルブレヒト著　萩正勝訳
250 様式の上にあれ　村野藤吾著作選
251 コラージュ・シティ　C・ロウ、F・コッター著　渡辺真理著
252 記憶に残る場所　D・リンドン、C・W・ムーア著　有岡孝訳
253 エスノ・アーキテクチュア　太田邦夫著
254 時間の中の都市　K・リンチ著　東京大学大谷幸夫研究室訳
255 建築十字軍　ル・コルビュジエ著　井田安弘訳
256 機能主義理論の系譜　E・R・デ・ザーコ著　山本学治他訳
257 都市の原理　J・ジェイコブズ著　中江利忠他訳
258 建物のあいだのアクティビティ　J・ゲール著　北原理雄訳
259 人間主義の建築　G・スコット著　邊見浩久、坂牛卓監訳
260 環境としての建築　R・バンハム著　堀江悟郎訳
261 パタン・ランゲージによる住宅の生産　C・アレグザンダー他著　中埜博監訳
262 褐色の三十年　L・マンフォード著　富岡義人訳
263 形の合成に関するノート／都市はツリーではない　C・アレグザンダー著　稲葉武司、押野見邦英訳
264 建築美の世界　井上充夫著
265 劇場空間の源流　本杉省三著
266 日本の近代住宅　内田青藏著
267 個室の計画学　黒沢隆著
268 メタル建築史　難波和彦著
269 丹下健三と都市　豊川斎赫著
270 時のかたち　G・クブラー著　中谷礼仁他訳